TRAITÉ

DE

MINÉRALOGIE.

DE L'IMPRIMERIE DE HUZARD-COURCIER,

RUE DU JARDINET-SAINT-ANDRÉ-DES-ARCS, N° 12.

TRAITÉ

DE

MINÉRALOGIE,

Par M. l'abbé HAÜY,

Chanoine honoraire de l'Église métropolitaine de Paris, Membre de la
Légion-d'Honneur, Chevalier de l'Ordre de Saint-Michel de Bavière, de
l'Académie royale des Sciences, Professeur de Minéralogie au Jardin
du Roi et à la Faculté des Sciences de l'Université royale, de la Société
royale de Londres, de l'Académie impériale des Sciences de Saint-Péters-
bourg, des Académies royales des Sciences de Berlin, de Stockholm,
de Lisbonne et de Munich; de la Société Géologique de Londres, de
l'Université impériale de Wilna, de la Société Helvétienne des Scruta-
teurs de la Nature, et de celle de Berlin; des Sociétés Minéralogiques de
Dresde et d'Iéna, de la Société Batave des Sciences de Harlem, de la
Société Italienne des Sciences, de la Société Philomatique et de la Société
d'Histoire naturelle de Paris, etc.

SECONDE ÉDITION,

REVUE, CORRIGÉE, ET CONSIDÉRABLEMENT AUGMENTÉE PAR L'AUTEUR.

TOME QUATRIÈME.

PARIS,

BACHELIER, Libraire, Successeur de Mme Ve Courcier,

QUAI DES AUGUSTINS.

1822.

TRAITÉ

DE

MINÉRALOGIE.

SUITE DE LA CLASSE DES SUBSTANCES MÉTALLIQUES AUTOPSIDES.

QUATRIÈME GENRE.

FER.

TROISIÈME ESPÈCE.

FER OLIGISTE.

(Eisenglanz, W.)

Caractères spécifiques.

Caractère géométrique. Forme primitive : rhomboïde un peu aigu (fig. 170, pl. 104), dans lequel l'incidence de P sur P est de $87^d\,9'$, et celle de P sur P′, de $92^d\,51'$ (*). Les joints naturels sont sensibles à la lumière d'une bougie, et il y a des morceaux informes qui se divisent avec assez de facilité.

Molécule intégrante : *idem*.

Cassure. Raboteuse et presque terne dans les cristaux de l'île d'Elbe et de Framont; conchoïde et éclatante dans ceux des volcans.

Caract. phys. Pesant. spécif., 5,0116... 5,218.

Dureté. Rayant le verre, quoique fragile, surtout celui qui a été produit par la sublimation.

Magnétisme. Ordinairement assez peu sensible.

Couleur de la surface. Le gris d'acier tirant au bleu.

Couleur de la poussière. Noirâtre avec une teinte de rougeâtre.

Caract. chim. Traité au chalumeau avec un flux, il colore celui-ci en vert sombre.

Caract. distinct. 1°. Entre le fer oligiste et le fer oxidulé. La poussière de celui-ci est noire, celle de l'autre a une teinte de rougeâtre; le fer oxidulé agit, en général, beaucoup plus fortement sur le barreau aimanté; sa forme ordinaire est l'octaèdre régulier, qui est exclus du fer oligiste. 2°. Entre le même et le cuivre gris. La poussière de celui-ci est noire; il n'a aucune action sur le barreau aimanté. 3°. Entre

---

(*) Le rapport entre la diagonale horizontale et l'oblique est celui de $\sqrt{9}$ à $\sqrt{10}$.

le même et le plomb sulfuré compacte, connu sous le nom de *galène à grain d'acier*. *Idem*. 4°. Entre le même et le schéelin ferruginé ou wolfram. La couleur de celui-ci est noirâtre, au lieu d'être d'un gris d'acier; sa pesant. spécif. est plus grande dans le rapport d'environ 4 à 3; il n'agit point sur le barreau aimanté. 5°. Entre le fer oligiste écailleux et le mica noirâtre lamelliforme. Les particules du premier restent adhérentes au doigt, et ont souvent de l'onctuosité; celles du mica se détachent facilement du doigt, et ne sont point grasses au toucher; elles n'ont point le brillant de l'acier, comme celles du fer oligiste.

VARIÉTÉS.

FORMES DÉTERMINABLES.

Quantités composantes des signes représentatifs.

$$\mathrm{P\,A\,A\,(A\,B^3 B^2)\,E^{11}\,E\,E^{33}\,E\,E^{44}\,E\,E^{66}\,E\,(E^{\frac{77}{55}}\,E\,D^5\,B^1)\,D\,ee.}$$

Combinaisons une à une.

1. Fer oligiste *primitif*. $\underset{P}{\mathrm{P}}$ (fig. 170, pl. 104).

2. *Binaire*. $\underset{s}{\mathrm{A}}$ (fig. 171).

On voit souvent des stries parallèles aux grandes diagonales des rhombes, et qui indiquent la marche des décroissemens. Se trouve à l'île d'Elbe.

Deux à deux.

3. *Basé.* $\overset{\cdot}{\underset{\overset{1}{o}}{P}}A$ (fig. 172).

Dans les volcans.

a. Segminiforme. En lames minces dont les bases sont des hexagones, et les facettes latérales des trapèzes. Quelquefois ces lames ont pour bases des hexagones très étroits.

4. *Birhomboïdal.* $\overset{\overset{2}{\underset{1}{P}}}{P}A$ (fig. 173).

A l'île d'Elbe.

5. *Trapézien.* $E^{33}\underset{\underset{n}{\overset{1}{o}}}{E}A$ (fig. 174).

A Framont.

6. *Divergent.* $(E^{\frac{7}{5}\frac{7}{5}}ED^{3}B^{1})\underset{\underset{l}{\overset{1}{o}}}{A}$ (fig. 175).

Trois à trois.

7. *Uniternaire.* $E^{33}\underset{\underset{n}{\overset{\cdot}{P}\overset{1}{o}}}{E}PA$ (fig. 176).

A Framont.

8. *Unisénaire.* $PAE^{66}\underset{\underset{\overset{1}{P}\overset{1}{o}}{g}}{E}$ (fig. 177).

9. *Imitatif.* $\overset{\frac{1}{2}}{P}e\underset{\underset{\overset{1}{P}l\overset{1}{o}}{}}{A}$ (fig. 179).

Le signe se rapporte au noyau que l'on a représenté figure 178, dans une position plus favorable à la projection de la forme secondaire. Si les faces *l*, *l'*, etc., se prolongeaient jusqu'à masquer toutes les autres, il en résulterait un rhomboïde semblable au noyau. Dans les volcans.

Cette variété est très souvent segminiforme, et les facettes *l*, *l'* sont pour l'ordinaire si légèrement exprimées, qu'il faut y regarder de près pour les apercevoir. Dans quelques cristaux, elles paraissent, au contraire, tendre à l'égalité avec les faces primitives P, P'; et si ces cristaux étaient symétriques, ils présenteraient la forme que l'on voit figure 180. Mais communément il n'y a que trois ou quatre des faces latérales qui aient l'étendue qu'exigerait la symétrie; parmi celles qui restent, les unes ont pris beaucoup trop d'accroissement, tandis que les autres sont à peine sensibles.

Cette variété, ramenée à un aspect symétrique, présente, ainsi que la trapézienne, un assemblage de deux pyramides droites incomplètes, accolées base à base. Mais les lois de décroissement dont elle dépend sont différentes; elles s'assimilent à celles qui ont lieu dans le quarz et dans d'autres substances, où trois faces de la pyramide sont primitives, et les trois autres proviennent du décroissement par deux rangées en hauteur sur les angles inférieurs, lequel, s'il agissait seul, produirait un rhomboïde semblable au noyau. Tantôt les six trapèzes tendent vers l'égalité, tantôt les faces primitives sont dominantes. Cette modification appartient spécialement aux cristaux de fer produits par la sublimation, et la première à ceux qui ont été produits par la voie humide.

La cristallisation semble avoir ainsi distingué ses résultats par des caractères propres, suivant qu'ils ont pris naissance dans un liquide aqueux, ou dans le fluide de la chaleur

10. *Binoternaire.* $PE^{33}EA$ (fig. 181).
$$P \quad n \quad s$$

C'est la forme la plus ordinaire du fer de l'île d'Elbe. Assez souvent les triangles s, s, éprouvent une déformation qui les rend convexes.

11. *Progressif.* $E^{33}E e A$ (fig. 182).
$$n \quad r o$$

Dans le Dauphiné.

Quatre à quatre.

12. *Equivalent.* $PeDA$ (fig. 183).
$$P l_2 o$$

Dans les volcans.

13. *Trigésimal.* $PE^{33}EA(AB^3B^1)$ (fig. 184).
$$P \quad n \quad s \quad \iota \quad \gamma$$

14. *Additif.* $PE^{66}EE^{33}EA$ (fig. 185).
$$P \quad g \quad n \quad s$$

Cinq à cinq.

15. *Equipollent.* $PE^{66}EE^{33}EA(AB^3B^1)$ (fig. 186).
$$P \quad g \quad n \quad s \quad \gamma$$

16. *Soustractif.* $DPE^{33}EE^{11}EA$ (fig. 187).
$$AP \quad n \quad u \quad s$$

Six à six.

17. *Goniogène.* $PE^{66}EE^{44}EE^{33}EA(AB^2B^1)$.
$$P \quad g \quad h \quad n \quad i \quad \gamma$$
Ci-devant quadriquinquagésimal.

Sous-variétés dépendantes des accidens de lumière.

Fer oligiste *irisé*. Il est peu de substances aussi susceptibles que le fer oligiste de ce genre d'agrément, que l'on a désigné par l'épithète *d'irisé*, en assimilant les couleurs de ces substances à celles de l'arc-en-ciel. La mine de Framont rivalise, sous ce rapport, avec celle de l'île d'Elbe.

FORMES INDÉTERMINABLES.

* *Gris métallique, au moins sous certaines positions, ou couleur rouge jointe à un éclat plus ou moins vif.*

1. Fer oligiste *lenticulaire*. La variété binaire arrondie en forme de lentille.

2. *Laminaire.* Se trouve en Norwége et en Suède. La surface des lames est assez souvent marquée de stries qui se croisent.

3. *Lamelliforme.*

a. Gris métallique. Dans le département du Puy-de-Dôme.

b. Rouge vif. Fer oxidé rouge lamelliforme : Traité, première édition, t. IV, p. 106.

c. Chatoyant. Translucide, gris métallique ou rouge vif sous certains aspects.

4. *Granulaire.*

5. *Écailleux.* Eisenglimmer, W. Schuppiger eisenglanz, K. Il se divise en petites écailles qui s'attachent au doigt par le frottement.

6. *Luisant.* Fer oxidé rouge luisant : Traité, première édition, t. IV, p. 106. Rother eisenrhan, W. Schuppiger rotheisenstein, K. En masses d'un rouge ordinairement sombre, ayant un aspect luisant ; onctueuses au toucher, laissant sur le doigt un enduit gras de leur couleur. Cette variété paraît n'être qu'une altération du fer oligiste écailleux dont elle est quelquefois entremêlée.

a. Granulaire.

b. Compacte.

c. Pulvérulent.

7. *Cyamoïde.* C'est-à-dire semblable à une petite fève. Linsenförmiger thoneisenstein, W.

8. *Concrétionné.* Fer oxidé hématite rouge : Traité, première édition, t. IV, p. 106. Rother Glaskopf, W. Fasriger rotheisenstein, K. C'est à cette variété que se rapportent les concrétions appelées *hématites rouges*, qui ont souvent un tissu fibreux, et qui se trouvent dans un grand nombre d'endroits, et en particulier à l'île d'Elbe, où elles forment des masses très considérables. C'est dans les cavités de ces masses que l'on trouve des groupes de ces beaux cristaux qui sont si recherchés par les amateurs. Les concré-

tions n'en diffèrent point par leur nature; leur surface, qui est naturellement rougeâtre, prend l'aspect métallique gris aussitôt qu'elle a reçu le poli; en sorte que la différence entre cet aspect et la couleur rouge ne dépend que d'un certain arrangement des molécules situées à la surface.

Si cet arrangement est tel, que le tissu qu'il présente à la lumière détermine une réflexion régulière des rayons, ou si, comme l'on dit, la surface est miroitante, elle offrira le gris métallique. Si, au contraire, la surface est inégale, si tous ses points ne sont pas exactement de niveau, elle offrira la couleur de la poussière, c'est-à-dire le rouge obscur.

C'est à la variété que j'ai décrite d'abord qu'appartient ce qu'on appelle *sanguine*, ou *pierre à brunir*, et dont on se sert pour polir certains corps et en particulier les métaux. Cette substance, par une suite du poli qu'on lui a fait prendre à elle-même, pour la mettre en état de servir, présente à sa surface le gris métallique.

9. *Compacte.*

10. *Spéculaire.*

** *Couleur rouge plus ou moins foncée; surface terne.*

11. *Terreux.* Fer oxidé rouge grossier: première édition. La matière de cette variété ne diffère de celle des cristaux qu'elle enveloppe souvent que

par un aspect terreux qui provient encore ici de la disposition irrégulière des grains situés à la surface. Le poli y fait succéder l'aspect métallique.

a. Globuliforme.

12. *Bacillaire-conjoint*. On trouve cette variété près de Saarbruck, département de la Meurthe. On a remarqué qu'elle se rencontrait ordinairement dans des terrains argileux stratiformes, exposés à l'action des feux souterrains pseudo-volcaniques, et l'on a cru même que cette action avait déterminé la structure de ces masses, en y occasionnant un retrait qui aurait séparé les pièces dont elle est l'assemblage. Mais l'action du feu, pour le peu qu'elle eût eu d'intensité, aurait dû faire passer le fer bacillaire à l'état de magnétisme, puisqu'il suffit d'en présenter un fragment, pendant une ou deux secondes, à la simple flamme d'une bougie, pour le rendre attirable. Si le fer bacillaire a été exposé à l'action du feu, elle a dû être très modérée et n'avoir d'autre effet que de hâter la dessication.

Ce que l'on appelle communément *crayon rouge des dessinateurs* n'est autre chose qu'un fer oligiste terreux mêlé d'argile. C'est le röthel de W. Il forme en certains endroits des amas considérables interposés dans les schistes. Je l'ai placé dans ma distribution minéralogique des roches, sous le nom de *fer oligiste argilifère*.

On trouve près de Saint-Calais, département de la Sarthe, de petites masses ovoïdes de fer oligiste terreux, qui ont une vertu polaire beaucoup plus sensible que celle même de la plupart des cristaux de cette espèce; ce qui est d'autant plus remarquable, que ces masses ont passé en partie à l'état de fer oxidé brunâtre, et que les autres morceaux de la même variété qui sont beaucoup plus purs n'exercent pas la plus légère action sur l'aiguille. Il serait difficile d'expliquer cette singularité.

APPENDICE.

Fer oligiste *pseudomorphique*. En chaux carbonatée métastatique. Des environs de Dusseldorf en Westphalie.

Relations géologiques.

Le fer oligiste a, en général, des manières d'être qui lui sont communes avec le fer oxidulé. Il forme aussi, dans quelques pays, de grandes masses indépendantes, comme dans l'île d'Elbe. C'est dans les cavités d'un fer oligiste rouge, dont est composée sa masse, que se trouvent, comme je l'ai dit, ces beaux cristaux si recherchés par les naturalistes; ils sont souvent accompagnés de quarz hyalin cristallisé et de fer sulfuré de différentes formes. On le trouve de même en couches et en filons, dans des roches primitives. Dans celui de Lougbanshytta en Suède, le fer oligiste est accompagné de pyroxène vert dit *sahlite*.

Il est plus rare de rencontrer le fer oligiste disséminé accidentellement dans l'intérieur des mêmes roches. Il a plutôt de ces relations que j'ai appelées *de rencontre*, avec les autres substances groupées à la surface des roches dont il s'agit. C'est ainsi qu'au Saint-Gothard, ses cristaux, d'une forme arrondie, s'associent au feldspath dit *adulaire*. La même relation a lieu dans le département de l'Isère. Au même endroit, le fer oligiste est quelquefois engagé dans l'intérieur du quarz hyalin. Dans un morceau dont j'ignore la localité, le quarz, la chaux carbonatée et la baryte sulfatée se réunissent pour accompagner le fer oligiste.

A l'égard des autres substances métalliques qui s'associent au fer oligiste, j'ai déjà cité le fer sulfuré ; j'en ajouterai ici deux autres, le cuivre pyriteux, qui forme un enduit très éclatant sur la surface du fer oligiste, et le cuivre carbonaté adhérent à un quarz dont les cavités sont garnies de très petits cristaux de fer oligiste.

Le fer oligiste, en cristaux ordinairement lamelliformes, se trouve aussi dans les terrains volcaniques de divers endroits, comme au Stromboli, l'une des îles Lipari, et spécialement dans le département du Puy-de-Dôme, où il est engagé dans une pierre grise connue sous le nom de *pierre de Volvic*, et que tous ceux qui ont été sur les lieux regardent comme devant son origine au feu. D'après les observations des mêmes naturalistes, les cristaux dont il s'agit ont été produits par la sublimation, à l'aide de la chaleur.

Les environs de Framont, dans les Vosges, fournissent aussi une grande quantité de fer oligiste, dont les cristaux tendent vers la forme d'un solide composé de deux pyramides droites réunies base à base. Le fer y est accompagné de baryte sulfatée, de fer carbonaté et de quarz hyalin.

Annotations.

J'ai parlé d'une des mines les plus abondantes, parmi celles qui fournissent le fer oligiste. C'est celle de l'île d'Elbe, près de la côte de Toscane, où l'on tire cette espèce de fer, surtout des monts Calamita et Rio. Cette île était connue des anciens sous le nom d'*Ilva*; Virgile l'a célébrée dans le 10ᵉ livre de son Enéide, où il la peint comme une île féconde en veines inépuisables d'acier :

Insula inexhaustis Chalybum generosa metallis.

Ce mot *inexhaustis*, inépuisable, pourrait passer, chez un poète, pour une métaphore; mais il n'était pas permis à Pline, qui écrivait comme naturaliste, d'avancer, contre toute raison, que cette île offrait un fait digne d'admiration, en ce que le fer y renaissait à mesure qu'on le tirait de la mine.

Le fer oligiste est une des substances métalliques les plus susceptibles de ce genre d'altération qui devient une source d'agrémens, en faisant naître de

belles couleurs à la surface du corps qui le subit. Rien
n'est plus agréable que de voir ces reflets s'étendre par
zones ou par taches sur la surface des cristaux d'un
certain volume, tels que ceux de l'île d'Elbe, ou
étinceler sur les groupes qui, comme ceux de Framont, sont composés de cristaux lamelliformes que
l'on prendrait pour un assemblage de petites pierres
gemmes, choisies parmi celles qui brillent des teintes
les plus vives et les plus flatteuses pour l'œil. Mais
un phénomène encore plus remarquable, c'est celui
que présentent des cristaux lamelliformes qui, sous
certains aspects, ont l'éclat métallique, et, sous d'autres aspects, paraissent d'un rouge mordoré, à l'aide
des rayons qui les ont pénétrés. Il y a même des
cristaux d'un volume très sensible qui réunissent
les deux effets. On retrouve ici un nouvel exemple
de la décomposition de la lumière en deux couleurs,
dont chacune est complémentaire de l'autre. Le gris
métallique du fer est mêlé, ainsi que je l'ai dit,
d'une teinte de bleuâtre que l'on peut regarder
comme la teinte proprement dite du fer, relativement à l'ordre des couleurs prismatiques ; or le rouge
tirant au rouge aurore, est la couleur complémentaire du bleu, et telle est celle que donnent les
reflets de la lumière qui a pénétré le cristal dont il
s'agit ici ; ils offrent le rouge nuancé d'orangé. Ainsi
les métaux dont le nom seul semble réveiller l'idée
d'une opacité parfaite, reproduisent un phénomène
analogue à celui que présente une lame d'air, c'est-

à-dire du fluide qui est pour ainsi dire le corps transparent par excellence.

J'ai fait rentrer dans l'espèce du fer oligiste plusieurs variétés que j'avais rapportées à celle du fer oxidé, telles que l'hématite rouge, le fer terreux de la même couleur, etc. C'est souvent dans les cavités des masses qui présentent ces variétés que se sont formés les cristaux qui n'en diffèrent que par une agrégation régulière des mêmes molécules intégrantes, et quelquefois par un plus grand degré de pureté. On trouve même de ces masses qui se divisent en rhomboïde un peu aigu, semblable à la forme primitive.

On ne sait pas encore positivement en quoi consiste la différence entre la composition chimique du fer oligiste et celle du fer oxidulé. On a essayé de la déterminer ; mais ce que l'on a dit à cet égard ne me paraît pas encore décisif. En attendant de nouvelles recherches, on a, relativement à ces deux substances, deux formes qui, étant incompatibles dans un même système de cristallisation, servent à tracer entre elles une ligne très nette de démarcation.

On trouve du fer oligiste en Norwége et en Suède, sous la forme de masses qui ont le tissu sensiblement lamelleux, et dont l'action sur le barreau aimanté est en général plus marquée que celle des cristaux de l'île d'Elbe et de Framont.

J'observerai à ce sujet que quand on éprouve,

à l'aide d'un barreau d'une certaine force, le magnétisme des cristaux qui se trouvent dans ces deux
dernières localités, il est bon de présenter successivement le même point aux deux pôles du barreau;
car le cristal étant lui-même un aimant, mais qui
n'a qu'une vertu assez faible, il pourrait arriver
que dans l'une des deux épreuves le barreau restât
immobile. J'ai déjà dit que cela aurait lieu, si la
force du barreau se bornait à détruire le magnétisme du cristal (*), sans pouvoir y substituer le
magnétisme contraire. C'est une suite de la théorie
d'après laquelle un corps à l'état d'aimant ne peut
agir sur un autre qu'autant que celui-ci est sorti
lui-même de son état naturel, et qu'il s'est fait dans
son intérieur un déplacement, ou plutôt une décomposition du fluide magnétique.

Un examen attentif du gissement des cristaux du
Mont-d'Or et autres lieux voisins (**), a engagé Delarbre à les regarder comme un produit du feu des
volcans, qui avait volatilisé le fer à la manière des
sels ammoniacaux, du soufre, etc.; et cette opinion
est aujourd'hui assez généralement reçue. L'art même
est parvenu encore ici à imiter la nature, en produisant des sublimations de fer cristallisé, qui avaient
beaucoup de rapport avec celui des volcans (***).

(*) Voyez ci-dessus, l'article du fer oxidulé.

(**) Voyez la description de cette localité, dans un Mémoire de Delarbre, Journal de Phys., août 1786, p. 119 et suiv.

(***) *Ibid.*, p. 127 et suiv.

Tous ces cristaux volcaniques semblent effectivement porter l'empreinte d'une cause dont l'action
rapide a, pour ainsi dire, brusqué leur formation. Il
est souvent très difficile de démêler leur véritable
type à travers les dimensions inégales de leurs faces,
et, sans un œil exercé, on ne serait pas tenté de reconnaître leurs images dans les figures que nous en
avons données.

Les mêmes cristaux ont souvent leur surface marquée de linéamens d'une forme contournée, mais
qui n'empêchent pas que leur surface n'ait un poli
vif, en sorte qu'ils ressemblent à de petits miroirs
métalliques ; ce qui leur a fait donner le nom de
fer spéculaire, que l'on a aussi appliqué à d'autres
variétés de la même espèce.

Je vais maintenant exposer de quelle manière j'ai
été conduit à rétablir la précision et la justesse dans
la détermination des formes cristallines qui appartiennent à cette espèce, et dans leur rapprochement
avec une forme primitive commune. On s'étonnera
moins des méprises qui ont retardé, à cet égard, le
progrès de la science, en considérant qu'elles tenaient à des apparences dont on n'est pas tenté de
se défier, et qui éloignent l'idée de vérifier, par des
observations exactes, des faits sur lesquels on s'en
rapporte naturellement au jugement de l'œil.

Les cristaux de fer volcanique s'offrent ordinairement sous un aspect qui les a fait prendre pour

des segmens d'octaèdres réguliers (*), semblables à
ceux que l'on détacherait en faisant, dans un octaèdre entier, deux coupes parallèles à deux faces
opposées, et situées à égale distance du centre. On
trouve de ces segmens d'octaèdre parmi les variétés
du spinelle, de l'alumine sulfatée et du cuivre pyriteux. La conformité d'aspect qu'ont avec ceux-ci les
cristaux de fer des volcans, a probablement fait illusion à Romé de l'Isle, cet observateur d'ailleurs
si attentif, en sorte qu'il se sera dispensé de mesurer
les angles de ces cristaux. J'avais déjà averti, dans
le Journal des Mines (**), que l'incidence des bases
sur les faces latérales, qui ne devrait être que de
$109^d 28'$, dans l'hypothèse de l'octaèdre régulier,
était d'environ 122^d, et, par de nouvelles mesures,
je trouvai à peu près 123^d, c'est-à-dire que la différence était de $13^d \frac{1}{3}$. Je m'étais abstenu en même
temps de prononcer sur la structure des cristaux
dont il s'agit, n'ayant encore, à cet égard, que des
indices qui demandaient à être vérifiés. J'ai reconnu
depuis que ces cristaux avaient pour forme primitive un rhomboïde un peu aigu semblable à celui
de la fig. 170, en sorte que j'avais continué de les
regarder comme une espèce particulière, que je nom-

***

(*) De l'Isle, Cristallogr., t. III, p. 188. De Born, Catal.,
t. II, p. 267. Lamétherie, Théorie de la terre, 2ᵉ édition,
t. I, p. 226.

(**) Nᵒ 31, p. 531.

mais *fer pyrocète*, c'est-à-dire, *qui a le domaine du feu pour patrie.*

J'étais alors dans l'idée que les cristaux de fer de l'île d'Elbe dérivaient de la forme cubique. Stenon, qui les avait décrits le premier, disait qu'ils avaient six faces pentagones qui coïncidaient exactement avec les faces du cube, et ajoutait que toutes les autres faces étaient produites par les angles du cube, tronqués d'une certaine manière (*). Romé de Lisle avait adopté cette opinion, qui depuis est devenue générale parmi les naturalistes. Je m'y étais conformé moi-même dans ce que j'ai écrit sur ce sujet ; et en appliquant la théorie aux formes secondaires, je les avais fait dériver du cube, par des lois simples de décroissement, qui conduisaient à des angles sensiblement conformes à ceux que me donnait l'observation.

A l'égard des cristaux de fer de Framont, Romé de l'Isle les considérait comme des modifications du dodécaèdre à plans triangulaires isocèles, dont effectivement ils présentent la forme, excepté que leurs pyramides sont incomplètes dans leurs sommets, et quelquefois aussi dans leurs angles latéraux. Néanmoins ce célèbre naturaliste pensait que les variétés de cette mine étaient en même temps des modifications plus ou moins prochaines du cube (**). J'avais fait, de mon côté, des recherches pour les ramener

(*) Collect. acad., partie étrang., t. IV, p. 400.
(**) Cristallogr., t. III, p. 201.

à cette dernière forme considérée comme primitive; et quoique les lois de décroissement auxquelles j'étais parvenu s'écartassent de la simplicité des lois ordinaires, comme les exposans qui entraient dans leurs expressions n'excédaient pas le nombre 6, elles me semblaient d'autant plus admissibles, qu'elles tendaient à produire une forme symétrique, savoir, celle du dodécaèdre à plans triangulaires isocèles.

Cependant j'avais toujours été frappé d'une espèce de singularité que présentait ici la forme cubique, qui faisait la fonction de rhomboïde, c'est-à-dire qu'il fallait concevoir un axe qui passât par deux angles solides opposés, lesquels devaient être considérés comme les sommets, et les lois de décroissement qui agissaient autour de ces sommets étaient différentes de celles qui se rapportaient aux angles latéraux. Au contraire, dans le fer sulfuré et d'autres espèces qui ont un cube pour noyau, les décroissemens se font d'une manière uniforme sur toutes les parties de ce noyau semblablement situées.

Je fus encore plus surpris d'un résultat auquel me conduisait la détermination d'une variété de fer de Framont, qui m'avait été communiquée par M. Lhermina. C'était celle que j'ai nommée *uniternaire*, et que représente la fig. 176. Ne l'ayant connue jusqu'alors que d'après une description peu exacte de Romé de l'Isle (*), je n'avais point été à

______

(*) Ce savant naturaliste en faisait une modification de

portée de faire une observation, qui consistait en ce que les bords longitudinaux des pentagones P, ou ceux qui sont contigus aux faces n, étaient exactement parallèles entre eux; or, pour avoir ce parallélisme, dans l'hypothèse d'un noyau cubique, il fallait supposer un décroissement par vingt rangées sur les angles inférieurs de ce noyau.

Piqué, en quelque sorte, de voir une loi aussi extraordinaire s'introduire dans une théorie qui jusqu'alors avait donné des résultats beaucoup plus simples, et réfléchissant de nouveau sur cette espèce de prérogative peu naturelle que semblait accorder ici la cristallisation aux deux angles solides qui représentaient les sommets, je portai mes soupçons sur la forme cubique elle-même, et, à l'aide du goniomètre, je mesurai, pour la première fois, sur les cristaux de l'île d'Elbe, l'incidence mutuelle des faces primitives, au lieu que jusqu'alors je m'étais borné à mesurer celle des faces produites par les décroissemens, soit entre elles, soit avec les faces primitives; et je trouvai que la forme que j'avais regardée comme un cube, était un véritable rhomboïde, qui ne différait pas sensiblement de celui que j'avais déterminé par rapport au fer des volcans, ce qui indiquait la réunion de l'une et l'autre substance dans une même espèce. Dès lors ces lois de

---

celle où, selon lui, l'incidence des faces n, n' était de 135^d au lieu de 120^d $52'$.

décroissemens qui m'avaient paru singulières dans les cristaux de Framont, firent place à des lois très simples, et tout rentra pour ainsi dire dans l'ordre.

A l'égard des variétés du fer de l'île d'Elbe, je ne trouvai aucun changement à faire aux anciennes lois, qui n'excédaient pas trois rangées, parce que les incidences secondaires que j'avais déterminées, dans l'hypothèse du cube, ne différaient guère que d'un demi-degré de celles qui résultent de la forme rhomboïdal, quoique la différence entre les angles primitifs fût de trois degrés. C'est ici l'un de ces cas que j'ai rencontrés quelquefois dans le cours de mes recherches, où une quantité très sensible en elle-même s'atténue pour ainsi dire en passant dans certains résultats qui en dépendent (*).

J'ai vérifié un grand nombre de fois les observations dont je viens de parler, et j'ai même trouvé des masses lamelleuses de fer qui, à l'aide de la division mécanique, donnaient, ainsi que les cristaux réguliers, un rhomboïde et non pas un cube.

Ainsi, il a fallu des considérations théoriques pour m'arracher une observation si simple, si facile à faire, et celle par laquelle j'aurais dû commencer. Au reste,

---

(*) Par exemple, l'angle A′ (fig. 171), qui était de $117^d 2'$, dans l'hypothèse du cube, est de $116^d 32'$ dans celle du rhomboïde; l'incidence de n sur P (fig. 176), qui, dans la première hypothèse, était de $154^d 45'$, est de $154^d 13'$ dans la seconde.

je puis dire que c'est la seule fois que j'aie été entraîné par le préjugé de l'œil, et qu'à l'égard de
toutes les autres substances, j'ai toujours mesuré
les angles primitifs avec tout le soin dont j'étais
capable.

Au fond, la correction d'environ trois degrés qui
se présentait ici à faire, ne mériterait guère de fixer
l'attention, si elle n'avait pas une influence remarquable sur la classification des mines de fer ; car elle
rend incompatibles dans une même espèce le fer oxidulé, qui a pour forme primitive l'octaèdre régulier,
et le fer oligiste, qui a pour noyau un rhomboïde un
peu aigu. On voit qu'une plus grande quantité d'oxigène imprime à la molécule un caractère tout particulier, en la faisant passer à une nouvelle forme,
qui n'a rien de commun avec la première, d'où il
paraît résulter qu'il y a ici deux points de saturation
très distincts, que la Chimie déterminera sans doute,
lorsqu'elle portera dans l'analyse des mines de fer
l'exactitude que comporte la perfection à laquelle
cette science est aujourd'hui parvenue.

Le fer oligiste, à raison de son homogénéité, qui
ne laisse presque autre chose à faire, pour le rendre
ductile, que de le dépouiller de son oxigène, est par
là susceptible d'être traité avec succès par la méthode
qu'on appelle *à la catalane*. Ainsi, au lieu de deux
opérations qui se succèdent dans le traitement des
mines d'alluvion, l'une par le fourneau de fonte,
l'autre par celui d'affinage, on se borne à une seule,

qui consiste à mêler le fer avec du charbon, et à lui faire subir une fusion pâteuse. Ce procédé réunit à l'avantage d'être plus simple et plus expéditif, celui d'apporter une grande économie dans l'emploi du combustible.

QUATRIÈME ESPÈCE.

FER ARSENICAL.

(*Gemeiner arsenikkies*, W. Vulgairement *pyrite arsenicale et misspickel*.)

Caractères spécifiques.

Caract. géométr. Forme primitive : prisme droit rhomboïdal (fig. 188, pl. 105), dans lequel l'incidence de M sur M est de $111^d\,18'$, et le côté de la base est à peu près égal à la hauteur G ou H (*).

Molécule intégrante : *idem.*

Cassure. Granulaire, à grain fin, et peu brillante.

Caract. phys. Pesant. spécif., 6,5223.

Dureté. Étincelant par le choc du briquet, en exhalant une odeur d'ail très sensible.

Couleur. Le blanc tirant sur celui de l'étain.

Caract. chim. Présenté à la simple flamme d'une

(*) Le rapport que j'ai adopté est celui de $\sqrt{22}$ à $\sqrt{21}$. La moitié de la grande diagonale de la base est à la hauteur G :: $\sqrt{15}$: $\sqrt{21}$, et elle est à la moitié de la petite diagonale :: $\sqrt{15}$: $\sqrt{7}$.

bougie, il donne une fumée épaisse accompagnée d'une forte odeur d'aïl.

Analyse du fer arsenical de Freyberg, par Chevreul :

Fer	34,938
Arsenic	43,418
Soufre	20,132
	98,488.

Du même, par Stromeyer :

Fer	36,04
Arsenic	42,88
Soufre	21,08
	100,00.

Du même, par Thomson :

Arsenic	48,1
Fer	36,4
Soufre	15,4
Perte	0,1
	100,0.

Du même, par Lampadius (Karsten, Min. tab., p. 75) :

Fer	58,9
Arsenic	42,1
	101,0.

Caract. distinct. 1°. Entre le fer arsenical et le cobalt arsenical. Le premier donne ordinairement des étincelles par le choc du briquet, ce que ne fait pas l'autre. Sa couleur est d'un blanc moins décidé, qui tourne assez souvent au jaunâtre; lorsque la blancheur du cobalt est altérée, c'est par une nuance de rougeâtre qui paraît surtout dans la cassure. Les formes cristallines du cobalt arsenical dérivent du cube ou de l'octaèdre, et celles du fer arsenical d'un prisme droit rhomboïdal. Le premier, mis dans l'acide nitrique à froid, y fait aussitôt effervescence; cet effet n'a lieu pour l'autre qu'au bout de quelques instans. 2°. Entre le même et le cobalt gris. Celui-ci a le tissu très sensiblement lamelleux; il s'égrène plutôt que d'étinceler comme l'autre sous le briquet. Ses formes sont originaires du cube, et celles du fer arsenical d'un prisme droit rhomboïdal. 3°. Entre le même et le fer sulfuré. Celui-ci ne donne point d'odeur d'ail comme l'autre par le choc du briquet. Sa couleur est le jaune de bronze, et celle du fer arsenical imite presque le blanc de l'argent. Même distinction relativement aux formes, que pour le cobalt arsenical. 4°. Entre le même et l'argent antimonial. Celui-ci n'étincelle pas comme l'autre sous le briquet. Au chalumeau, il finit par donner un bouton blanc métallique très ductile; le fer arsenical, dans le même cas, ne donne qu'un globule noirâtre et cassant.

VARIÉTÉS.

FORMES DÉTERMINABLES.

Quantités composantes des signes représentatifs.

$$\overset{1\ z\ x\ 3}{MP B \dot{E} \dot{E} {}^{\prime}G^{\prime}}.$$
$$MP\ g\ l\ z\ r\ n$$

Combinaisons deux à deux.

1. Fer arsenical *primitif.* MP (fig. 188).

2. *Unitaire.* $\overset{4}{M\dot{E}}$ (fig. 189).
   $\quad M\,l$

3. *Ditétraèdre.* $\overset{3}{M\dot{E}}$ (fig. 190).
   $\quad M\,r$

Les faces *r*, *r* sont ordinairement striées parallèlement à l'arête qui les réunit.

Trois à trois.

4. *Unibinaire.* $\overset{1\ 2}{M\dot{E}\dot{E}}$ (fig. 191).
   $\quad M\,l\,z$

5. *Quadrioctonal.* $\overset{1\ 3}{M\dot{E}\dot{E}}$ (fig. 192).
   $\quad M\,l\,r$

Quatre à quatre.

6. *Equivalent.* $\overset{2}{M^{\prime}G^{\prime}B E}$ (fig. 193).
   $\quad M\ n\ g\ l$

Formes indéterminables.

Fer arsenical *bacillaire.*

Aciculaire.
Massif.

APPENDICE.

Fer arsenical *argentifère*. Weisserz, W. Edler arsenikkies, K. La quantité d'argent varie de 1 à 10 pour 100. On exploite ce minéral comme mine d'argent; il ressemble au fer arsenical ordinaire, mais il est moins blanc et prend plus facilement une teinte de jaunâtre par l'exposition à l'air. A Braunsdorf en Saxe, il est sous la forme de grains engagés dans le quarz; quelquefois l'antimoine sulfuré capillaire l'accompagne.

Relations géologiques.

Le fer arsenical a cela de commun avec les deux espèces principales de mines de fer que j'ai décrites précédemment, qu'il se trouve aussi quelquefois en masses assez considérables pour qu'on l'ait mis au rang des roches proprement dites. Dans ce cas, il est subordonné au mica schistoïde (Tondi). Mais en général, il est beaucoup plus rare que ces deux mines, et dans une multitude d'endroits on ne le trouve qu'en petite quantité; de plus, ses manières d'être sont resserrées dans des limites plus étroites. On ne l'a encore observé que dans les terrains primitifs.

Il entre accidentellement dans la composition de plusieurs roches, entre autres du granite, dans

la province de Massachuset ; du talc lamellaire, en
Angleterre.

On le trouve encore associé à la formation accidentelle de divers filons occupés par des métaux plus
abondans, ou qui sont un objet direct d'exploitation ; c'est ainsi qu'il accompagne l'étain oxidé, à
Schlackenwald en Bohème ; le cuivre oxidulé, en
Angleterre ; le plomb sulfuré et le cuivre pyriteux
mêlé de fer sulfuré, près de Freyberg.

Sa variété aciculaire se trouve à Temeswar dans
le Bannat, sur une chaux carbonatée qui passe à
la variété nacrée. En France, à Saint-Leonhard
(Haute-Vienne), il est engagé dans le même quarz
que celui qui renferme le schéelin ferruginé. En
Sibérie, il accompagne l'émeraude. Ailleurs il est
associé, tantôt au zinc sulfuré, tantôt au fer sulfuré, dont il recouvre les cristaux comme par incrustation.

Annotations.

Suivant l'opinion des anciens minéralogistes, et
en particulier de Monnet, la substance dont il s'agit
ici, réduite à l'état de pureté, n'était que la combinaison simple du fer avec l'arsenic, telle qu'on la
produirait, disait-il, en unissant ces deux substances
par la voie du feu. Bergmann a supposé de même
que le vrai mispickel n'était composé que d'arsenic
et de fer. M. Thomson a dit aussi (Syst. de Ch.,
tome VII, p. 507) que l'on combinait le fer et l'arsenic par la fusion ; que cet alliage était blanc, cas-

sant, et susceptible de cristalliser; qu'on le trouvait tout fait dans la nature, et qu'il était connu sous le nom de *mispickel*.

Cependant de Born regardait cette mine comme une combinaison d'arsenic, de fer et de soufre. Cronstedt, Wallérius et Bergmann n'admettaient la présence de ce dernier principe que dans certaines variétés, dont ils avaient fait une espèce à part, distinguée du mispickel. Dans la première édition de ce Traité, j'avais placé ces variétés par appendice à la suite du fer arsenical commun, sous le nom de fer arsenical *pyriteux*. J'étais plutôt porté à croire qu'elles n'étaient autre chose que le mispickel lui-même, modifié par la présence d'une quantité plus ou moins considérable de soufre, due probablement à un mélange de fer sulfuré. Les expériences de M. Vauquelin venaient à l'appui de mon opinion. Dans la pyrite arsenicale d'Enghien, analysée par ce savant, l'arsenic ne formait que $\frac{1}{15}$ à peu près de la masse; et dans celle de la Farenque, il en faisait près des $\frac{2}{5}$.

J'avais examiné les échantillons d'où provenaient les morceaux soumis à l'analyse. Leur surface offrait la couleur jaune du fer sulfuré, et l'on y voyait, à quelques endroits, de petits cubes de cette dernière substance, tandis que l'intérieur avait une couleur d'un blanc légèrement jaunâtre, qui se rapprochait beaucoup plus de celle du fer arsenical.

Il me paraissait donc qu'il y avait entre le fer

sulfuré pur et le fer arsenical pur, une série de nuances qui dépendait de la variation des quantités de soufre et d'arsenic; en sorte que les intermédiaires devaient être rapportés, comme simples mélanges, à l'un ou l'autre des extrêmes, suivant que le soufre ou l'arsenic y dominait.

Mais M. Chevreul, qui a publié les résultats de plusieurs analyses qu'il a faites sur diverses variétés de mispickel, et en particulier sur les cristaux de Freyberg qui paraissent très purs, est persuadé que cette substance métallique résulte de l'union du fer sulfuré au minimum et de l'arsenic.

Suivant M. Berzélius, qui adopte les mêmes résultats, elle serait une combinaison d'un arséniure de fer au maximum, avec du sulfure de fer au maximum. Je ne prétends pas décider entre ces diverses manières de considérer la composition du mispickel, et celle qui consisterait à supposer que ce fût une combinaison triple, dans laquelle les trois principes se seraient unis directement, ce qui, au premier aperçu, semble plus naturel.

D'une autre part, M. Thomson cite une analyse du mispickel faite par lui-même, et qui a donné, arsenic 48,1, fer 36,4, soufre 15,4; ce qui ne s'accorde pas avec ce qu'il avait dit du mispickel, en supposant qu'il n'était autre chose qu'une combinaison de fer et d'arsenic, à moins qu'il ne regarde le soufre comme accidentel.

Si des recherches ultérieures confirment les résultats que je viens d'exposer, il faudra faire dans le nom de cette espèce un changement qui indique l'union du soufre avec les deux autres principes ; mais l'espèce restera toujours à la place que lui assigne la Cristallographie jointe aux autres caractères.

Henckel dit que, dans la Saxe, c'est par la décomposition du mispickel que l'on obtient l'arsenic blanc du commerce, ce qui n'a lieu qu'accidentellement et par suite du traitement direct des mines d'étain auxquelles le mispickel est associé, l'appareil étant disposé de manière que l'arsenic qui se dégage pendant cette opération puisse être ensuite recueilli.

Dans le fer arsenical comme dans le nickel arsenical, la vertu magnétique est anéantie par la présence de l'arsenic, et peut-être aussi par celle du soufre. On sait que le fer ordinaire ne se convertit en aimant que parce que la résistance qu'il oppose au mouvement des deux fluides magnétiques dans ses pores, n'est pas assez grande pour les empêcher de se dégager l'un de l'autre, et de se porter vers les deux extrémités du morceau de fer soumis à l'expérience. C'est cette résistance que M. Coulomb a nommée *force coercitive*, et qu'il compare au frottement. Or, il paraît que les molécules de l'arsenic, en s'introduisant entre celles du fer ou du nickel, augmentent tellement la force coercitive, que les deux fluides deviennent incapables de la vaincre.

Cet accroissement de force coercitive que l'arsenic produit dans le fer, paraît dépendre de ce qu'il

le rend aigre et cassant, en diminuant le jeu de ses
molécules. Pour que le fer passe à l'état de magnétisme, il faut que les deux fluides qui composent le
fluide magnétique puissent se mouvoir avec une certaine liberté dans les pores de ce métal. On sait
que les molécules de tous les corps font continuellement des oscillations imperceptibles occasionnées
par les petites variations de la température, qui n'est
jamais dans un état de stabilité parfaite ; or ces oscillations favorisent le mouvement des fluides magnétiques, dont les molécules profitent pour ainsi
dire des petits écartemens qui ont lieu par une suite
des mêmes oscillations, pour se glisser entre les molécules ferrugineuses, et se distribuer suivant les lois
du magnétisme. Mais les oscillations se font avec
d'autant plus de facilité que le fer est plus ductile
et moins cassant, parce qu'il résiste d'autant moins
à la force qui tend à produire de petits écartemens
entre ses molécules ; c'est pour cela que le fer doux
reçoit si facilement le magnétisme, et le perd avec
la même facilité. Dans l'acier, la présence du charbon interposé entre les molécules ferrugineuses en
diminue le jeu, ou, ce qui revient au même, rend
le fer plus cassant ; aussi l'acier résiste-t-il beaucoup
plus que le fer doux à la communication du magnétisme ; mais dès qu'une fois il a acquis la vertu
magnétique, il la conserve très long-temps. L'arsé-
nic rend le fer plus cassant encore que ne fait le
charbon, et, par une suite nécessaire, il diminue

tellement le jeu des molécules du fer, qu'elles opposent au mouvement des molécules magnétiques un obstacle que celles-ci n'ont pas la force de surmonter.

CINQUIÈME ESPÈCE.

FER SULFURÉ.

(*Eisenkies*, W. Vulgairement *pyrite martiale ou ferrugineuse*.)

Caractères spécifiques.

Caractère géométr. Forme primitive : le cube (fig. 194, pl. 106).

Caract. auxil. Couleur d'un jaune de bronze. On aperçoit assez souvent des joints sensibles parallèles aux faces de ce solide. Quelques cristaux présentent cependant des indices d'une structure relative à l'octaèdre régulier, et d'autres semblent réunir les indices de l'une et l'autre structure.

Cassure. Raboteuse et peu éclatante. On trouve cependant des morceaux dont la cassure est conchoïde, très lisse et d'un éclat très vif ; mais ils sont rares.

Voyez l'observation placée en tête de la description des variétés, où je propose une hypothèse pour tout concilier, en ramenant la structure des différens cristaux de cette espèce à un assortiment de tétraèdres réguliers, qui seraient les molécules intégrantes.

Caract. phys. Pesant. spécif., 4,1006... 4,7491.

Dureté. Presque toujours étincelant par le choc du briquet.

Odeur. Sulfureuse, jointe à l'étincelle.

Couleur de la surface. Le jaune de bronze.

Couleur de la poussière. Le vert-noirâtre.

Caract. chim. Exposé à la flamme d'une bougie, il exhale une odeur sulfureuse et devient roux et attirable à l'aimant.

Sa poussière, jetée sur un charbon allumé et placé dans l'obscurité, produit une multitude de points lumineux dus à la combustion du soufre.

Analyse du fer sulfuré dodécaèdre, par Hattchett (*Transact. philos.*, 1804; Journal de Phys., t. LXI, p. 463) :

$$\begin{array}{lr}\text{Soufre} & 52,15 \\ \text{Fer} & 47,85 \\ \hline & 100,00.\end{array}$$

Du fer sulfuré triglyphe, par le même (*ibid.*) :

$$\begin{array}{lr}\text{Soufre} & 52,5 \\ \text{Fer} & 47,5 \\ \hline & 100,0.\end{array}$$

Du fer sulfuré radié, par le même (*ibid.*) :

$$\begin{array}{lr}\text{Soufre} & 53,6 \\ \text{Fer} & 46,4 \\ \hline & 100,0.\end{array}$$

Analyse du fer sulfuré cristallisé, par Berzelius (Nouveau Système de Min., p. 263) :

Soufre 54,26
Fer. 45,74
                                    ————
                                    100,00.

Caract. distinct. 1°. Entre le fer sulfuré et l'or natif d'un jaune pâle. Celui-ci est malléable, et le fer sulfuré cassant. Les parcelles qu'on détache de l'or avec une lime ordinaire restent de la même couleur, au lieu que celles du fer sulfuré deviennent noirâtres. L'or se fond au chalumeau, sans perdre sa couleur et sans répandre d'odeur sulfureuse, comme le fer sulfuré. 2°. Entre le même et le cuivre pyriteux. Le premier est beaucoup plus difficile à attaquer avec la lime. Il étincelle presque toujours par le choc du briquet, et rarement le cuivre pyriteux. Ses formes cristallines ne sont jamais le tétraèdre, soit complet, soit épointé ou émarginé. 3°. Entre le même et le fer arsenical. Celui-ci, chauffé au chalumeau, répand une odeur d'ail, et le premier une odeur sulfureuse.

VARIÉTÉS.

Formes déterminables.

Observation. Si l'on suppose un octaèdre régulier *ah* (fig. 195, pl. 106), composé d'une multitude de petits tétraèdres réunis par leurs bords, ainsi que je l'ai expliqué à l'article de la chaux fluatée, il est facile de voir qu'un plan parallèle à l'un des carrés *aghr*, *gmrs*, etc., passera entre les bords de jonction d'une suite de tétraèdres; et comme il y a six carrés dont les positions sont analogues à celles des précédens, on conçoit que si, par quelque circonstance particulière, la division mécanique n'avait lieu que dans le sens qui vient d'être indiqué, on pourrait sous-diviser l'octaèdre en cubes, qui seraient des assemblages de petits tétraèdres. D'une autre part, si l'on suppose que la division mécanique ne puisse avoir lieu, au contraire, que parallèlement aux faces des petits tétraèdres composans, ce qui paraît être le cas ordinaire, il en résultera des rhomboïdes composés chacun de deux molécules tétraèdres, et d'un octaèdre, à la place duquel on pourra concevoir un vacuole, comme je l'ai de même expliqué en parlant de la structure de la chaux fluatée. Enfin, si l'on imagine que les deux divisions aient lieu à la fois, on pourra extraire, à volonté, de l'octaèdre des cubes et des rhomboïdes.

Or il est clair que l'assortiment des petits tétraèdres, au lieu de former un octaèdre, ainsi que je viens de le supposer, peut tout aussi bien former un cube qui sera susceptible des mêmes modes de division. Je conclus de là qu'il serait possible que les molécules de la pyrite fussent des tétraèdres réguliers, et que, par l'effet de certaines circonstances, les joints qui se prêteraient à la division mécanique fussent tantôt

ceux qui passent entre les bords des tétraèdres, tantôt
ceux qui passent entre leurs faces, et tantôt les uns
et les autres à la fois. Dans le premier cas, la molécule soustractive serait le cube, et l'on devrait naturellement considérer aussi ce solide comme la forme
primitive. Dans le second cas, on aurait le rhomboïde pour la molécule soustractive, et il convien-
drait d'admettre l'octaèdre pour forme primitive.
Dans le troisième cas, on pourrait opter en faveur
du cube, à raison de la simplicité de sa forme.

Quantités composantes des signes représentatifs.

$$\mathrm{MP}\,\overset{2}{\mathrm{B}}\overset{2}{\mathrm{C}}{}^{1}\mathrm{G}^{1}\;\mathrm{B}\overset{2}{\mathrm{C}}\mathrm{G}^{22}\;\mathrm{G}\mathrm{B}\overset{2}{\mathrm{C}}\mathrm{G}^{44}\;\mathrm{G}\mathrm{B}\overset{2}{\mathrm{C}}\;\mathrm{G}^{\frac{3}{2}}{}^{\frac{3}{2}}\overset{1}{\mathrm{G}}\overset{2}{\mathrm{A}}\overset{}{\mathrm{A}}\,,\ \text{ou}$$

$$\mathrm{MP}\;x'\,x'\;x\;\overset{2}{e}\,e'\;e\;h''h'\;h\;\overset{3}{f}\,f'\;y\;d\;o$$

$$(\overset{\frac{1}{3}}{\mathrm{A}}\mathrm{G}^{2}\mathrm{C}^{1})(\overset{\frac{1}{2}}{\mathrm{A}}\mathrm{B}^{1}\mathrm{C}^{2})(\mathrm{A}\overset{\frac{1}{3}}{\mathrm{B}}^{2}\mathrm{G}^{2})\ (*)\ \overset{\frac{3}{2}}{\mathrm{A}}\overset{\frac{1}{2}}{\mathrm{A}}(^{2}\mathrm{A}\mathrm{G}^{2}\mathrm{C}^{1})(\overset{2}{\mathrm{A}}\mathrm{B}^{1}\mathrm{C}^{2})$$
$$\qquad o\qquad\quad o'\qquad\quad o''\qquad\qquad z\ k\qquad s\qquad\quad s'$$

$$(\mathrm{A}^{2}\mathrm{B}^{2}\mathrm{G}^{1})(\mathrm{A}^{2}\overset{3}{\mathrm{B}}^{2}\mathrm{G}^{2})(\overset{2}{\mathrm{A}}\mathrm{B}^{1}\mathrm{C}^{2})(\overset{3}{\frac{3}{2}}\mathrm{A}\mathrm{G}^{2}\mathrm{C}^{2})(\mathrm{A}\overset{5}{\frac{5}{3}}\mathrm{G}^{1}\mathrm{B}^{2})$$
$$\qquad s''\qquad\qquad f''\qquad\quad f'\qquad\quad f\qquad\qquad n''$$

$$(\overset{3}{\mathrm{A}}\mathrm{B}^{1}\mathrm{C}^{3})(\overset{5}{\frac{5}{3}}\mathrm{A}\mathrm{C}^{1}\mathrm{G}^{3}).$$
$$\quad n'\qquad\quad n$$

Combinaisons une à une.

1. Fer sulfuré *primitif*. MP (fig. 194, pl. 106).
$$\mathrm{M\,P}$$

<hr>

(*) J'ai préféré, dans certains cas, le signe du décroissement intermédiaire, à cause de son analogie avec les signes
qui se rapportent aux facettes *f* et *s*, lesquelles se combinent
avec *o* dans une même variété.

a. En parallélépipède rectangle, dont les dimensions peuvent avoir entre elles différens rapports.

2. *Octaèdre.* $\overset{s}{\underset{d}{A}}$ (fig. 196).

Plusieurs cristaux paraissent divisibles parallèlement aux faces de ce solide.

a. Cunéiforme.

3. *Trapézoïdal.* $\overset{s}{\underset{o}{A}}$ (fig. 197).

Voyez le Traité de Cristallographie, t. II, p. 8. Se trouve dans le talc stéatite de Corse, qui contient de petits octaèdres de fer oxidulé.

4. *Dodécaèdre.* $B\overset{s}{C}G^{2s}G$ (fig. 198).

En dodécaèdre à faces pentagonales symétriques, égales et semblables. Traité de Cristallographie, t. II, p. 23. Angles plans de chaque pentagone tel que xyz : l'angle opposé à l'arête y est de 121^d 35′ 17″; chacun des angles z, z est de 106^d 36′ 2″ 30‴; chacun des angles adjacens à la base y est de 102^d 36′ 19″.

a. Alongé entre deux de ses faces opposées.

b. En cristaux croisés deux à deux, de manière que les angles solides de l'un forment des saillies au-dessus des faces de l'autre.

Cette variété a été désignée par Romé de l'Isle et par Werner comme étant le *dodécaèdre à plans pentagones réguliers;* mais il s'en faut de beaucoup que ces deux dodécaèdres soient semblables.

Dans celui de la Géométrie, ou le régulier, les

pentagones ont tous leurs angles égaux , c'est-à-
dire de 108^d. On peut voir, par les mesures indiquées ci-dessus, combien les angles plans du dodécaèdre de la nature diffèrent entre eux (*). De plus,
l'incidence de deux quelconques des pentagones voisins sur le dodécaèdre de la Géométrie, est de
116^d 33′ 32″, ce qui fait une différence de plus de
10^d avec l'incidence de *e* sur *e*.

J'ai fait voir dans le Traité de Cristallographie ,
t. II, p. 23, que l'existence du dodécaèdre régulier
n'était même compatible avec aucune loi de décroissement relative à un noyau cubique (**). La raison
en est que le rapport de la quantité de rangées
soustraites dans le sens de la largeur avec la hauteur
de chaque lame , doit toujours pouvoir être représenté par des nombres rationnels ; ce qui a lieu effectivement dans le dodécaèdre du fer sulfuré , où
ce rapport est celui de 2 à 1. Mais on démontre
que le rapport qui concerne le dodécaèdre régulier

(*) A l'égard du rapport entre les côtés , si l'on suppose
que la forme du dodécaèdre (fig. 198) ait toute la perfection dont elle est susceptible, la base *y* de chaque pentagone sera à chacun des quatre autres côtés dans un rapport
un peu plus fort que celui de 4 à 3.

(**) Ce que je dis ici de l'impossibilité du dodécaèdre
régulier , considéré comme originaire du cube , peut être
démontré généralement pour un noyau d'une forme quelconque.

est exprimé en nombres irrationnels, c'est-à-dire qu'il représente une chose impossible (*).

On a cru voir dans le cristal de fer sulfuré dont il s'agit ici, le dodécaèdre de la Géométrie, parce qu'on est porté à supposer aux cristaux les formes qui paraissent les plus simples et les plus parfaites, lorsqu'on ne considère dans le polyèdre que son aspect et comme le fantôme d'un corps physique. Mais le défaut de symétrie qui existe à l'extérieur, dans le cristal, cache un caractère de simplicité qui consiste en ce que la molécule étant le cube, dont la figure est la plus parfaite de toutes, la loi des décroissemens est en même temps celle qui donne le dodécaèdre à l'aide du moindre nombre possible de rangées soustraites; et ainsi il est vrai de dire que c'est là le dodécaèdre régulier de la Minéralogie.

Ce même solide m'a paru propre à être cité comme exemple de la méthode qui sert à construire des cristaux artificiels. On exécutera d'abord un cube, que je suppose représenté par la figure 218, pl. 108; on tracera sur les faces de ce cube des lignes mn, $m'n'$, $m''n''$, qui les divisent en deux, suivant trois directions perpendiculaires entre elles. Sur chacune de ces lignes, telle que mn, on prendra, de part et d'autre, une portion mo ou nr égale à $\frac{1}{8}$ de la ligne entière. On fera ensuite passer par cette même ligne deux plans coupans qui doivent être tangens,

---

(*) Voyez le Traité de Cristallographie, t. II, p. 25.

l'un au point o', l'autre au point correspondant sur la face opposée ; deux nouveaux plans menés par $m''n''$ seront tangens, l'un au point r et l'autre au point correspondant sur la face opposée, etc. On aura ainsi douze plans coupans, en nombre égal à celui des arêtes qu'ils intercepteront ; ce qui donnera le dodécaèdre cherché.

Si l'on voulait avoir le dodécaèdre régulier de la Géométrie, on tracerait d'abord un pentagone régulier ABCDF (fig. 220), dans lequel on mènerait une diagonale BF. On s'arrangerait ensuite pour exécuter le cube générateur (fig. 219), de manière que la moitié du côté de ce cube, ou cm moitié de mn, fût égale à la ligne BF (fig. 220). On prendrait ensuite sur cm ou sur cn (fig. 219), la portion om ou rn égale à la différence entre CD et BF (fig. 220) ; et en coupant le cube d'une manière analogue à celle qui a été indiquée pour le dodécaèdre du fer sulfuré, on parviendrait à obtenir celui de la Géométrie.

a. Fer sulfuré *triglyphe* (fig. 199). En cube, dont les faces sont striées dans trois sens perpendiculaires l'un à l'autre. De l'Isle, t. III, p. 216; var. 11.

L'assortiment des stries, sur les cristaux de cette variété, a quelque chose qui surprend au premier coup d'œil, et semble faire naître une difficulté, par rapport au mécanisme de la structure du cristal cubique. Stenon, qui l'a observé le premier, pensait que le fluide où s'était formée la pyrite avait trois mouvemens différens, l'un vertical et les deux autres horizontaux et perpendiculaires entre eux (*); explication que sa seule obscurité rend inadmissible.

Mairan, dans son Traité sur la glace, où il décrit les pyrites cubiques striées (**), considère chacune d'elles comme composée de six pyramides quadrangulaires, qui ont pour bases les six faces du cube, et dont les sommets se confondent avec le centre du même cube. Il pense que chacune de ces pyramides est formée de fibres ou d'aiguilles, dont les directions sont perpendiculaires à celles des aiguilles de la pyramide voisine, d'où il arrive, selon lui, que les bases des pyramides ont des stries alignées suivant les mêmes directions, et qui ne sont autre chose que les saillies des aiguilles extrêmes. Cette structure ne s'accorde pas avec l'observation. Le tissu de la pyrite, lorsqu'on la brise, ne paraît point fibreux, mais plutôt composé de lames parallèles aux faces du cube.

Une observation simple et nette m'a offert le dénouement de la difficulté. Elle consiste en ce que les arêtes y, l, k (fig. 198), formées par les bases communes des pentagones du dodécaèdre, ont des directions respectivement perpendiculaires, comme les stries de la pyrite cubique. Cela posé, le cube

---

(*) *De solido intrà solidum contento.* Collect. acad., traduct. franç., partie étrang., t. IV, p. 402 et 403.

(**) Page 56 et suiv.

strié paraît n'être autre chose que le résultat d'une
cristallisation précipitée, qui eût produit le dodécaèdre à plans pentagones, si elle eût été secondée
par des circonstances convenables. Ce qui achève de
le prouver, c'est que parmi les stries de la pyrite
cubique, celles qui occupent le milieu se relèvent
assez souvent en forme de coin ou de sommet dièdre,
de manière que l'intention de la cristallisation, si
j'ose ainsi parler, est beaucoup plus sensible en cet
endroit. D'autres fois, les faces du cube subissent des
arrondissemens très marqués, qui annoncent, dans
la cristallisation, une marche précipitée, mais toujours dirigée vers le même but. Ainsi, lorsqu'au lieu
de se borner à l'observation des extrêmes, on parcourt la série des intermédiaires, on aperçoit le
lien qui unit ces extrêmes entre eux, et partout on
retrouve la tendance vers le dodécaèdre, laquelle
procède, comme par degrés, depuis le cube, dont
les faces ont leurs stries sensiblement de niveau,
jusqu'au terme où le dodécaèdre a ses plans lisses,
bien prononcés et situés sous leurs véritables inclinaisons.

Deux à deux.

5. *Cubo-octaèdre.* MPA (fig. 200).
         M P *d*

a. Les facettes *d* sont écartées entre elles, comme
sur la figure.

b. Les facettes *d* se touchent par leurs angles.

c. Les facettes *d* s'entrecoupent.

d. La sous-variété *a* alongée parallèlement à la face P et à son opposée.

6. *Cubo-dodécaèdre.* B$\overset{a}{C}$G^{a}GMP (fig. 201).
$\overset{a}{e}$$\overset{}{e}$ *e* M P

Quelquefois les faces *e* sont très étroites, et les faces M, P dominantes, en sorte que le cristal se présente sous l'aspect d'un cube émarginé. Souvent aussi les faces M, M, P sont striées dans trois sens perpendiculaires l'un à l'autre, comme dans la variété triglyphe.

7. *Triacontaèdre.* (A$^{\frac{a}{a}}$B^{a}G^a)(ÀB'C^a)($^{\frac{a}{a}}$AG^{a}C^a)MP
f'' f' f M P

(fig. 202). Voyez le Traité de Cristall., t. II, p. 45.

Six rhombes M, P, etc., parallèles aux faces du noyau, et 24 trapézoïdes *f*, *f*, *f'*, etc., disposés trois à trois autour de chaque angle solide *z*, qui répond à l'un des angles du noyau. De l'Isle, t. III, p. 234; var. 23. Incidence de *f* sur M, 143^d 18' 3"; de *f* sur *f*, ou de *f'* sur *f'*, 141^d 47' 12"; de *f* sur *f* à l'endroit de l'arête *x*, 148^d 59' 50". Valeur du grand angle *a* de chaque rhombe M, 126^d 52' 11", la même que celle de l'incidence de deux pentagones sur leur base commune, dans la variété dodécaèdre figure 198. Valeurs des angles plans de l'un quelconque *f* des trapézoïdes, représenté séparément (fig. 221, pl. 108),

$$a = 111^d\ 50'\ 44";\quad z = 116^d\ 6'\ 13";$$
$$r = 75^d\ 2'\ 13";\quad n = 57^d\ 0'\ 50".$$

Cette variété a été regardée par Romé de l'Isle, comme ayant tous ses rhombes égaux et semblables entre eux ; mais on démontre, par le calcul, qu'aucune loi de décroissement ne se concilie avec cette symétrie ; d'ailleurs la variété dont il s'agit ne diffère du fer sulfuré quadriépointé (fig. 210), qui sera bientôt décrit, que par l'absence des facettes d, et en ce que les facettes f ont pris une plus grande étendue, et parviennent à se toucher de part et d'autre, auquel cas il est nécessaire qu'elles soient des trapézoïdes irréguliers, tandis que les faces M et P sont des véritables rhombes.

Voici un moyen facile pour construire artificiellement cette variété. On exécutera d'abord un cube af (fig. 222, pl. 108), dont on divisera les faces en deux parties, par des lignes mn, $m'n'$, $m''n''$, perpendiculaires entre elles, suivant trois directions différentes. Sur chacune de ces lignes, telle que mn, on prendra de part et d'autre une portion om, nr, égale au quart de la ligne entière, puis on tracera un rhombe $otrs$, dont la grande diagonale sera la partie intermédiaire or, et la petite diagonale ts sera la moitié de la grande ; ensuite on fera passer par les quatre côtés ot, rt, so, rs, des plans coupans dont les deux premiers soient tangens à l'angle aigu o' du rhombe $o't'r's'$, et les deux autres à l'angle analogue situé sur la face opposée. On fera la même chose par rapport aux autres rhombes, et l'on aura ainsi 24 plans coupans, qui, joints aux 6 rhombes tracés sur les faces du cube, composeront la surface du triacontaèdre.

J'ai cru devoir, à cette occasion, examiner aussi le triacontaèdre à plans rhombes égaux et semblables (fig. 203), que j'appelle *symétrique*, et dont il ne me paraît pas que les géomètres se soient encore occupés. Il est d'abord facile de voir que l'on obtiendrait ce solide, en tronquant un dodécaèdre régulier sur ses trente arêtes, par des plans également inclinés sur les pentagones voisins, de manière à faire disparaître entièrement ceux-ci. On aurait le même résultat, en tronquant l'icosaèdre régulier sur toutes ses arêtes, qui sont aussi au nombre de trente.

J'ai trouvé que ce triacontaèdre avait trois propriétés qui m'ont paru intéressantes. La première consiste en ce qu'on pourrait aussi le construire, en élevant sur chaque face du dodécaèdre régulier une pyramide pentagonale qui eût cette même face pour base, et dont la hauteur fût la moitié de la ligne menée du centre de la base à l'un des angles (*).

____

(*) Romé de l'Isle pensait que l'on obtiendrait le triacontaèdre à plans rhombes, en tranchant le dodécaèdre régulier par ses arêtes jusqu'au centre, de manière à en détacher 12 pyramides pentagonales qui, posées par leurs bases sur les faces d'un second dodécaèdre semblable, donneraient le triacontaèdre dont il s'agit (t. III, p. 234, note 105). Les géomètres concevront aisément que dans ce cas on aurait un solide terminé par soixante triangles isocèles qui feraient entre eux des angles rentrans.

Cette simplicité est d'autant plus remarquable, que les rapports entre les autres lignes relatives, soit au dodécaèdre, soit au triacontaèdre, sont exprimés en nombres irrationnels. Par la seconde propriété, le grand angle de chaque rhombe du triacontaèdre est précisément égal à l'incidence de deux pentagones voisins sur le dodécaèdre régulier, c'est-à-dire qu'il est de 116^d $33'$ $32''$. Nous avons vu que le triacontaèdre de la pyrite offrait une égalité du même genre entre le grand angle de ses rhombes, et celui que font entre eux les pentagones voisins, sur le dodécaèdre de la même substance. Enfin, par la troisième propriété, l'incidence de deux rhombes voisins sur le triacontaèdre est de 144^d sans aucun reste, c'est-à-dire qu'elle est double de l'angle au centre dans le pentagone régulier, en supposant celui-ci divisé en cinq triangles, par des lignes menées du centre aux angles du contour (*).

Il ne serait pas inutile de placer dans une collection de cristaux artificiels, le triacontaèdre symétrique, ainsi que le dodécaèdre et l'icosaèdre réguliers, pour servir de terme de comparaison aux solides analogues produits par la cristallisation.

8. *Biforme.* $\overset{\text{\tiny..\,.\,.}}{A}B\overset{\cdot}{C}{}^{\cdot}\overset{\cdot}{G}{}^{\cdot}$ (fig. 204).
$$d\;x^a x'\;x$$

(*) Voyez, pour la démonstration de ces différens résultats, le Traité de Cristallographie, tome II, page 58 et suivantes.

Combinaison de l'octaèdre régulier et du dodécaèdre rhomboïdal.

9. *Quaternaire.* B̊CG³GMP.

Forme analogue à celle du solide représenté figure 204.

10. *Triépointé.* ̊AMP (fig. 205).

Combinaison du cube et du solide trapézoïdal.

11. *Icosaèdre.* B̊CG²G̊A (fig. 206).

Huit triangles équilatéraux *d*, *d*, etc., et douze
triangles isocèles *e*, *e*, etc. De l'Isle, t. III, p. 233;
var. 22. Incidence de *d* sur *e*, 140ᵈ 46′ 7″. Angles du
triangle isocèle *e* : l'angle au sommet est de 48ᵈ 11′ 20″;
chacun des angles sur la base est de 65ᵈ 54′ 20″. Voyez
le Traité de Cristallographie, t. II, p. 28.

a. Les faces *d* beaucoup plus étendues que les
faces *e*, sont des hexagones (fig. 207), tandis que
les faces *e* conservent la figure triangulaire. De l'Isle,
t. III, p. 229; var. 18. Les cristaux de cette sous-
variété portent l'empreinte de l'octaèdre.

L'icosaèdre, qui est l'objet de cet article, résulte
d'une combinaison de la loi qui donne l'octaèdre
régulier avec celle d'où dépend le dodécaèdre à
plans pentagones. Pour bien concevoir la structure de cet icosaèdre, il faut supposer que la loi
relative à l'octaèdre ait d'abord agi seule, jusqu'à
un certain terme, au-delà duquel l'autre loi a com-

mencé à agir concurremment avec elle (*). Or, on prouve, par le calcul, que IHL (fig. 216, pl. 108), étant un des triangles équilatéraux de l'icosaèdre, la partie de ce triangle, qui a été formée pendant que la première loi était censée agir solitairement, est le triangle RST, dont les côtés aboutissent aux tiers de ceux du triangle total IHL. Au reste, ce que je viens de dire n'a rapport qu'au mécanisme de la structure, ou à l'ordre suivant lequel on doit supposer que les lames décroissantes se succèdent en partant du noyau. Mais je ne prétends pas que cet ordre ait été réellement suivi par la cristallisation, dans la formation de l'icosaèdre. (Voyez le Traité de Cristallographie, t. II, p. 29 et suiv.).

Les mêmes naturalistes qui avaient regardé le dodécaèdre du fer sulfuré comme étant semblable à celui de la Géométrie, ont aussi confondu l'icosaèdre donné par la cristallisation avec le régulier, qui a tous ses triangles équilatéraux. Mais on démontre, à l'aide de la théorie, que celui-ci n'est pas plus possible en Minéralogie que le dodécaèdre.

(*) Le noyau de l'icosaèdre ayant ses huit angles solides situés aux centres des triangles équilatéraux d, d, etc. (fig. 206), est nécessairement plus petit que celui qui aurait lieu si les triangles isocèles e, e, en se prolongeant jusqu'à masquer les triangles équilatéraux, reproduisaient le dodécaèdre, d'où il suit que la loi relative aux triangles isocèles a une époque postérieure à celle de la loi d'où naissent les triangles équilatéraux.

Le moyen le plus simple pour construire artificiellement l'icosaèdre du fer sulfuré, est de commencer par le dodécaèdre (fig. 198, pl. 106, et 217, pl. 108). On fera ensuite passer des plans coupans par les trois diagonales LS, SK, LK (fig. 217), menées autour de chaque angle solide T, lequel répond à l'un de ceux du noyau cubique. Les sections donneront huit triangles équilatéraux LKS, ILP, SRY, etc., qui, joints aux triangles isocèles LSR, LPR, etc., résidus des pentagones, composeront la surface de l'icosaèdre.

12. *Pantogène.*

$$\overset{a}{B}\overset{}{C}G^{2a}G(A^{\frac{3}{2}}B^2G')(\overset{\frac{3}{2}}{A}B'C^a)(\overset{3}{{}^{\frac{}{}}}AG^aC') \quad \text{(fig. 208).}$$

L'icosaèdre dont chaque face porte une pyramide triangulaire très surbaissée. Traité de Cristallogr., t. II, p. 63.

a. Les faces f, f, etc., devenant très petites, en comparaison des faces e, e, le cristal présente l'aspect du dodécaèdre de la figure 198, dans lequel les angles solides z, z, qui répondent à ceux du noyau cubique, seraient interceptés chacun par trois petits triangles isocèles. De l'Isle, t. III, p. 230; var. 19.

Cette variété est remarquable en ce que les triangles f qui sont scalènes sur la variété quadriépointée, empruntent ici de leur combinaison avec les triangles e, un caractère de symétrie, en devenant isocèles.

Les cristaux de cette variété sont de ceux qui offrent à la fois des indices de joints naturels parallélement aux faces d'un cube et à celles d'un octaèdre. Ces derniers joints sont dans le sens d'un plan qui passerait par les bases des trois triangles isocèles f, f, f', réunis autour d'un même angle solide.

Trois à trois.

13. *Bisunitaire.* $\overset{\scriptscriptstyle 1}{A}\overset{\scriptscriptstyle 1}{B}PM.$
$$d \; x \; P \; M$$
La variété biforme plus les faces du cube.

14. *Cubo-icosaèdre.* $B\overset{\scriptscriptstyle 2}{C}G^2 G\overset{\scriptscriptstyle 1}{A}MP.$ (fig. 209).
$$e^2 \; e' \quad e \quad d \; M \; P$$

15. *Quadriépointé.*

$$MP(A^{\frac{3}{2}}B^2G^2)(\overset{\scriptscriptstyle\frac{1}{2}}{A}B'C^2)(^{\frac{3}{2}}AG^2C')\overset{\scriptscriptstyle 1}{A} \text{ (fig. 210).}$$
$$MP \qquad f'' \qquad\qquad f' \qquad\quad f \qquad d$$
Traité de Cristallographie, t. II, p. 44.

16. *Unibibinaire.* $\overset{\scriptscriptstyle 1}{A}\overset{\scriptscriptstyle 2}{A}B\overset{\scriptscriptstyle 2}{C}G^2G$ (fig. 211).
$$d \; a \; e^2 \; e' \quad e$$

17. *Triforme.*

$$B\overset{\scriptscriptstyle 2}{C}G^2 G(A^{\frac{3}{2}}B^2G^2)(\overset{\scriptscriptstyle\frac{1}{2}}{A}B'C^2)(^{\frac{3}{2}}AG^2C')\overset{\scriptscriptstyle 1}{A} \text{ (fig. 212).}$$
$$e^2 e' \quad e \qquad\quad f'' \qquad\quad f' \qquad\quad f \qquad d$$
Traité de Cristallographie, t. II, p. 66.

Quatre à quatre.

18. *Bifère.*

$$B\overset{\scriptscriptstyle 1}{B}C\overset{\scriptscriptstyle 1}{C}G'G^2G(A^{\frac{3}{2}}B^2G^2)(\overset{\scriptscriptstyle\frac{1}{2}}{A}B'C^2)(^{\frac{3}{2}}AG^2C')\overset{\scriptscriptstyle 1}{A} \text{ (fig. 213).}$$
$$e^2 x' x' d \; x \; e \qquad\qquad f'' \qquad\quad f' \qquad\quad f \qquad d$$

19. *Mégalogone.*

$$\overset{3}{\underset{e'd'}{B}}\overset{3}{\underset{e}{C}}\overset{3}{\underset{u}{G}}{}^{3}\overset{3}{\underset{x}{G}}\overset{3}{\underset{}{A}}\overset{3}{\underset{}{A}}\left(A^{\frac{5}{3}}G^{1}B^{3}\underset{n''}{}\right)\left(\overset{\frac{3}{3}}{A}B^{1}C^{3}\underset{n'}{}\right)\left({}^{\frac{5}{3}}AC^{1}G^{3}\underset{n}{}\right)\ \text{(fig. 214)}.$$

Six à six.

20. *Surcomposé.*

$$\overset{1}{\underset{PMd\,o\,k}{PM}}\overset{\frac{1}{2}}{A}\overset{}{A}\overset{}{A}\left(A^{\frac{3}{2}}B^{2}G^{1}\underset{f''}{.}G^{2}B^{1}\underset{f''}{}\right)\left(\overset{\frac{1}{3}}{A}B^{1}C^{2}\underset{f'}{.}B^{2}C^{1}\underset{f'}{}\right)\left({}^{\frac{3}{2}}AG^{2}C^{1}\underset{f}{.}C^{2}G^{1}\underset{f}{}\right)$$

(fig. 215).

Huit à huit.

21. *Parallélique.*

$$\overset{1}{\underset{MP}{M}}\overset{\frac{1}{2}}{P}\overset{}{A}\overset{}{B}\overset{}{C}\overset{}{G}{}^{\frac{3}{2}}\underset{d'e'e'}{}\overset{\frac{3}{2}\frac{3}{2}}{G}\underset{e}{B}\underset{y''y'}{C}\underset{y}{G}{}^{\frac{3}{2}\frac{3}{2}}\underset{}{G}\left(A^{\frac{1}{2}}B^{2}G^{1}\underset{o''}{}\right)\left(\overset{\frac{1}{2}}{A}B^{1}C^{2}\underset{o'}{}\right)\left({}^{\frac{1}{2}}AG^{2}C^{1}\underset{o}{}\right)$$

$$\left(A^{\frac{3}{2}}B^{2}G^{1}\underset{f''}{}\right)\left(\overset{\frac{1}{2}}{A}B^{1}C^{2}\underset{f'}{}\right)\left({}^{\frac{3}{2}}AG^{2}C^{1}\underset{f}{}\right)\left(A^{2}B^{2}G^{1}\underset{s''}{}\right)\left(\overset{2}{A}B^{2}C^{1}\underset{s'}{}\right)\left({}^{2}AG^{2}C^{1}\underset{s}{}\right)$$

$$\left(A^{\frac{5}{3}}G^{1}B^{3}\underset{n''}{}\right)\left(\overset{}{A}B^{1}C^{3}\underset{n'}{}\right)\left({}^{\frac{5}{3}}AC^{1}G^{3}\underset{n}{}\right)\ \text{(fig. 216)}.$$

Traité de Cristallographie, t. II, p. 67. Cette
variété offre jusqu'à présent le *maximum* relatif
au nombre de facettes observées sur les divers corps
produits par la cristallisation. Ce nombre est ici
de 134. Si l'on considère la série des faces *s*, *o'*,
f', *s'*, P, que je prends pour exemple, on remarquera que ceux de leurs bords qui forment leurs
communes intersections, sont parallèles entre eux;
la même chose a lieu par rapport à la série des

faces d, f', n', e', et des autres semblablement situées, ainsi que par rapport aux faces M, y', e', P.
C'est de ce parallélisme remarquable qu'est tiré le
nom de fer sulfuré *parallélique*, que j'ai donné à
cette variété, qui n'a été trouvée jusqu'ici qu'au
Pérou, dans le district de Pétorka.

Formes indéterminables.

Fer sulfuré *dendroïde*. En dendrites semblables
à celles de l'argent natif, et nées entre les feuillets
d'un schiste.

Concrétionné cylindroïde.

Aciculaire - radié. Strahliger schwefelkies, K.
Strahlkies, W.

a. Globiforme. Dérivé de la variété triglyphe.
b. Cylindroïde. Dérivé du cube.

Capillaire. Haarkies, K. En aiguilles très déliées qui se croisent dans toutes sortes de directions.

Granuliforme. En grains disséminés dans une
argile.

Pseudomorphique. Modelé en corne d'Ammon,
en oursin, etc. La matière pyriteuse, charriée par
l'eau, s'étant introduite dans une cavité occupée
d'abord par une corne d'Ammon, qui, après avoir
été détruite, y avait laissé son moule, a pris l'empreinte de ce moule.

APPENDICE.

1. Fer oxidé *épigène*. Vulgairement *fer hépatique*.
Leberkies, K.

a. Cubo-octaèdre.

b. Dodécaèdre.

c. Pantogène.

Cette substance n'est autre chose que du fer sulfuré, dont le soufre s'est dégagé, sans en altérer la forme cristalline, et dont le fer s'est oxidé davantage. Dans ce cas le brillant métallique a disparu, et la couleur a passé au brun ou au noirâtre. La pesanteur spécifique et la dureté sont sensiblement diminuées.

Une des plus belles observations de Romé de l'Isle est celle qui l'a conduit à reconnaître que les corps dont il s'agit ici n'étaient pas, comme on l'avait cru jusqu'alors, des pyrites plus pauvres en soufre que celles qui conservaient le brillant métallique ; mais qu'après avoir été semblables à ces dernières, elles avaient passé peu à peu à l'état de fer brun, à l'aide d'une décomposition qui, en commençant par les couches extérieures, avait pénétré par degrés jusqu'au centre.

Romé de l'Isle a fait de ces cristaux altérés une espèce particulière, sous le nom de *mine de fer brune ou hépatique.* Nous croyons devoir plutôt les placer ici, par forme d'appendice, en les considérant comme du fer sulfuré à l'état de décomposition, qui souvent présente encore des indices de fer sulfuré intact.

2. Fer sulfuré *ferrifère.* Doué de la vertu magnétique.

3. Fer sulfuré *arsenifère*. Fer arsenical pyriteux ; Traité de Minér., première édition.

4. Fer sulfuré *aurifère*. Au Brésil et en Sibérie, où il accompagne le plomb chromaté, et où il est devenu un objet d'exploitation à cause de l'or qu'il contient.

Relations géologiques.

Le fer sulfuré répandu dans la nature avec une extrême profusion, appartient à toutes les espèces de terrains. Seul il constitue quelquefois des roches subordonnées au gneiss, au mica schistoïde et à l'amphibole schistoïde.

On le trouve aussi engagé accidentellement dans des roches plus ou moins anciennes ; il existe communément, ainsi que le fer sulfuré magnétique (magnetkies), dans le diorite, ce qui fournit un caractère géologique pour distinguer cette roche de la siénite, où les mêmes substances se rencontrent, au contraire, assez rarement. Il est disséminé en cristaux ou en grains, dans le marbre de Carrare, ou dans la dolomie du Saint-Gothard. Il se présente sous la forme de l'octaèdre régulier, dans le même talc qui renferme le fer oxidulé primitif, à Fahlun en Suède. Il abonde en beaucoup d'endroits dans l'argile schisteuse qui recouvre les houilles, ainsi que dans les houilles elles-mêmes. Les schistes réguliers ou *ardoises* en contiennent fréquemment des cristaux cubiques.

Le fer sulfuré forme quelquefois seul des filons, et souvent il y accompagne d'autres substances métalliques ou d'autres mines de fer. On le rencontre aussi adhérent au cuivre pyriteux, avec lequel il finit par se mêler, en lui communiquant sa teinte d'un jaune élevé. Il n'est pas rare non plus de le voir associé au fer spathique. A l'égard du fer sulfuré radié, que l'on trouve dans les carrières de craie, il appartient, au moins en grande partie, à l'espèce que je vais bientôt décrire sous le nom de *fer sulfuré blanc*. Celle que nous considérons ici se présente aussi quelquefois sous la forme de masses globuleuses radiées, qui probablement ont le même gissement ; mais il paraît qu'on les rencontre beaucoup plus rarement.

Annotations.

De toutes les substances métalliques auxquelles on a donné le nom de *pyrite*, le fer sulfuré est celle qui paraît l'avoir porté la première. Ce nom, dérivé d'un mot grec qui signifie *feu*, lui est venu de ce qu'il donne des étincelles par le choc du briquet ; et comme l'étincelle est accompagnée d'une odeur sulfureuse, le fer sulfuré, surtout celui qui est en masses sphériques rayonnées, a été appelé aussi *pierre de foudre* ou *pierre de tonnerre*, parce qu'on s'imaginait que c'était la foudre elle-même qui était tombée sous cette forme. Une autre erreur, dont il y a nombre d'exemples, est celle qui a fait prendre des morceaux de ce même fer sulfuré nouvellement cassé, pour de l'or, par des hommes que l'appât du gain, joint au défaut de lumières, rendait à la fois prompts à se laisser séduire et difficiles à détromper. Le mica jaune a souvent occasionné des méprises semblables. On pourrait dire de ces deux substances, que ce sont les mines d'or de l'ignorance.

Le fer sulfuré a été connu des anciens sous ce même nom de *pyrite*. Pline dit que les militaires l'employaient pour allumer des feux, en le frappant avec un morceau de fer, et en recevant les étincelles sur une matière soufrée, ou sur des feuillages très secs. Effectivement, si l'on substitue un morceau de pyrite à la pierre à fusil, lorsqu'on veut battre le briquet, on obtient du feu avec une grande facilité; dans ce cas, ce sont les particules de la pyrite qui, détachées par le choc de l'acier, deviennent incandescentes et allument l'amadou.

Le fer sulfuré, qui joue déjà un si grand rôle dans la nature, par son abondance et par la diversité des formes sous lesquelles il se présente, est, de plus, une des substances dont la décomposition donne lieu à un plus grand nombre de phénomènes diversifiés. Cette décomposition se fait de manière que les cristaux de fer sulfuré perdent leur soufre et conservent leur forme.

A l'égard de la conversion du fer sulfuré en fer sulfaté, comme c'est principalement dans les cristaux du fer sulfuré blanc qu'elle a lieu, j'y reviendrai en décrivant cette espèce. Mais les phénomènes que je vais ajouter étant communs aux deux substances, je les réunirai ici dans une même vue.

Il arrive souvent que le fer provenu de la décomposition du fer sulfuré est remanié par les eaux, qui l'entraînent et le déposent en différens lieux; c'est ce qui a donné naissance à une partie des mines de fer oxidé nommées *ocres* et *hématites*, et à cette immense quantité de fer en grains qu'on nomme *mines de fer de transport* ou *d'alluvion*. Ici la destruction opérée par la nature tourne au profit de l'homme; en vain exploiterait-il directement le fer sulfuré, il n'en obtiendrait qu'un fer de très mauvaise qualité. Les agens naturels décomposent tous ces cristaux si éclatans de fer sulfuré; ils les convertissent en une rouille sale et impure, et cette matière, si vile en apparence, devient un présent inestimable pour l'homme, qui, par une autre espèce de métamorphose, la change en un fer d'excellente qualité.

Les usages du fer sulfuré, dans son état naturel, sont très bornés. Ce qu'on appelle *marcassite* dans le commerce, n'est autre chose qu'un fer sulfuré uni à une petite quantité de cuivre, dont on fait des chatons de bagues, des boutons et autres ouvrages du même genre. On se servait autrefois du fer sulfuré pour armer les carabines, avant que le quarz agate, nommé *pierre à fusil*, fût employé à cet usage; et c'est de là qu'est venu le nom de *pierre de carabine* que l'on a donné au fer sulfuré. Ce qu'on appelle *miroir des incas* est une plaque de fer sulfuré qui peut faire la fonction de miroir, à raison du poli que l'art lui a donné. On a trouvé de ces plaques dans les tombeaux des princes péruviens. On sait que c'était une coutume parmi ces peuples, d'enfermer dans les tombeaux de leurs souverains leur or, leur argent, leurs meubles et tout ce qui avait été employé à leur usage, et le miroir qui avait servi à leur toilette n'était pas oublié.

SIXIÈME ESPÈCE.

FER SULFURÉ MAGNÉTIQUE.

(*Magnetkies*, W. Vulgairement *pyrite magnétique*.)

Caractères spécifiques.

Caract. géométr. Je n'ai pu déterminer jusqu'à présent avec une précision suffisante la forme primitive de cette nouvelle espèce. La division mécanique des morceaux cristallisés que l'on trouve à Bodemnaïs, et qui ont un tissu lamelleux très sensible, m'a paru conduire à un prisme droit rhomboïdal, divisible dans le sens de la petite diagonale. Cette dernière coupe, jointe aux autres, donne un prisme hexaèdre que M. de Bournon suppose être le régulier et qu'il admet comme forme primitive de l'espèce. La division parallèle aux bases est d'une grande netteté.

Caract. phys. Pesant. spécif., 4,5.

Dureté. Médiocrement dur et cassant.

Couleur. Le jaune de bronze mélangé de brunâtre ou de rougeâtre.

Magnétisme. Action assez forte sur l'aiguille aimantée; elle est quelquefois polaire.

Caract. chim. Soluble dans l'acide sulfurique étendu d'eau, avec dégagement de gaz hydrogène sulfuré.

Analyse du fer sulfuré magnétique compacte du Cornouailles, par Hatchett (Philos. trans., 1804) :

$$\begin{array}{ll} \text{Fer.} \dots \dots \dots & 63,50 \\ \text{Soufre} \dots \dots \dots & 36,50 \\ \hline & 100,00. \end{array}$$

De la pyrite magnétique d'Utö, par Stromeyer (Annales de Physique de Gilbert, t. XVIII, p. 189) :

$$\begin{array}{ll} \text{Fer.} \dots \dots \dots & 59,85 \\ \text{Soufre} \dots \dots \dots & 40,15 \\ \hline & 100,00. \end{array}$$

De celle des Pyrénées, par le même (*ibid.*) :

$$\begin{array}{ll} \text{Fer.} \dots \dots \dots & 56,37 \\ \text{Soufre} \dots \dots \dots & 43,63 \\ \hline & 100,00. \end{array}$$

VARIÉTÉS.

Formes indéterminables.

1. Fer sulfuré magnétique *laminaire*. Blättricher magnetkies, W. En lames très éclatantes, à Bodemnaïs en Bavière.

2. *Lamellaire.*

3. *Massif.* Dichter magnetkies, W. Se trouve à Andreasberg au Hartz; à Schmölniz en Hongrie; en Bavière et dans le Tyrol; dans le Cornouailles en Angleterre, et près de Nantes en France.

Annotations.

Il paraît que les gissemens du fer sulfuré magnétique sont limités aux terrains primitifs, au lieu que le fer sulfuré ordinaire se trouve, comme je l'ai dit, dans des formations qui appartiennent à toutes les époques. La pyrite magnétique a été observée dans le diorite des environs de Nantes, avec la pyrite commune; dans le granite de Sainte-Honorine près de Falaise, avec pyrite et tourmaline; à Bodemnaïs en Bavière, dans le feldspath; dans le talc chlorite, accompagnant l'amphibole aciculaire; aux environs de New-York, avec chaux phosphatée cristallisée.

Les observations que j'avais faites sur divers morceaux de ce minéral, avant l'impression de mon Tableau comparatif, m'avaient paru indiquer qu'il

n'était autre chose qu'un mélange de fer sulfuré et
de fer magnétique, que j'ai désigné dans ce même
ouvrage sous le nom de *fer sulfuré ferrifère*. Effectivement, les deux sulfures sont souvent juxtaposés
sur une même roche, et j'avais remarqué que la
vertu magnétique, d'abord nulle dans les endroits
où le fer sulfuré paraissait pur, commençait à se
manifester dans ceux où il était voisin des parties
qui appartenaient à la pyrite magnétique, et qui
agissaient fortement sur l'aiguille. J'en concluais
que ces morceaux offraient un exemple analogue à
celui des échantillons d'argent antimonial arsenifère, où la séparation des composans, à certains
endroits, annonce qu'ils ne sont que mélangés dans
ceux où ils se trouvent réunis.

Cependant M. Hatchett avait émis une opinion
différente, et il se fondait sur des résultats obtenus
par M. Proust, qui, ayant soumis successivement
des mélanges de soufre et de fer en proportions in-
définies, à une haute température, et à une seconde
moins élevée, avait trouvé que dans le premier cas
le soufre s'était combiné avec le fer dans le rapport
de 52,64 à 47,36, et que dans le second cas, on
avait eu entre le soufre et le fer le rapport de
37,5 à 62,5 (Journal de Physique, t. LIV, p. 89).
Or, de ces deux résultats, le premier s'accorde avec
celui de l'analyse du fer sulfuré ordinaire, et le second
avec celui de l'analyse de la pyrite magnétique. M. Hatchett en concluait qu'il y avait dans l'union naturelle

du soufre et du fer, deux points d'équilibre, comme lorsqu'ils s'unissaient par l'intermède des procédés chimiques, ce qui constituait deux espèces distinguées l'une de l'autre. Mais ce savant chimiste n'avait soumis à l'analyse que la pyrite magnétique du Cornouailles, et j'avais cru devoir ajourner la séparation des deux pyrites, jusqu'au moment où de nouvelles expériences, faites sur des morceaux recueillis dans différens pays, auraient confirmé le résultat dont je viens de parler.

Ces expériences ont été tentées par M. Stromeyer, et l'on peut voir, par les analyses que j'ai citées plus haut, qu'elles s'accordent à démontrer l'existence d'un second sulfure, mise également hors de doute par les observations faites plus récemment sur la structure de la variété laminaire.

SEPTIÈME ESPÈCE.

FER SULFURÉ BLANC (*).

(Strahlkies, kamkies, spärkies et zellkies, **W.**)

Caractères spécifiques.

Caract. géométr. Forme primitive : prisme rhomboïdal droit (fig. 223 , pl. 109), dans lequel la

____

(*) Je me sers provisoirement de cette dénomination, en attendant que la Chimie nous ait fait connaître la différence de composition entre la substance métallique dont

plus grande incidence des pans M, M est de 106^d 36′, et le côté de la base est à la hauteur à peu près comme 5 à 4$\frac{1}{5}$ (*).

Molécule intégrante : *idem*.

Caract. phys. Pesant. spécif., 4,75.

Couleur de la masse dans l'état de fraîcheur. Le blanc métallique tirant sur celui de l'étain. Assez souvent elle passe au jaune de bronze, et dans quelques cristaux elle participe du gris d'acier.

Couleur de la cassure récente. Blanc métallique. L'action de l'air la fait aussi passer au jaune de bronze.

Couleur de la poussière. Le noir-verdâtre.

Dureté. Étincelant par le choc du briquet.

Caract. chim. Un fragment exposé à la flamme d'une bougie, donne une fumée légère accompagnée d'une odeur de soufre, et jamais d'une odeur d'ail ; présenté ensuite à l'aiguille aimantée, il l'attire.

Les fragmens exposés à l'air se convertissent plus ou moins promptement en fer sulfaté, surtout ceux qui appartiennent aux masses radiées.

Analyse par Berzelius (Nouveau Système de Min., p. 263) :

---

il s'agit et le fer sulfuré commun, auquel elle a été réunie pendant long-temps.

(*) Le rapport entre les moitiés des diagonales de la base et la hauteur G ou H, est celui des nombres 3, $\sqrt{5}$ et $\sqrt{12}$.

$$Fer\ldots\ldots\ldots\ldots\ldots\ldots\ 45,07$$
$$Soufre\ldots\ldots\ldots\ldots\ldots\ 53,35$$
$$Manganèse\ldots\ldots\ldots\ldots\ 0,70$$
$$Silice\ldots\ldots\ldots\ldots\ldots\ 0,80$$
$$\overline{}$$
$$99,92.$$

VARIÉTÉS.

FORMES DÉTERMINABLES.

Quantités composantes des signes représentatifs.

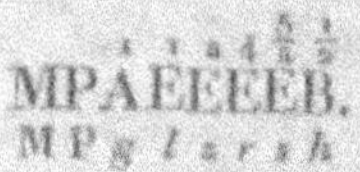

CRISTAUX SIMPLES.

Combinaisons deux à deux.

1. Fer sulfuré blanc *primitif*. MP (fig. 223).

a. Dentelé. Vulgairement *pyrite en crête de coq*, Kamkies, W. Offrant une espèce de dentelure composée d'une suite d'angles aigus appartenant à autant de prismes rhomboïdaux primitifs qui semblent se pénétrer.

2. *Quaternaire*. MÉ (fig. 224).

a. Elargi dans le sens de la petite diagonale (fig. 225).

Trois à trois.

3. *Quadrihexagonal*. MPÉ (fig. 226).

a. Dentelé.

4. *Quadrioctonal.* $\overset{5}{M}\overset{2}{\overset{1}{A}}\overset{3}{E}$ (fig. 227).

Ou serait tenté, au premier coup d'œil, de prendre les cristaux de cette variété pour des octaèdres réguliers, modifiés par des facettes accidentelles ; mais en y regardant de près, on peut déjà être assuré, indépendamment de toute mesure d'angle, que leur forme est incompatible avec celle de cet octaèdre, en ce que leurs angles latéraux sont seuls remplacés par des facettes ; les angles des sommets sont intacts ; d'où il suit que l'octaèdre régulier dérogerait ici à la loi de symétrie qui est de rigueur. Les mesures mécaniques confirment la conséquence déduite de cette loi. Les joints naturels qui sont parallèles aux faces M, M, font entre eux d'une part un angle obtus d'environ 106^d, et d'une autre part, un angle aigu de 74^d ; et ce sont précisément les incidences des pans de la forme primitive. De plus, en mesurant avec soin les angles des faces de l'octaèdre, on trouve qu'ils diffèrent d'environ 2^d avec ceux de l'octaèdre régulier, et cette différence est une suite des lois de décroissement que j'ai déterminées, et dont l'une, $\overset{.}{A}$, est très simple et se retrouve dans les variétés précédentes ; et l'autre, $\overset{5}{\overset{4}{E}}$, n'excède pas les limites ordinaires. Ainsi tout s'oppose à la réunion de ces octaèdres avec le fer sulfuré ordinaire.

Quatre à quatre.

5. *Bisunitaire.* $\overset{\text{. . .}}{\underset{\text{M}g\ l\ \text{P}}{\text{MAEP}}}$ (fig. 228).

L'incidence de g sur l, qui est de 110^d $48'$, est à peu près celle des faces de l'octaèdre régulier : mais cela vient de ce que celle de g sur g est plus grande, et celle de l sur l plus petite, dans un tel rapport qu'il y a compensation à l'égard de la première.

Cinq à cinq.

6. *Equivalent.* $\overset{\text{. . . .}}{\underset{\text{M}h\,g\ l\ \text{P}}{\text{MBAEP}}}$ (fig. 229).

CRISTAUX GROUPÉS.

7. *Péritome.* En fragmens de la forme primitive, réunis circulairement autour d'un centre commun. Je désigne les modifications qui présentent cette réunion, par le nom de *péritome*, *coupé à l'entour*.

Supposons que la forme primitive subisse sur les angles E un décroissement quelconque. Les faces produites au-dessus de chaque base se réuniront sur une arête parallèle à la petite diagonale, et leurs prolongemens en dessous des bases iront se réunir sur une autre arête parallèle à la même diagonale, en sorte que le cristal prendra une forme analogue à celle de la figure 225. Concevons maintenant que ce solide soit divisé en quatre parties, par des plans qui passeraient par le centre, parallèlement aux faces M, comme on le voit figure 230. La figure 231 représente la projection horizontale de ce solide ainsi divisé. Faisons abstraction des deux parties qui répondent à *gcli* et *bcra*, pour ne considérer que les deux autres; chacune d'elles sera un solide à six faces (fig. 230), savoir, deux pentagones *bcg fe*, *b'xg'fe*, deux petits triangles *bb'e*, *gg'f*, et deux trapèzes *bcxb'*, *gcxg'*, dont les côtés parallèles sont d'une part *bb'* et *cx*, et de l'autre *gg'* et *cx*. Supposons enfin que plusieurs segmens semblables à celui que nous venons de considérer, se réunissent en s'appliquant les uns contre les autres par leurs faces trapézoïdales, nous aurons un solide dont la projection horizontale est représentée figure 232. Ces cristaux varient dans le nombre de segmens dont ils sont l'assemblage. Les uns sont composés de deux, d'autres de trois, d'autres de quatre ; il pourrait y en avoir de cinq. On voit, à l'inspection de la figure, qu'il doit rester un vide ; mais la partie du cristal dans laquelle il existerait se trouve engagée dans les cristaux environnans.

a. *Péritome unitaire*. $\overset{1}{\underset{1}{\mathrm{E}}}$. Assortiment semblable à celui de la figure 232. Fer sulfuré surbaissé. Traité, première édit., t. IV, p. 87.

b. *Péritome quaternaire*. $\overset{4}{\underset{r}{\mathrm{E}}}$ (fig. 232).

c. *Péritome uniquaternaire*. $\overset{1\,4}{\underset{1\,r}{\mathrm{E}\,\mathrm{E}}}$ (fig. 233).

d. *Péritome binoquaternaire.* $\overset{\frac{1}{2}\frac{1}{4}}{\underset{h\ r}{BE}}$.

Formes indéterminables.

Fer sulfuré blanc *aciculaire* (strahlkies, W).
Globuliforme-radié.
Concrétionné-mamelonné.

APPENDICE.

Fer oxidé *épigène.*

Relations géologiques.

Aucune observation ne prouve encore que le fer sulfuré blanc forme seul des masses assez considérables pour mériter d'être classé, avec le fer sulfuré ordinaire, parmi les roches proprement dites. Seulement il entre, comme principe accessoire, dans la composition du granite, aux environs de Nantes, ainsi que l'a observé M. Dubuisson, qui a bien voulu m'envoyer plusieurs morceaux, comme garans de la justesse de son observation.

Mais c'est surtout dans les terrains de formation récente, appelés *montagnes à couches,* qu'abonde le fer sulfuré blanc; puisque c'est à lui qu'appartiennent, d'après un nouvel examen, au moins une grande partie de ces masses globuleuses que j'avais nommées *fer sulfuré radié.* Ces masses sont engagées dans des carrières de craie ou de marne, où se trouvent en même temps des rognons de quarz-agate pyromaque, vulgairement *pierre à fusil*.

Les corps des deux espèces sont ordinairement isolés. Quelquefois cependant le fer sulfuré blanc est comme enchatonné dans le quarz pyromaque (*). Ailleurs le même minéral est engagé dans l'argile, comme en France entre Montreuil et Boulogne et près de Dieppe. Les cristaux qui viennent de ces deux localités présentent la forme de la variété péritome unitaire (fer surbaissé).

Le fer sulfuré blanc est aussi associé dans plusieurs endroits à la formation accidentelle des filons. Dans le comté de Cornouailles et au Derbyshire, il adhère à la chaux fluatée et à la chaux carbonatée, qui accompagnent les filons de plomb sulfuré et de zinc sulfuré. C'est aussi dans les mines de Freyberg, en Saxe, d'Altsattel, en Bohême que se trouvent ces beaux groupes de cristaux péritomes et autres qui abondent dans les collections.

A en juger par les observations que j'ai pu faire, le fer sulfuré blanc est rarement associé à d'autres mines de fer. Dans tous les morceaux que j'ai vus, c'était le fer sulfuré ordinaire qui accompagnait,

---

(*) J'ai dans ma collection une de ces masses dans l'intérieur de laquelle il s'est formé des cristaux de chaux sulfatée. A mesure que le soufre s'en dégageait, il se convertissait en acide sulfurique, qui s'est uni à des molécules de chaux fournies par la craie avec laquelle la pyrite était en contact.

soit le fer oligiste, soit le fer arsenical, soit le fer carbonaté.

Annotations.

Les recherches que j'ai faites sur les cristaux qui appartiennent à la nouvelle espèce dont il s'agit ici, ont eu pour but la solution de deux questions différentes. L'une était de savoir s'ils se rapportaient à une espèce distinguée du fer sulfuré ordinaire, et l'autre s'ils ne rentraient pas dans l'espèce du fer arsenical.

La première question me paraît résolue d'une manière évidente.

Quelle que soit celle des formes que j'ai citées, que l'on essaie de ramener à celle du cube, considérée comme primitive, on s'aperçoit d'abord que les lois de décroissement dont il faudrait la faire dépendre dérogeraient à la symétrie de celles qui se rapportent au cube; et en comparant avec cette dernière forme celle à laquelle conduit la division mécanique du fer sulfuré blanc, on trouve qu'elles sont incompatibles dans un même système de cristallisation.

Les deux formes que j'ai citées dans la première édition de ce Traité, parmi celles que j'ai décrites, m'avaient donné une certaine inquiétude qui se renouvelait toutes les fois qu'elles s'offraient à mes yeux. Ne voyant aucun moyen de les lier par la théorie avec les formes qui dérivent du cube, je m'étais contenté de les décrire tant bien que mal. Il fallait que des observations imprévues vinssent me tirer de l'embarras où j'étais, en me faisant connaître combien il était fondé.

Les octaèdres d'Almerode achèvent de faire ressortir le fer sulfuré blanc, à côté de l'autre, par cela même qu'ils n'offrent qu'une différence assez légère, quoique très appréciable, avec l'octaèdre régulier. Les lois relatives au cube, qui est la forme primitive de celui-ci, passeraient si près, dans le cas présent, de celles qui le donnent rigoureusement, sans cependant y atteindre, que la petitesse de cet espace qui les en sépare, et qu'aucune loi admissible ne peut leur faire franchir, équivaut à une distance pour ainsi dire immense.

Les caractères qui tiennent aux propriétés chimiques, marchent dans le sens de la Géométrie. Les cristaux de fer sulfuré blanc ont une disposition prochaine à se convertir en fer sulfaté; et si dans quelques-uns cette disposition est beaucoup moins marquée que dans les autres, on doit l'attribuer, ce me semble, à une cause accidentelle, provenant peut-être du mélange de quelque matière étrangère, qui paraît s'annoncer par la couleur d'un jaune foncé de leur surface extérieure. D'une autre part, je n'ai jamais vu aucuns cristaux cubiques, ou octaèdres ou dodécaèdres à plans pentagones, du fer sulfuré ordinaire, passer à l'état de fer sulfaté. On connaît même des masses radiées de ce fer, qui semblent se refuser à ce passage, tandis qu'il a lieu si facilement et si promptement à l'égard des variétés analogues de fer sulfuré blanc. Il y a ici une limite, relative aux propriétés, qui, sans être aussi précise que celle qui est tracée par la Géométrie, mérite cependant d'être remarquée dans la comparaison des deux substances.

Il est facile de concevoir la raison pour laquelle les masses radiées se changent plus aisément en fer sulfaté que les cristaux, parce que la structure aciculaire étant pour ainsi dire plus lâche que celle d'un cristal unique, favorise davantage le mouvement intestin qui produit l'altération d'où dépend la conversion du fer sulfuré en fer sulfaté.

C'est cette disposition à se transformer en fer sulfaté qui rend la société du fer sulfuré blanc si dangereuse pour certaines espèces de mines métalliques, et spécialement pour les cristaux d'argent rouge que le fer sulfuré entraîne dans sa ruine.

J'ajouterai que Hunckel, conseiller des mines du roi de Pologne, qui a donné sous le nom *Pyritologie* un ouvrage complet, où il a répandu un grand nombre d'observations intéressantes, avait remarqué cette grande différence qui existe entre les diverses pyrites, dont les unes, suivant son expression, se vitriolisaient spontanément avec une extrême facilité (et il cite les pyrites d'Almerode), tandis que les autres n'offraient aucun indice de la même tendance. Il avait cherché à expliquer cette différence, et l'on voit qu'il y était embarrassé. Mais du moins il avait vu le fait, et touché de près au but.

Pour prévenir toutes les objections que l'on pourrait opposer au rapprochement des deux substances, je dois dire qu'elles sont quelquefois juxta-posées dans un même morceau. J'ai dans ma collection un groupe de cristaux cubo-dodécaèdres de fer sulfuré ordinaire, dans lequel est engagée une masse orbiculaire, qui paraît appartenir au fer sulfuré blanc. Mais on distingue la ligne de démarcation entre cette masse et le fer sulfuré ordinaire qui l'environne, comme on voit dans certains morceaux de mésotype, la distinction de ce minéral et de la stilbite qui lui adhère, en refusant de s'unir avec lui. Je pourrais citer d'autres substances qui offrent des exemples analogues.

Et quand même il y aurait des morceaux où les deux espèces de fer sulfuré se trouvassent mêlées ensemble, on ne devrait pas en être plus étonné que de voir la chaux carbonatée et l'arragonite, l'antimoine sulfuré et le plomb sulfuré, le fer sulfuré et le cuivre pyriteux, contracter entre eux une union du même genre.

Après avoir obtenu les résultats dont j'ai parlé, je me rappelai que M. Proust avait annoncé qu'il existait dans l'union du fer avec le soufre deux points d'équilibre, en sorte qu'il y avait un fer sulfuré au *maximum*, qui contenait $\frac{52}{100}$ de soufre, et un fer sulfuré au *minimum* qui en contenait 37 à 38 centièmes.

Or le premier rapport ayant lieu dans le fer sulfuré ordinaire, il me parut très vraisemblable que le second devait se trouver dans le fer sulfuré blanc, et toutes les personnes auxquelles je communiquai ma conjecture la trouvèrent extrêmement plausible.

Dans cette hypothèse, tout se conciliait, et la Chimie concourait avec la Géométrie pour établir ici deux espèces distinctes. Cependant le fer sulfuré blanc, dont l'analyse a été tentée par une main très habile, a donné jusqu'ici le même rapport entre les quantités de fer et de soufre, que celui qui existe dans le fer sulfuré ordinaire : si l'identité de ces rapports se confirme dans la suite, il faudra dire que les deux substances diffèrent par les fonctions relatives de leurs principes; et alors le fer sulfuré serait parmi les métaux l'analogue de l'arragonite.

L'autre question que j'ai eue à résoudre, et qui consistait à savoir si le fer sulfuré blanc ne pouvait pas être associé au fer arsenical, était plus délicate. Les formes primitives de ces deux substances sont du même genre, c'est-à-dire des prismes droits rhomboïdaux ; toutes deux présentent ces mêmes formes données immédiatement par la nature ; et lorsqu'on a devant les yeux certains cristaux qui offrent le type du fer sulfuré blanc dentelé, la ressemblance qu'ils ont avec le fer arsenical primitif et qui s'étend jusqu'à la couleur, a quelque chose de bien séduisant;

et j'avoue que moi-même j'ai d'abord été tenté de croire que les cristaux dont il s'agit appartenaient au fer arsenical. De plus, les cristaux de la variété équivalente ont un angle qui est sensiblement égal à celui qui lui correspond sur une variété de fer arsenical, et qui est situé dans le même sens.

Mais outre que les autres facettes obliques qui modifient la variété de fer sulfuré équivalent ne se montrent dans aucun cristal de fer arsenical, on ne trouve aucune loi admissible de décroissement, relative au noyau du fer arsenical qui puisse donner les facettes dont il s'agit.

Il faudrait, pour que le rapprochement pût avoir lieu, faire disparaître une différence d'environ 5 degrés, que donnent l'observation et la théorie, entre les angles des deux formes primitives ; et quoique les cristaux de fer sulfuré blanc soient petits, leurs faces sont assez nettes pour que l'on ait droit de présumer que les mesures du goniomètre n'ont pu conduire à une erreur aussi considérable que celle qui répond à la différence dont j'ai parlé.

A la vérité, quelques-unes des formes du fer sulfuré blanc présentent une analogie séduisante avec celles qui appartiennent au fer arsenical. J'ai un petit cristal du Cornouailles, que l'on serait tenté de prendre pour un fer arsenical ditétraèdre, allongé dans le sens de la petite diagonale du noyau. Mais si l'on examine ses faces latérales, on s'aperçoit qu'elles sont doubles et répondent aux faces h, h', de la variété équivalente, au lieu que dans l'hypothèse du mispickel, elles devraient être simples et répondre aux faces primitives latérales.

Dans la même hypothèse, le fer arsenical deviendrait un fer sulfuré blanc arsenifère. Il devrait donc contenir les mêmes quantités relatives de fer et de soufre que le fer sulfuré blanc, et la quantité d'arsenic devrait varier, comme n'étant qu'accidentelle. C'est tout le contraire; le rapport entre les quantités de soufre et de fer est très différent de part et d'autre, et toutes les analyses du mispickel faites par M. Chevreul, ont donné la même quantité d'arsenic sur cent parties.

Enfin, les nouveaux accroissemens qu'a pris l'espèce qui nous occupe ici, d'après les observations qui font rentrer parmi ses variétés les cristaux octaèdres d'Almerode, si différens de ceux que présente le mispickel; et toutes ces masses globuleuses radiées, qui paraissent de même tout-à-fait étrangères au mispickel, achèvent d'écarter l'idée d'un rapprochement entre les deux substances.

J'ajoute que le fer sulfuré ordinaire accompagne très souvent le fer arsenical, de manière que les deux substances conservent les formes qui leur sont particulières, et que j'ai prouvé d'ailleurs être incompatibles dans un même système de cristallisation. Or cette observation s'oppose encore à l'opinion que le fer arsenical ne soit autre chose que du fer sulfuré mélangé d'arsenic.

Pour que cette opinion eût quelque apparence, il faudrait que ce fût le fer sulfuré blanc qui se trouvât associé au fer arsenical. On pourrait soupçonner alors qu'il passe à ce dernier, à l'aide d'un mélange d'arsenic. Mais la cristallisation en plaçant ces deux substances dans des circonstances différentes semble avoir indiqué, par leur séparation dans la nature, celle qui doit exister entre elles dans la méthode elle-même.

Je conclus de tout ce qui précède qu'il existe dans la nature deux espèces de fer sulfuré très distinguées l'une de l'autre, et qu'il y a tout lieu de croire que la nouvelle espèce doit être également séparée du fer arsenical. J'avoue que le travail que j'ai été obligé de faire pour arriver à cette conséquence a été l'un des plus longs et des plus épineux dans lesquels m'ait engagé l'étude des cristaux, surtout lorsqu'il a fallu débrouiller la complication que présentent ces variétés, composées de segmens d'octaèdres, qui par elles-mêmes sont faites pour déconcerter l'œil du cristallographe, et qu'on est encore étonné de voir à côté de ces cristaux de la variété équivalente, lors même qu'ils y ont été placés par les applications de la théorie. Au reste, je donne ici les conséquences auxquelles m'ont conduit toutes les recherches, toutes les observations que j'ai pu faire, en employant les moyens que j'avais en ma disposition, et en tâchant de suppléer à ce qui leur manquait pour être plus concluans. Tout ce qu'on peut exiger en pareil cas de celui qui cultive une science, c'est qu'il mette tous ses soins à tirer le meilleur parti possible des ressources qu'il a entre les mains, en sorte que si, par des moyens plus avantageux, quelque autre ou lui-même parvenait dans la suite à voir autrement, la diversité des résultats ne fît que prouver la difficulté du sujet.

Le fer sulfuré blanc concourt, comme je l'ai déjà dit, à la production de cette immense quantité de fer oxidé que l'on exploite pour nos usages. Mais il est susceptible d'un genre particulier d'utilité, par la facilité avec laquelle il se convertit, dans certaines circonstances, en sulfate de fer, et devient le sujet d'une grande opération à laquelle on a donné le nom de *vitriolisation*. Elle consiste à réunir en tas les pyrites concassées et grillées, puis à les laisser exposées à l'humidité de l'air. Au bout de quelque temps, le soufre se dégage, et s'unissant à l'oxigène de l'air, forme de l'acide sulfurique, qui se porte sur le fer et le convertit en sulfate, que l'on fait dissoudre dans l'eau chaude, où il se cristallise ensuite par le refroidissement.

Ainsi le fer sulfuré blanc ne se soustrait à l'action des causes qui, en l'amenant à l'état de fer oxidé, le disposeraient à subir les opérations de la métallurgie, que pour se présenter sous une autre forme, aux arts dont le but est de plier les productions de la nature à nos besoins.

HUITIÈME ESPÈCE.

FER CARBURÉ, OU GRAPHITE.

(*Graphit*, W. Vulgairement, *plombagine*, ou *crayon noir*.)

Caractères spécifiques.

Caract. géomét. Forme primitive : prisme hexaèdre régulier, dont les dimensions sont encore inconnues.

Caract. auxiliaire. Tachant le papier en gris métallique plombé. N'électrisant point la cire d'Espagne par le frottement.

Caract. phys. Pesanteur spécifique, 2,0891... 2,2456.

Dureté. Facile à gratter avec un couteau.

Électricité. Isolé et frotté, il acquiert la résineuse. Passé avec frottement sur la résine ou sur la cire d'Espagne, jusqu'à y laisser son empreinte métallique, il ne lui communique aucune électricité.

Couleur. Le gris sombre avec le brillant métallique.

Tachure. Il laisse sur le papier, ou sur un corps blanc quelconque, des traces de sa propre couleur.

Impression sur le tact. Surface grasse et onctueuse.

Caract. chimique. Il brûle et se volatilise au chalumeau, à l'aide d'un feu soutenu.

Analyse par Berthollet, Monge et Vandermonde (Mém. de l'Acad. des Sciences, 1786):

$$\text{Carbone.............} \quad 90,9$$
$$\text{Fer..................} \quad \underline{9,1}$$
$$100,0.$$

Analyse du graphite du comté de Cornouailles, par Saussure :

$$\text{Carbone.............} \quad 96$$
$$\text{Fer..................} \quad \underline{4}$$
$$100.$$

Caract. d'élimination. Ses indications dans le molybdène sulfuré. Celui-ci, passé avec frottement sur de la porcelaine, y forme des traits verdâtres, au lieu que ceux du fer carburé conservent la couleur propre à ce minéral.

Le molybdène sulfuré communique à la cire d'Espagne l'électricité vitrée au moyen du frottement, tandis que le fer carburé ne lui en communique aucune qui soit sensible.

Il est facile de distinguer le fer carburé des substances stéatiteuses avec lesquelles on l'a confondu, en ce que celles-ci ne tachent point le papier.

VARIÉTÉS.

Formes déterminables.

1. Fer carburé *primitif.* Se trouve au Groënland, et aux États-Unis.

Formes indéterminables.

Fer carburé *lamelliforme*. En petites lames d'un blanc d'étain. Se trouve en Norwège.

Sublaminaire. En Calabre.

Lamellaire.

Granulaire. D'un gris de plomb. Dans le comté du Cumberland.

Schistoïde. De Passau.

Annotations.

Le graphite paraît appartenir exclusivement aux terrains d'ancienne formation. Il s'y trouve en filons ou en petites masses engagées dans différentes roches, telles que le granite, le schiste primitif, la chaux carbonatée granulaire ou lamellaire. A Krageroë en Norwège, le graphite lamelliforme a été observé dans le terrain granitique. La même substance est disséminée aux environs de New-Yorck, dans la chaux carbonatée lamellaire, qu'accompagnent des grains de condrodite et des lames de mica. La variété en prisme hexaèdre que l'on trouve à Philadelphie est engagée dans un fer oxidé brunâtre, auquel sont associés le mica lamellaire et de petits cristaux d'amphibole, peuves d'une origine ancienne. Le graphite du Pic du midi a pour gangue un fer oxidé terreux; mais le terrain qui le renferme est également primitif.

Les mines de graphite les plus estimées sont celles
que l'on trouve en Angleterre, à Borowdale dans le
Cumberland, au sein d'une montagne assez élevée,
entre des couches d'un schiste traversé par des veines
de quarz.

La substance dont il s'agit ici peut être citée
comme un exemple remarquable, parmi celles qui ont,
pour ainsi dire, long-temps erré dans les divisions de la
méthode, avant d'être fixées à leur véritable place.
Sans parler de l'ancienne opinion, qui en faisait une
mine de plomb, elle a été associée successivement au
zinc, au mica, au talc et au fer. On la confondait de
plus, par une double méprise, avec le molybdène
sulfuré. Schéele qui, le premier, l'en a distinguée,
la regardait comme composée d'air fixe uni à une
certaine quantité de phlogistique, et pensait que le
fer n'y existait qu'accidentellement. Vandermonde,
Bertholet et Monge, dans leur excellent mémoire
sur le fer (1), ont fait voir, par l'analyse et par la synthèse, que la plombagine n'était autre chose que du
charbon intimement combiné avec une petite quantité de fer, dans le rapport d'environ 10 à 1. L'oxigène,
dont l'union avec le charbon avait donné de l'air
fixe, dans les expériences de Schéele, s'était dégagé
des oxides métalliques, de l'acide arsenique et du
nitre qu'il avait employés. Cette manière d'énoncer
les résultats n'est, comme l'on voit, qu'une expression

(*) Mém. de l'Acad. des Sciences, 1786, p. 132 et suiv.

plus exacte de ceux de Schéele, dans laquelle le mot de *phlogistique* se trouve supprimé.

J'ai dit, en parlant du caractère tiré de l'électricité, pour la distinction entre le fer carburé et le molybdène sulfuré, que le premier ne communiquait aucune électricité à la résine ou à la cire d'Espagne. Ceci suppose qu'il marque en même temps l'une ou l'autre de son empreinte métallique; car il est possible de parvenir à électriser ces deux substances, au moyen de la plombagine, en faisant glisser cette dernière si légèrement sur la surface de la résine ou de la cire, qu'elle n'y laisse aucune trace de son passage, et fasse en quelque sorte l'office de la main ou de quelque autre frottoir. La résine ou la cire, dans ce cas, acquerra l'électricité résineuse, à l'ordinaire; mais cette différence ne pourra occasionner aucune équivoque, parce que l'œil est averti d'avance de l'effet qui va avoir lieu, suivant que le corps frotté conserve sa couleur naturelle, ou se couvre d'un enduit étranger. On réussira toujours à faire ressortir la distinction entre les deux substances, en ne ménageant pas le frottement. Dans les autres circonstances, ce sont les soins et les attentions qui dirigent l'expérience vers son but. Il suffit, dans le cas présent, de n'y mettre aucune précaution particulière.

Usages.

Le graphite est employé à différens usages. Son

enduit sert à préserver de la rouille les poêles et autres ouvrages de fer. On s'est servi aussi avec avantage de sa poussière mêlée avec de la graisse, pour adoucir le frottement des pièces de métal, qui entrent dans la construction des machines à rouage.

La même poussière, pétrie avec de l'argile, est employée à Hobernzel, près de Passau en Bavière, pour faire des creusets destinés pour les fondeurs, et qui sont d'un très bon service, par la faculté qu'ils ont de résister à l'alternative du froid et du chaud. On s'en sert aussi utilement pour diverses opérations de Chimie.

Mais le principal usage du graphite est de pouvoir être employé sous la forme de crayons, qui sont emboîtés dans une moitié de cylindre que l'on introduit, au moyen d'une rainure, dans une autre moitié, de manière qu'en les faisant glisser l'une sur l'autre on fait sortir ou rentrer à volonté la pointe du crayon.

La poudre produite par la taille de ces crayons n'est pas perdue ; on s'en sert pour faire d'autres crayons d'une moindre qualité en agglutinant cette poudre avec un mucilage de gomme ou avec du soufre fondu.

On sait que le crayon rouge dont se servent aussi les dessinateurs n'est qu'un fer argileux, et que c'est encore au fer que l'encre doit sa couleur noire, et ainsi ce métal qui est d'une si grande ressource pour les arts mécaniques, sert encore utilement l'art de copier la nature, et l'art plus intéressant de peindre la pensée.

NEUVIÈME ESPÈCE.

FER CALCARÉO-SILICEUX.

(*Lievrit*, W. *Ilvaite*, vulgairement *yénite*.)

Caractères spécifiques.

Caract. géomét. Forme primive : octaèdre rectangulaire (fig. 234, pl. 110), dans lequel l'incidence de M sur M est de $112^d\ 36'$, et celle de P sur P de $66^l\ 58'$. Cet octaèdre se sous-divise parallèlement à un plan qui passe par les angles I, et par les milieux des arêtes B (*).

M. Cordier, auquel on est redevable de la description des formes cristallines de l'yénite, est parvenu à des résultats théoriques qui s'accordent parfaitement avec l'observation, en adoptant pour forme primitive le prisme droit rhomboïdal (fig. 236), dont les pans sont parallèles à M, M, et dont les bases ont pour grandes diagonales l'arête B et son opposée (**); mais la division mécanique conduit visiblement à l'octaèdre que j'ai indiqué.

(*) La figure 235 représente la moitié antérieure de la forme primitive. Si l'on mène *ro* perpendiculaire sur le plan *dghf*; *rz* perpendiculaire sur *dg*; *rt* perpendiculaire sur *df*; puis *oz* et *or*, on fera

$$ro = 4, \qquad ot = \sqrt{7}, \qquad oz = 6.$$

(**) Le rapport entre la demi-diagonale *g*, qui est dans

Molécule intégrante : tétraèdre hémi-symétrique.

Caract. physique. Pesant. spécif. 3,825...4,061.

Dureté. Rayant fortement le verre ; donnant quelques étincelles par le choc du briquet.

Couleur de la masse et de la poussière. Le noir foncé, tirant quelquefois sur le brun.

Cassure. Inégale, ayant un éclat un peu gras.

Caract. chim. Chauffé à la simple flamme d'une bougie, il devient magnétique, soluble par les acides sulfurique, nitrique et muriatique, surtout par le dernier.

Analyse

suivant Descotils,   Vauquelin

(Journal des Mines , n° 115, p. 79) :

Silice	28	 29
Chaux............	12	 12
Oxide de fer.......	55 ⎫	
Oxide de manganèse.	3 ⎭	57
Alumine..........	0,6	0
Perte............	1,4	2
	———	———
	100,0.	100.

---

le sens de EE, et la demi-diagonale p, qui est dans le sens de AA, est celui de 3 à 2, et le rapport entre la hauteur G ou H et la demi-diagonale p, est celui de $\sqrt{7}$ à 2.

VARIÉTÉS.

FORMES DÉTERMINABLES.

Quantités composantes des signes représentatifs.

1°. Pour l'octaèdre primitif (fig. 234),

$$MP(AC^2F^1)(AC^2F^3)B\ ^4F^4.$$

$$M\ P\quad o\quad \tfrac{2}{3}x\quad {}_rs$$

2°. Pour le noyau hypothétique (fig. 236),

$$M\overset{2}{A}\overset{1}{B}\overset{1}{E}P\ ^4G^4.$$

Combinaisons deux à deux.

1. Fer calcaréo-siliceux *primitif.* MP (fig. 234),

a. Cunéiforme (fig. 237).

2. *Quadrioctonal.* $M(AC^2F^1)$ (fig. 238).

$$\overset{1}{}_o$$

Relativement au noyau hypothétique, $M\overset{1}{B}$.

3. *Quaternaire.* $^4F^4P$ (fig. 239).

$$_sP$$

Relativement au noyau hypothétique, $^4G^4\overset{2}{A}$.

Trois à trois.

4. *Quadriduodécimal.* $^4F^4P(AC^2F^1)$ (fig. 240).

$$_sP\ {}^1o$$

Relativement au noyau hypothétique, $^4G^4\overset{2}{A}\overset{1}{B}$.

Cinq à cinq.

5. *Trioctaèdre.* $^4F^4MP(AC^2F^1)(AC^2F^3)$ (fig. 241).

$$_sM\ P\quad o\quad \tfrac{2}{3}x$$

Relativement au noyau hypothétique, $^4G^4M\breve{A}\overset{..}{B}\overset{.}{E}$.

Six à six.

6. *Monostique.* $^4F^4MP(AC^2F^1)(AC^2F^3)B$ (fig. 242).

Relativement au noyau hypothétique, $^4G^4M\breve{A}\overset{..}{B}\overset{.}{E}P$.
Couleur. Le noir-brunâtre.

Formes indéterminables.

Fer calcaréo-siliceux *bacillaire.*
Aciculaire.
Sublaminaire.
Sublamellaire.
Compacte. Avec fer oxidé brunâtre.

Annotations.

Il existait depuis long-temps des morceaux d'yénite dans la collection de Romé de l'Isle, acquise par
M. Gillet-Laumont. Ils s'y trouvaient placés à la
suite des échantillons d'étain oxidé. M. Fleuriau
de Bellevue avait aussi dans sa collection des morceaux de la même substance qu'il avait rapportés
de l'île d'Elbe, en 1796, et M. Vauquelin en avait
même fait l'analyse. Mais quoique le résultat auquel
il était parvenu indiquât une substance particulière,
on n'y avait donné aucune suite, et l'yénite resta
dans l'oubli jusqu'au voyage que M. Lelièvre fit à
l'île d'Elbe, en 1802. Il y trouva une quantité con-

sidérable de cette substance, et après son retour à Paris, il s'occupa des moyens d'en développer tous les caractères et d'en donner une description qui la fît connaître aux minéralogistes. M. Collet-Descotils, attaché alors à l'École des Mines en qualité de chimiste, fut chargé de faire l'analyse de la substance dont il s'agit, et la détermination de ses formes cristallines fut confiée à M. Cordier. M. Lelièvre a consigné les résultats de l'un et de l'autre avec ses propres observations dans un Mémoire lu à l'Institut, en décembre 1806, et publié depuis dans le n° 115 du Journal des Mines.

Cette substance existe dans deux endroits différens de l'île d'Elbe, à Rio-la-Marina et au cap Calamita. Dans le premier, elle fait partie d'une masse très épaisse, superposée à une chaux carbonatée primitive mêlée de talc, semblable à celle qui est connue sous le nom de *marbre cipolin*. L'ycnite y est accompagnée d'une substance d'un vert foncé, dont la forme la plus simple est celle d'un prisme octogone à bases obliques, qui naissent sur des arêtes perpendiculaires à l'axe; mais le plus souvent cette substance présente des faisceaux d'aiguilles divergentes. La forme de ces cristaux a du rapport avec le pyroxène périoctaèdre, et M. Cordier regarde la substance dont il s'agit comme une variété de pyroxène; mais les individus que je possède n'étant pas d'une forme assez nettement pro-

noncée pour se prêter à des mesures précises, je n'ai
pu jusqu'ici vérifier l'opinion de M. Cordier.

Au cap Calamite, l'yénite s'associe encore la
même substance avec du fer oxidulé, des grenats et
du quarz hyalin.

M. Lelièvre remarque que l'yénite, à raison de
la quantité de fer qu'elle contient et qui surpasse la
moitié de la masse, pourrait être exploitée et employée comme mine de ce métal, si elle était plus
abondante. Mais une autre raison s'oppose à cet
usage de l'yénite; c'est le voisinage de la mine de
fer de l'île d'Elbe, l'une des plus riches de l'Eu-
rope, et des plus importantes pour l'art de la métallurgie. Mais si les mineurs n'ont aucun motif pour
considérer l'yénite comme objet d'exploitation, je
ne sais si les principes auxquels doit être soumise
une classification régulière n'indiquent pas la place
de ce minéral dans la classe des substances métalliques, parmi les espèces du genre dont le fer est la
base. M. Lelièvre paraît l'avoir regardée comme une
pierre, et je m'étais conformé à son opinion, en ré-
digeant mon tableau comparatif; mais les observations que j'ai faites depuis m'ont suggéré une autre
manière de voir. La quantité de fer que renferme
l'yénite surpasse, comme je l'ai dit, la moitié de la
masse. Elle va jusqu'à 57 parties sur 100, dans le
résultat de l'analyse que M. Vauquelin a faite de
ce minéral. Il paraît de plus que le fer est ici dans

un état de combinaison intime avec la silice et la chaux. De quelque manière que je m'y sois pris, je n'ai jamais pu obtenir de l'yénite le moindre signe de magnétisme. J'ai déjà eu occasion d'expliquer comment la vertu magnétique du fer peut être détruite par l'union intime des molécules de ce métal avec celles qui appartiennent à d'autres principes. J'observe d'ailleurs que le fer contenu dans l'yénite, en le supposant oxidé, ne doit pas l'être à un assez haut degré, pour n'être pas encore susceptible de magnétisme, puisque l'yénite présente dans sa fracture une sorte d'éclat demi-métallique, qui ne peut être attribué qu'à la présence de ce métal. J'ajouterai que le fer oxidé qui accompagne l'yénite dans un morceau dont je suis redevable à M. Lucas, exerce une petite attraction sur l'aiguille aimantée, lorsque l'on combine avec l'action de cette aiguille celle d'un barreau aimanté, placé en sens contraire; c'est que, dans le cas présent, le fer est rendu à lui-même, et que son magnétisme n'est captivé par aucune affinité étrangère. C'est, d'après ces considérations, que je me suis décidé à transporter l'yénite dans le genre du fer, sous le nom de *fer calcaréo-siliceux*. Il est l'analogue du titane calcaréo-siliceux, qui depuis long-temps occupe une place dans la méthode, parmi les mines de ce dernier métal. Le genre du fer était, jusqu'ici, composé de seize espèces, dans lesquelles ce métal se combine successivement avec l'oxigène, avec d'autres métaux, avec des combus-

tibles et avec des acides. L'yénite, où il est uni à
deux terres, semblait lui manquer pour offrir le tableau complet de toutes les combinaisons dont un
métal est susceptible.

DIXIÈME ESPÈCE.

FER OXIDULÉ TITANÉ.

(*Crichtonite*, de Bournon.)

Caractères spécifiques.

Caract. géomét. La forme qui, suivant M. le
comte de Bournon, fait la fonction de primitive, est
celle d'un rhomboïde très aigu, dont les angles plans,
d'après ses mesures, sont de 162^d et 18^d. Le rapport
qui se déduit de ces valeurs, entre les demi-diago-
nales de chaque rhombe, touche de très près celui
de $\sqrt{40}$ à l'unité. En adoptant ce dernier rapport,
j'ai trouvé, d'une part, 162^d $1'$ $49''$ et 17^d $58'$ $11''$
pour les angles plans, puis, d'une autre part, 119^d
$10'$ $32''$ et 60^d $49'$ $48''$ pour les incidences mutuelles
des faces. Le rhomboïde est divisible parallèlement
à un plan perpendiculaire à l'axe.

Caract. phys. Cassure. Conchoïde et éclatante.

Dureté. Rayant la chaux fluatée, et non le verre.

Couleur des cristaux. Le noir de fer, joint à un
éclat très vif.

Couleur de la poussière. Le noir foncé.

Magnétisme. Insensible.

Caract. chim. Infusible au chalumeau.

VARIÉTÉS.

Formes déterminables.

1. Fer oxidulé titané *primitif*. P.

2. *Basé*. P$\overset{*}{A}$.

Le rhomboïde primitif, terminé par deux plans perpendiculaires à l'axe.

3. *Unitaire*. P$\overset{1}{B}$.

4. *Divergent*. A$\overset{\overset{*}{1}}{A}$.

Rhomboïde un peu obtus, dont les sommets sont remplacés par deux faces perpendiculaires à l'axe, dont l'inclinaison sur les facettes obliques est de 126^d 15$'$. Les faces produites par le décroissement, se rejettent du côté opposé à l'angle sur lequel il prend naissance.

Indéterminable.

Fer oxidulé titané *lamelliforme*.

Annotations.

C'est à M. le comte de Bournon que nous sommes redevables de la seule description qui ait été publiée jusqu'ici de ce minéral, et que ce savant a consignée dans le catalogue de la Collection minéralogique du

7..

Roi. Il lui a donné le nom de *craïtonite*, en l'honneur de M. Chrichton, premier médecin de l'empereur de Russie, avec lequel il est uni par la science et par l'amitié.

On trouve la craïtonite dans le département de l'Isère, sur le même feldspath qui sert de gangue aux cristaux de titane anatase.

M. de Bournon avait cru d'abord apercevoir de l'analogie entre la craïtonite et le schéelin ferruginé; mais, d'après la loi de symétrie, la forme de ce dernier minéral, qui dérive d'un prisme droit rectangulaire, est incompatible avec la forme rhomboïdale que présente la craïtonite. Les deux substances contrastent également par leurs principes composans; M. Berzelius, qui a fait l'analyse de la craïtonite, en a retiré les mêmes principes que ceux qui composent le fer oxidulé titanifère et le titane oxidé (*). Mais la forme de la craïtonite, déjà singulière en elle-même par le rapport de ses dimensions, n'est compatible ni avec l'octaèdre du fer oxidulé, ni avec le prisme droit du titane oxidé, et ce défaut d'accord offre à la fois l'indice d'une combinaison intime et d'une espèce distincte. Ainsi, le nom méthodique de la craïtonite doit être celui de *fer oxidulé titané*; ce dernier mot exprimant une union produite par

____

(*) C'est à tort que l'on avait avancé que la craïtonite contenait de la zircone. Voyez le Nouveau Système minéralogique de M. Berzelius, p. 268.

l'affinité, au lieu que celui de *titanifère* n'indique qu'une relation de rencontre.

La craïtonite exerce une légère action sur l'aiguille aimantée, lorsqu'on emploie l'expérience du double magnétisme. Cette action doit être attribuée à la même cause que celle dont j'ai parlé il n'y a qu'un instant, à l'occasion des substances dans lesquelles le fer est intimement combiné avec le soufre ou l'arsenic.

ONZIÈME ESPÈCE.

FER OXIDÉ (HYDRATÉ?)

Caractères spécifiques.

Caract. géomét. Forme primitive : le cube.
Caractère auxiliaire. Poussière jaunâtre.
Caract. phys. Pesant. spécif. 3,5 environ.
Couleur de la masse. Le brun, le jaunâtre, le jaune-brunâtre, et quelquefois le noir.
Éclat. Lorsqu'on le lime, il prend souvent le brillant métallique.
Magnétisme. Le fer oxidé acquiert le magnétisme polaire, par la chaleur; souvent celle d'une bougie allumée suffit pour produire cet effet; et quelquefois on n'a besoin que de le présenter immédiatement à l'aiguille pour qu'il agisse sur elle par attraction.
Caract. chim. Fusible au chalumeau, avec addition de borax, en un verre jaunâtre.

Analyse du fer oxidé hématite des Pyrénées, par d'Aubuisson (Annales de Chimie, n° 75, p. 225):

Oxide de fer..........	79
Eau...................	15
Oxide de manganèse..	2
Silice................	3
	99.

Du fer oxidé noir vitreux du département du Bas-Rhin, par Vauquelin :

Oxide de fer..........	80,25
Eau..................	15
Silice................	3,75
Perte................	1
	100,00.

Du fer oxidé résinite des environs de Freyberg, par Klaproth (Journal des Mines, n° 137, p. 222):

Oxide de fer.........	67
Eau.................	25
Acide sulfurique sec...	8
	100.

Caract. d'élimination. Ses indications dans le fer oxidé hématite d'un brun-noirâtre, comparé au manganèse oxidé brun concrétionné. Celui-ci n'a point à l'intérieur un tissu fibreux, comme l'autre; il est sensiblement plus léger. Il tache souvent le papier en noir, au moyen du frottement ; ce que ne fait pas le fer oxidé.

VARIÉTÉS.

Formes déterminables.

1. Fer oxidé *primitif.*

J'ai observé des groupes de cristaux cubiques, d'un brun-foncé, qui avaient tous les caractères du fer oxidé, et ne paraissaient être ni des épigénies originaires du fer sulfuré, ni des pseudomorphoses.

J'en ai d'autres d'un volume assez considérable, dont la surface est d'un gris métallique, plus ou moins éclatant, mais leur intérieur est presque terne. On n'y aperçoit aucun vestige du jaune métallique que présentent les épigénies du fer sulfuré. M. le comte de Bournon les regarde aussi comme de l'oxide de fer, produit immédiatement par la nature.

2. *Octaèdre.* Au Brésil.

3. *Dodécaèdre.* En petits cristaux implantés isolément dans un fer oxidé argileux. (Gemeiner Thoneisenstein, W.). Dans l'île de Volkostroff, en Russie.

a. Triglyphe. Observée par M. de Monteiro, dans la roche appelée *pyroméride.*

4. *Triforme.* Combinaison du cube, de l'octaèdre régulier et du dodécaèdre rhomboïdal. De l'île de Volkostroff.

Formes indéterminables.

1. Fer oxidé *apiciforme*. En forme de petites houppes chatoyantes engagées dans des cristaux de quarz hyalin, qui tapissent une géode dont la croûte est un quarz ferrugineux, ou qui accompagnent un fer oxidé argileux, en partie brun et en partie jaunâtre. On taille comme objets d'ornement les morceaux qui présentent cet accident. On les trouve dans l'île de Volkostroff, en Russie.

2. *Hématite.* Brauner Glaskopf, W. Faseriger Brauneisenstein, K. Vulgairement *hématite brune* ou *noirâtre*. Cette variété est ordinairement mamelonnée à la surface, et fibreuse à l'intérieur, comme l'hématite rouge; mais elle en est distinguée par la couleur de sa poussière, qui est d'un brun-jaunâtre.

3. *Fistulaire.* Analogue aux concrétions calcaires de même nom.

4. *Mamelonné.* A surface tantôt hérissée de pointes, tantôt lisse et éclatante, et quelquefois veloutée.

5. *Cylindrique.*

6. *Conique.* En cônes allongés, dont l'épaisseur diminue d'une manière peu sensible.

7. *Géodique.* Eisenniere, W. D'un brun-jaunâtre, plus foncé à l'intérieur, où il passe quelquefois à l'éclat métallique. Composé de couches concentriques, qui renferment tantôt un noyau mobile, et tantôt une matière pulvérulente de la même nature.

Quelquefois la masse est pleine, et quelquefois sa cavité est tout-à-fait vide.

Ces géodes étaient très recherchées par les anciens, qui leur donnaient le nom d'*œtite* ou de *pierre d'aigle*, parce qu'ils s'imaginaient que les aigles en portaient dans leurs nids, et qu'elles avaient la vertu de favoriser la ponte. On les a beaucoup vantées comme préservatifs et comme remèdes, et Pline prétend qu'il n'y avait que celles qui avaient été retirées du nid d'un aigle qui méritassent de la confiance. Il avait raison; quand on en trouvera là, on pourra croire à leur vertu.

On faisait de ces géodes des amulettes, qui étaient garnies d'un anneau, dans lequel on passait un ruban, pour les suspendre au cou.

8. *Globuliforme*. Bohnerz, W. Cette variété se trouve en globules, à peu près d'un égal diamètre dans le même lieu, mais dont la grosseur varie suivant les différens lieux. Ils sont ordinairement engagés dans une terre ferrugineuse. Cette même variété forme une grande partie des mines que l'on exploite pour les convertir en fer forgé.

9. *Massif*. Gemeiner thoneisenstein, K. Brun ou jaune-brunâtre, de l'île de Volkostroff.

10. *Pulvérulent*. A la surface du fer oxidé brun. Dans les interstices qui séparent les cristaux du fer oxigiste, et du quarz prismé, sur le diorite, du département de l'Isère.

11. *Cloisonné*. Cette variété paraît s'être formée

dans des fentes produites par le retrait d'une substance terreuse, à mesure qu'elle se desséchait, après
avoir été humectée d'eau. Le fer oxidé, en remplis-
sant les fentes, a formé des espèces de cloisons dont
les séparations sont restées vides, par la destruction
de la première substance.

12. *Terreux*. Jaune-verdâtre. Grün Eisenerde, W.

Cette variété est très tendre, et quelquefois elle
tache les corps sur lesquels on la passe avec frottement. On l'avait regardée comme un oxide de nickel
ou de bismuth; mais Werner s'est assuré qu'elle ne
contenait pas un atome de ces deux métaux, et y a
reconnu la présence du fer. Au reste, nous n'avons
encore aucune analyse exacte de cette variété. On la
trouve à Braunsdorf et à Schneeberg en Saxe.

On a pris souvent cette variété pour du bismuth
oxidé. Il est bien aisé d'éviter la méprise en présentant un petit fragment de ce minéral d'abord à la
flamme d'une bougie et ensuite à l'aiguille magnétique; l'attraction indiquera le fer oxidé.

Sous-variété dépendante des accidens de lumière.

Fer oxidé hématite *irisé*. Il rivalise avec les cristaux de fer oligiste, dont la surface est ornée des
plus belles couleurs du prisme.

PREMIER APPENDICE.

Fer oxidé *noir vitreux*. Rayant légèrement le
verre; pesant. spécif. 3,2. Poussière jaune, comme

celle des autres variétés. Exposé à la flamme d'une bougie, il devient magnétique sans se fondre, comme la variété suivante. Il accompagne le fer oxidé brun ; ce qui semble prouver qu'il tire de lui son origine.

Fer oxidé *résinite*. Eisenpecherz, W. Ce minéral est d'une couleur brune ou jaune-brunâtre, jointe à un luisant qui lui donne l'aspect de la résine. Il est très fragile et s'écrase facilement par la pression de l'ongle. Sa pesanteur spécifique est de 2,3. Isolé et frotté, il acquiert l'électricité résineuse. Exposé à la flamme d'une bougie, il décrépite ; mais si l'on approche le fragment avec précaution, de manière à éviter l'effet de la décrépitation, il se fond et devient attirable. Mis dans l'eau, il s'y divise en grains sans se dissoudre : des environs de Freyberg.

M. Klaproth a trouvé que cette variété était composée en grande partie de fer avec de l'eau, et environ $\frac{3}{100}$ d'acide sulfurique qui paraît ne s'y trouver qu'accidentellement. Du reste, elle se rapproche de celle que j'ai appelée *vitreuse*, et qui semble offrir le passage entre le fer oxidé brun et le fer oxidé résinite dont il s'agit ici.

Relations géologiques.

Les gissemens du fer oxidé, considérés sous le rapport de la Géologie, remontent beaucoup moins haut dans la succession des époques auxquelles correspondent les différentes formations, que ceux des mines du même métal que j'ai décrites précédemment, et ils descendent jusqu'aux formations les plus récentes.

Les variétés qui se présentent les premières occupent les terrains que l'on a nommés *stratiformes*, et que d'autres ont appelés *secondaires ;* savoir, ceux qui renferment de nombreux débris d'êtres organiques. Tel est le fer oxidé hématite qui forme des couches dans les terrains occupés par la chaux carbonatée compacte, que l'on a désignée sous les noms de *zechstein* et de *alpenkalkstein*. Le fer oxidé massif a des gissemens analogues à ceux de cette même variété. Tel est encore le fer oxidé géodique que l'on rencontre en amas plus ou moins considérables, dans des couches argileuses, où il est quelquefois accompagné de bois bitumineux.

C'est à cette même série que se rapporte aussi le fer oxidé globuliforme que l'on trouve en couches ou en amas, principalement dans des terrains calcaires.

Indépendamment de ces variétés, il en est d'autres qui ne sont pas susceptibles d'être rangées dans la méthode minéralogique, comme étant trop mélangées de matières hétérogènes et n'ayant rien de fixe dans leur composition. Elles sont, à l'égard des espèces métalliques, ce que sont les argiles et les marnes par rapport aux espèces pierreuses. Je ne laisserai pas de donner ici une idée de ces variétés que l'on retrouvera à leur véritable place dans la distribution minéralogique des roches, qui termine cet Ouvrage.

La première variété est le fer oxidé massif argi-lifère. Gemeiner thoneisenstein; ordinairement d'un gris jaunâtre, ayant une cassure tout-à-fait mate et terreuse. Il en existe deux sous-variétés.

Le commun qui est plus tendre et dont l'aspect est plus terreux.

Le jaspoïde; plus dur, ayant une cassure plus unie et un aspect semblable à celui du jaspe.

On le trouve alternant avec des couches de schiste secondaire et de schiste bituminifère. Brochant, Traité de Minér., t. II, p. 277.

Une deuxième variété est la substance nommée *terre d'ombre*, parce qu'on en trouve dans la partie de l'Italie, nommée *Ombrie*. Sa couleur est d'un brun semblable à celui qu'on appelle *bistre*. Sa cassure est unie et terne; on s'en sert dans la peinture, et on l'emploie pour la coloration de la porcelaine. Je lui ai donné le nom de *fer oxidé cirrographique*, c'est-à-dire qui *peint en roux*. On n'a aucuns détails précis sur les gissemens de cette variété.

C'est aux terrains d'alluvion qu'appartiennent trois autres variétés, dont on attribue l'origine aux dépôts successifs que les eaux ont formés des parties ferrugineuses qu'elles tenaient en dissolution. Brochant, t. II, p. 286.

L'une est le fer oxidé des lacs (Morasterz). Il est

d'un brun jaunâtre qui passe au rougeâtre. Sa texture est comme caverneuse. Il est très tendre et souvent friable. Il se dépose continuellement au fond des eaux stagnantes, en sorte que quelque temps après l'avoir recueilli, on en trouve de nouveau.

Une seconde variété est le fer oxidé des marais (Sumpferz). Sa couleur est mélangée de jaune-brunâtre et de brun-rougeâtre, mais plus uniformément que dans la variété précédente. Il est aussi moins tendre; ses cavités renferment quelquefois du fer phosphaté terreux.

La dernière variété est le fer oxidé des prairies (Wiesenerz). Il est d'un brun-noirâtre qui passe au jaune-brunâtre, surtout aux endroits où il y a des cavités. Il est plus pesant et a plus de consistance que les variétés précédentes.

On suppose que les différences qui existent entre ces variétés proviennent des changemens que le lieu lui-même a subis (Brochant, t. II, p. 286); c'est-à-dire qu'il a commencé par être un lac, qui s'est converti en marais par l'écoulement des eaux qui le formaient, et que, par succession de temps, le marais est devenu une prairie, en sorte que le fer oxidé a participé lui-même de ces changemens, en prenant successivement des teintes plus foncées et en se durcissant à l'aide du desséchement.

Annotations.

Le fer oxidé paraît devoir son origine à l'altération

ou à la décomposition des autres mines de fer, et en particulier du fer sulfuré. L'oxide qui en est résulté a été ensuite charrié par les eaux, qui tantôt l'ont introduit, au moyen de l'infiltration, dans des cavités, où il a produit des concrétions, et tantôt l'ont déposé en masses irrégulières ou sous une forme pulvérulente à la surface de différens terrains. C'est de toutes les substances métalliques celle qui est répandue le plus abondamment dans la nature.

Plusieurs minéralogistes considèrent aujourd'hui ce fer comme le résultat d'une combinaison intime de fer oxidé et d'eau ; ils l'appellent en conséquence *fer oxidé hydraté*. J'observerai cependant qu'une grande partie de ses variétés se trouvent dans des lieux humides, et que Brisson, ayant voulu peser spécifiquement celle qu'on appelle *hématite brune*, a trouvé qu'elle s'imbibait d'une quantité d'eau dont le poids était égal à $\frac{1}{20}$ de celui du morceau soumis à l'expérience. Cette observation qui annonce dans le fer oxidé une faculté hygrométrique ou une tendance vers l'imbibition, m'a engagé à placer un point de doute après l'épithète d'*hydraté*, jusqu'au moment où il sera démontré que l'eau est un principe essentiel à toutes les variétés de cette substance.

Le fer oxidé est souvent mélangé d'argile et de matière calcaire, et alors il passe aux substances que l'on désignait autrefois sous les noms d'*ocres* et de *bols*, et dont l'aspect a de l'analogie avec la rouille qui se forme à la surface des instrumens de fer. On trouve aussi de ce fer rubigineux qui est voisin de l'état de pureté, particulièrement à côté de certaines hématites brunes.

Les géodes ferrugineuses de cette même variété ont été nommées, comme je l'ai déjà dit, *œtites* ou *pierres d'aigle*, d'après l'opinion ridicule que les aigles en portaient dans leurs nids, pour faciliter la ponte. Quelques auteurs ont cru que ces géodes étaient originairement des pyrites qui n'avaient fait que changer d'organisation par les altérations successives qu'avaient subies les différentes couches dont elles étaient formées; mais le sentiment le plus général est que la matière pyriteuse a été remaniée par un liquide qui a produit la géode, comme d'un second jet, en lui fournissant des couches qui se sont arrangées successivement autour d'un centre commun. Suivant cette hypothèse, les cavités qui existent dans l'intérieur de la géode, soit au centre même, soit entre le centre et les couches extérieures, lorsqu'il y a un noyau, sont l'effet d'un retrait occasionné par le desséchement.

Le fer oxidé noir vitreux, analysé par M. Vauquelin, a été découvert, dans le département du Bas-Rhin, par M. Delcros, ingénieur-géographe du département de la guerre. Il y est adhérent à un fer oxidé brun, et provient du passage de celui-ci à une nouvelle modification occasionnée par la présence d'une certaine quantité d'eau.

Le fer résinite, analysé par Klaproth, provenait

de la mine de Kust Bescheerung, près de Freyberg. Il renferme plus d'eau que la variété précédente, et d'après le résultat obtenu par ce célèbre chimiste, ce serait un fer sulfaté avec excès de base; mais comme le fer oxidé provient souvent de la décomposition du fer sulfuré, il se pourrait que ce dernier minéral lui fournît, dans certaines circonstances, une petite quantité d'acide sulfurique, dont l'influence, jointe à celle de l'eau, lui fît prendre un nouvel aspect. Il me semble que nous n'avons pas encore de raison suffisante pour croire que l'union du fer avec l'eau et l'acide sulfurique établisse, dans le cas présent, un nouveau point d'équilibre, tout différent de celui qui a lieu dans le fer sulfaté ordinaire. J'ai donc cru devoir placer la substance dont il s'agit, par appendice, à la suite du fer oxidé, en attendant que nous ayons acquis des connaissances plus développées sur sa formation.

DEUXIÈME APPENDICE.

FER OXIDÉ CARBONATÉ.

(*Spatheisenstein*, W. Vulgairement *fer spathique.*)

Caractères.

Forme primitive : semblable à celle de la chaux carbonatée. Pesanteur spécifique au-dessus de 3. Action très sensible sur l'aiguille aimantée dans les fragmens chauffés à la simple flamme d'une bougie.

Ce minéral est naturellement d'une couleur blanche; mais l'action continuée de l'air lui fait subir des altérations qui changent sa couleur, en sorte qu'elle passe par différentes teintes de brunâtre et de noirâtre. Il raye le spath calcaire et quelquefois le spath fluor.

Analyse d'un fer spathique (eisenspath) de Bayreuth, par Bucholz (Journal des Mines, n° 105, p. 210) :

Oxide de fer	59,5
Acide carbonique	36
Eau	2
Chaux	2,5
	99,0.

D'un fer spathique brun du même pays, par Klaproth (Beyt., t. IV, p. 118) :

Oxide de fer	58
Acide carbonique	35
Oxide de manganèse	4,25
Magnésie	0,75
Chaux	0,5
Perte	1,5
	100,00.

D'un fer spathique de Dankerôde (gelber eisenspath), par le même (Leonhard's Handbuch der Orykt., p. 361) :

Oxide de fer........... 57,50
Acide carbonique..... 36
Oxide de manganèse... 3,50
Chaux 1,25
                    ————
                    98,25

Analyse du fer spatique de Baigorry , par Drappier (Journal des Mines, n° 103, p. 56) :

Oxide de fer......... 52,75
Eau et acide carbon.... 42,25
Magnésie............. 5
                    ————
                    100,00.

VARIÉTÉS.

Formes déterminables.

1. Fer carbonaté *primitif.*

a. *Curviligne.* Les faces des rhomboïdes de fer carbonaté et celles des lames qui composent certaines masses, ont très souvent des courbures et des inflexions qui indiquent un dérangement des molécules, lequel s'accorderait assez bien avec l'idée que ces rhomboïdes et ces lames, ayant été originairement soumis aux lois d'une agrégation parfaitement régulière, eussent subi un nouveau travail, qui aurait altéré cette régularité.

2. *Basé.*

3. *Equiaxe.*

8..

4. *Contrastante.*
5. *Prismatique.*

Formes indéterminables.

Fer carbonaté *laminaire.*

Lamellaire.

Lenticulaire. A Baigorry, au comté de Cornouailles, sur le quarz.

Concrétionné-mamelonné. Sur le basalte, à Steinheim, près le Mein.

APPENDICE.

Fer oxidé épigène, primitif. Fer spathique ayant subi une altération, qui l'a converti tout entier en fer oxidé.

Annotations.

Nous n'avons jusqu'ici aucun caractère nettement tranché, pour distinguer le fer carbonaté de ce que les Allemands appellent *spath brunissant* (braun-spath), et qui comprend les variétés que j'ai laissé subsister dans ma Méthode, à la suite de la chaux carbonatée, avec l'épithète de *ferro-manganésifère.* On peut dire seulement, en général, que le fer oxidé carbonaté n'offre jamais l'aspect perlé du spath brunissant; qu'on ne le trouve pas, comme celui-ci, en petits rhomboïdes contournés, mais en cristaux réguliers, plus ou moins volumineux, et en masses brunes ou jaunâtres, ayant souvent un tissu lamelleux; que sa pesanteur spécifique est au moins de 3,2 ; qu'enfin, il est beaucoup plus facile de le rendre magnétique par l'action de la chaleur, que le spath brunissant.

Cette substance se trouve abondamment dans une multitude de pays, comme en Saxe, en Bohême, dans le Tyrol, la Hongrie, la Souabe, la France, surtout à Baïgorry et à Allevard. Elle forme des couches considérables à Eisenerz, en Stirie et ailleurs. Elle est souvent accompagnée de chaux carbonatée ordinaire et de spath brunissant. Les altérations spontanées qu'elle subit, lorsqu'elle reste exposée à l'air, se terminent quelquefois par la faire passer à l'état de fer oxidé brun. Elle fournit au métallurgiste un fer d'excellente qualité, et qui a une si grande disposition à se convertir en acier, qu'assez souvent, en employant la méthode à la Catalane, on trouve qu'une partie du fer a passé à cet état d'acier ; c'est là ce qui a fait appeler le fer spathique, *pierre d'acier* et *mine d'acier.*

Les nombreuses discussions que le fer spathique a fait naître entre la Chimie et la Minéralogie, et le mystère qui a couvert pendant si long-temps son origine, et qui n'est pas encore tout-à-fait éclairci, l'ont rendu trop remarquable pour ne pas exposer ici avec détail l'histoire de cette substance, et répondre aux objections auxquelles elle a donné lieu contre la méthode cristallographique, et dont la plus sérieuse consiste en ce qu'elle l'aurait mise dans la nécessité d'attribuer à deux espèces de nature différente une même forme primitive, qui ne serait pas une limite.

Trois opinions ont été émises sur la cause qui détermine la forme du rhomboïde que présente le fer spathique, soit comme produit immédiat de la cristallisation, soit comme résultat de la division mécanique. Selon M. Wollaston, ce minéral est un carbonate de fer, qui a pour forme primitive un rhomboïde obtus dans lequel l'incidence des deux faces situées vers un même sommet est de 107^d. Si cette mesure ne laisse rien à désirer du côté de la précision, ma méthode cesse d'être en défaut ; le fer spathique constitue une espèce distinguée de toutes les autres, et par ses principes et par la forme de sa molécule. Il est de mon intérêt d'avouer l'erreur que j'ai commise en assignant pour le romboïde primitif une valeur trop petite d'environ $2^d\frac{1}{2}$, qui l'assimilait à celui de la chaux carbonatée.

Mais cette erreur, qu'il faudrait rejeter sur les mesures prises avec le goniomètre ordinaire, est d'autant moins dans l'ordre des possibles, que ces mesures ont été répétées un grand nombre de fois avec beaucoup d'attention. Je vais essayer d'éclaircir la difficulté, d'après l'observation qu'ont pu faire ceux qui ont eu sous les yeux des morceaux de fer spathique, tels qu'on en trouve dans une multitude d'endroits. Elle consiste en ce que souvent les lames dont ils sont les assemblages, au lieu d'être planes, subissent des inflexions et des courbures qui tendent à faire paraître leurs inclinaisons respectives plus grandes qu'elles ne le sont en effet. M. Jameson attribue à cette cause la différence qu'ont indiquée les mesures mécaniques (1). Ce que je puis dire, c'est que j'ai pris tous les moyens convenables pour m'assurer du niveau des faces qui terminaient les rhomboïdes que j'ai employés, et qu'il m'a paru que ma mesure n'était susceptible d'aucune correction. J'exposerai plus bas des considérations qui viennent à l'appui de ce résultat.

Une seconde opinion était celle que j'avais d'abord adoptée, et que Bergmann semblait m'avoir dictée, en annonçant que le fer spathique contenait toujours une quantité considérable de chaux carbonatée, qui, dans les morceaux les plus abondans en fer, formait à peu près la moitié de la totalité. J'en avais conclu que le fer spathique n'était autre chose qu'un mélange de chaux carbonatée et de fer qui empruntait sa forme de la première.

Mais les analyses qui ont été faites depuis quelques années par des chimistes d'un mérite distingué, et auxquelles ils ont employé des cristaux de fer spathique qui étaient dans leur état de fraîcheur et n'avaient subi aucune altération, n'ayant donné que du fer et de l'acide carbonique, quelquefois avec

----

(*) *System of Mineralogy*, 1816, t. III, note à la page 272.

une quantité de chaux carbonatée égale à $\frac{1}{100}$ de la masse, il a fallu renoncer à l'hypothèse précédente. La conséquence que l'on s'empressa de tirer de ces résultats, en les comparant avec celui de mes mesures, fut que la méthode cristallographique avait confondu dans une même forme primitive étrangère aux limites, deux substances entre lesquelles la Chimie venait de tracer une ligne de démarcation fortement prononcée.

La difficulté disparaît dans la troisième opinion qui a été émise par Romé de Lisle (*) et à laquelle je me suis conformé dans mon Tableau comparatif (**). Suivant cette opinion, le fer spathique serait le résultat d'une de ces opérations auxquelles je donne le nom de *pseudomorphose*, c'est-à-dire que la chaux carbonatée se serait convertie peu à peu en fer carbonaté, par une substitution des molécules ferrugineuses aux molécules calcaires. Cette transformation aurait laissé subsister le mécanisme de la structure, à peu près comme dans le bois agatifié on retrouve tous les linéamens de l'organisation primitive, en sorte que les molécules quarzeuses, en remplaçant une à une celles du bois, ont pris l'empreinte du tissu végétal. J'ai aperçu dans les fractures faites à des cristaux pseudomorphiques de stéatite, tels

____

(*) Cristallographie, t. III, p. 282. Voyez aussi les Lettres du docteur Demeste, t. II, p. 322 et suiv.

(**) Page 279.

qu'on en trouve à Baireuth, des indices des joints naturels qui existaient dans les cristaux calcaires auxquels ceux-ci avaient succédé. Seulement ils étaient moins apparens que ceux qu'on observe dans le fer spathique.

Ma collection renferme un certain nombre de morceaux de ce fer, dans lesquels la pseudomorphose semble parler aux yeux. Je me bornerai à en citer quelques-uns. Ici on voit des masses laminaires de chaux carbonatée enveloppées d'un fer oxidé brun, qui a pénétré dans les parties situées vers la surface, auxquelles il a communiqué sa couleur, tandis que celles qui sont situées vers le centre sont restées blanches et intactes. Là, des rhomboïdes équiaxes de fer spathique en décomposition sont traversés par des lames de chaux carbonatée pure, dont les directions s'accordent avec l'ordre de la structure, tel que l'indique la division mécanique des cristaux ordinaires qui présentent la même variété, comme si ces lames s'étaient conservées pour attester l'origine calcaire de la pseudomorphose. Ailleurs des groupes de cristaux qui offrent le rhomboïde primitif ont des parties blanches entremêlées de parties brunes, en sorte qu'il y a unité de structure. Les fragmens des premières n'ont aucune action sur l'aiguille aimantée, même dans l'expérience du double magnétisme, et se dissolvent en entier avec une lente effervescence dans l'acide nitrique. Les fragmens des parties brunes attirent l'aiguille, dans l'expérience ordinaire, et sont insolubles dans l'acide, seulement ils y perdent leur couleur et deviennent d'un blanc grisâtre.

En soumettant successivement aux mêmes épreuves des fragmens détachés de différens morceaux, on remarque que les propriétés ont suivi une gradation dont l'effet était de rendre plus sensibles la résistance à l'action de l'acide et la disposition au magnétisme à mesure que le corps approchait davantage du dernier terme de la série, auquel répondait le fer spathique sans mélange de chaux carbonatée.

On voit par ce qui précède, que, dans l'hypothèse où l'angle saillant obtus du rhomboïde du fer spathique serait de 107^d, il faudrait, ce que personne ne sera tenté d'admettre, que cet angle, en partant de 104^d $\frac{1}{2}$, eût varié d'un morceau à l'autre, en passant par tous les intermédiaires compris entre les deux extrêmes.

On trouve aux environs de Dusseldorf en Westphalie, des cristaux qui originairement étaient composés de chaux carbonatée, appartenant à la variété métastatique. Ils sont engagés dans des masses d'un fer oligiste qui est venu se mouler sur leur surface, et dont les molécules ont été prendre successivement les places que leur cédaient les molécules calcaires. Dans la plupart des cristaux, le remplacement n'a eu lieu que depuis le sommet jusqu'à un certain terme au-delà duquel la chaux carbonatée est restée intacte, en sorte qu'ici la pseudomorphose est évidente. Ce n'est plus, à la vérité, le fer carbonaté qui en a fourni la matière : aussi n'ai-je cité cette observation que comme étant propre à diminuer la surprise que tendent à faire naître les faits précédens.

J'ajoute que l'hypothèse d'une pseudomorphose est celle qui fournit l'explication la plus naturelle de ces dérangemens de niveau et de ces courbures que présentent les lames composantes d'un grand nombre de morceaux de fer spathique. On croit voir une matière qui a été comme tourmentée, et dont les molécules, forcées de se loger dans des vacuoles qui n'étaient pas faits pour elles, n'ont pu s'arranger conformément aux lois d'une aggrégation parfaitement régulière.

Le système de cristallisation du fer spathique est encore analogue à celui de la chaux carbonatée. On y trouve le rhomboïde primitif complet, celui que j'appelle *basé*, ensuite la variété équiaxe, puis la contrastante et celle qui porte le nom de prismatique (1). Mais il y a mieux, et en observant les fractures d'une partie des cristaux, on y aperçoit des

----

(*) Les cristaux de cette dernière, qui se trouvent dans le comté de Cornouailles, sont composés de couches concentriques dans lesquelles le progrès de la pseudomorphose s'annonce par la différence de couleur, qui, en allant de la surface vers le centre, passe du brun-noirâtre au blanc-grisâtre et au jaune-brunâtre. Les fragmens de ces cristaux agissent immédiatement par attraction sur l'aiguille aimantée, et si on les présente un instant à la flamme d'une bougie, ils acquièrent des pôles.

indices très sensibles de ces joints surnuméraires qui
se montrent dans les rhomboïdes primitifs de chaux
carbonatée, surtout de ceux qui sont parallèles à des
plans menés par les diagonales horizontales des faces
opposées deux à deux. Ainsi, le rhomboïde du fer
spathique aurait copié celui de la chaux carbonatée
jusque dans ces modifications, qui me paraissent être
dues à de simples jeux de lumière étrangers au mécanisme de la structure.

On objectera que les faits dont j'ai parlé n'ont lieu
que dans des circonstances particulières et comme
isolées, où la nature opérait sur des corps resserrés
dans de petits espaces, et qu'on n'est pas en droit
de les généraliser et de les étendre à ces couches puissantes de fer spathique qui se trouvent dans une
multitude de pays. Je ne répondrai pas que nous
ignorons ce qu'étaient dans l'origine ces couches qui,
dans plusieurs endroits, sont accompagnées de grandes
masses de chaux carbonatée, et que nous n'avons pas
non plus le droit de juger de leur état primitif d'a-
près leur état actuel. Je me bornerai à dire que,
dans la nécessité où nous sommes d'opter entre trois
opinions dont chacune laisse un mystère à éclaircir,
la saine raison nous prescrit de donner la préférence à celle qui nous le montre du côté le moins
obscur.

Il y a du mystérieux dans tout ce qui tient aux
pseudomorphoses. Je citerai surtout celles que l'on
trouve aux environs de Baireuth, où des cristaux de

chaux carbonatée primitive, métastatique, etc., et, ce qui est plus étonnant, de cristaux de quarz hyalin prismé, engagés d'abord dans des masses de stéatite, ont disparu de leurs moules à mesure que leurs molécules les abandonnaient à celles de la même stéatite qui, en s'y arrangeant ont copié fidèlement les formes dont ces moules conservaient l'empreinte. Ayant brisé un morceau de la stéatite dont il s'agit, j'en ai vu sortir un cristal pseudomorphique qui s'est dégagé spontanément de la cavité qu'il occupait, et qui présente la forme du quarz hyalin prismé, dans toute sa perfection.

Je remarquerai, en terminant ces réflexions, que, s'il était bien prouvé que le fer spathique fût un véritable fer carbonaté soumis au même rapport entre les quantités de fer et d'acide carbonique, que s'il avait été produit d'un premier jet, ce serait une espèce particulière qu'il faudrait placer séparément dans le genre du fer, quoiqu'elle ne se fût encore offerte que sous une forme empruntée, en sorte que sa forme primitive resterait inconnue, comme celle de quelques autres substances qui sont suffisamment caractérisées jusqu'ici par leurs propriétés, en attendant que leur type géométrique ait été déterminé. Dans le cas contraire où la réunion du fer et de l'acide carbonique n'aurait été que de rencontre, le fer spathique devrait rester dans un appendice à la suite du fer oxidé. Je serais cependant porté à placer ici un point de doute qui ne présume rien sur la solution définitive d'une question dont l'examen appartient à la Chimie. Il me suffit d'avoir prouvé que les faits, quels qu'ils soient, ne portent aucune atteinte aux principes sur lesquels est fondée la distinction des espèces minérales.

DOUZIÈME ESPÈCE.

FER PHOSPHATÉ.

PHOSPHATE DE FER DES CHIMISTES.

(*Eisenblau*, W. *Vivianit.*)

Caractères spécifiques.

Caract. géomét. Forme primitive : prisme rectangulaire oblique (fig. 243, pl. III), dont la base naît sur une arête horizontale, en supposant que les pans soient situés verticalement. L'incidence de P sur M est de $100^d\,1'$. Les pans ont une différence d'éclat qui en indique une dans les dimensions de la coupe transversale. Ce prisme satisfait à la condition que la diagonale Er, soit perpendiculaire à la fois sur l'arête D et sur son opposée, condition analogue à celle qui a lieu pour les prismes obliques rhomboïdaux, et qui sert à limiter leur hauteur. Le rapport entre cette perpendiculaire et les arêtes D et G, est à peu près celui des nombres 8, 11 et $\frac{7}{5}$ (*).

(*) Plus exactement, $D = \sqrt{15}$, $E r = \sqrt{8}$, $G = \frac{1}{2}$.

Caract. phys. Pesant. spécif. 2,6.

Dureté. Rayant la chaux sulfatée ; fragile.

Poussière. D'un bleu pâle, tachant le papier.

Couleur de la masse. A l'état de pureté, il est transparent et d'une couleur verdâtre ; opaque, il est d'un bleu très foncé.

Magnétisme. Sensible, par la méthode du double magnétisme. Il agit directement sur l'aiguille lorsqu'on l'a présenté à la flamme d'une bougie.

Caract. chim. Soluble, sans effervescence dans l'acide nitrique.

Analyse du fer phosphaté laminaire de l'île de France, par Fourcroy et Laugier (Annales du Muséum, t. III, p. 405) :

Oxide de fer	41,25
Acide phosphorique	19,25
Eau	31,25
Alumine	5,00
Silice ferruginée	1,25
Perte	2,00
	98,00.

Du fer phosphaté laminaire de Bodemnaïs, par Vogel (Annales de Phys. de Gilbert, t. LIX, p. 174) :

Oxidule de fer	41
Acide phosphorique	26,4
Eau	31,0
	98,4.

Analyse du fer phosphaté terreux d'Eckartsberg, par Klaproth (*Beyt.*, t. IV, p. 122):

Oxidule de fer. 47,5
Acide phosphorique. . . 32
Eau. 20
————
99,5.

VARIÉTÉS.

Formes déterminables.

1. Fer phosphaté *périoctaèdre*. $\mathrm{PM^1G^1T}$ (fig. 244,
$\mathrm{PM}\ r\ \mathrm{T}$
pl. 111).

Incidence de T sur *r*, 126^d 9′.

2. *Quadrioctonal.* Forme d'un prisme octogone terminé par des sommets dièdres, analogue à celle du pyroxène triunitaire. Sa petitesse ne m'a pas permis d'en mesurer les angles; d'après une estimation prise par aperçu, l'incidence des faces d'un même sommet, l'une sur l'autre, serait de 130^d environ. Se trouve en Auvergne, et aux Etats-Unis, près de Philadelphie.

Formes indéterminables.

Fer phosphaté *laminaire*. (Spathiges Eisenblau *vivianit.*); à Bodemnaïs en Bavière; à Sainte-Agnès en Cornouailles, et au Groenland.

Aciculaire libre. A Bodemnaïs.

Aciculaire radié. A l'Ile de France.

Compacte. Des environs de New - York. Il fait effervescence dans l'acide nitrique, à mesure qu'il s'y dissout.

Terreux. Blaue eisenerde, W. Bleu de Prusse natif.

Annotations.

Le fer phosphaté se rencontre le plus ordinairement à l'état terreux, et engagé sous la forme de petits nids dans des couches d'argile, dans les cavités du fer oxidé des marais, et dans des tourbières. C'est aussi dans le fer des marais que l'on a trouvé, près de New-Jersey, dans les Etats-Unis, de belles masses de fer phosphaté compacte.

Le fer phosphaté des départemens du Puy-de-Dôme et de l'Allier, est engagé dans des masses ferrugineuses, tantôt brunes, tantôt d'un noir - brunâtre, dont les fragmens, chauffés à la flamme d'une bougie, deviennent attirables.

Deux gissemens remarquables du fer phosphaté, sont ceux, dont l'un le présente disséminé en cristaux aciculaires à la surface du fer sulfuré magnétique de Bodemnaïs, et l'autre en petites masses sur le granite des environs de Nantes. Mais il paraît qu'il ne s'est formé qu'après coup, et par succession de temps, dans ces deux gissemens.

Le fer phosphaté terreux, lorsqu'on le retire de la terre, est d'une couleur jaunâtre, qui passe au bleu par l'exposition à l'air. Ce fait a été vérifié sur les morceaux trouvés à New-York.

On emploie le fer phosphaté terreux pour la peinture, soit en détrempe, soit à l'huile. On dit qu'en Allemagne, un peintre de voitures l'a substitué avec avantage au bleu de Prusse, et qu'en le mêlant avec d'autres couleurs, on a obtenu de très belles teintes de vert et d'olivâtre.

La quantité d'acide phosphorique que Klaproth avait d'abord retirée de la substance nommée *bleu de Prusse natif*, était si petite, que je doutais, à l'époque où mon Traité a paru, si l'on devait donner à cette substance le nom de *fer phosphaté*, et que j'avais préféré celui de *fer azuré*, qui ne présumait rien sur sa nature. MM. Fourcroy et Laugier ont constaté depuis l'existence du fer phosphaté naturel cristallisé, et la nouvelle analyse, faite par Klaproth, de la substance pulvérulente dont j'ai parlé, m'a déterminé à réunir cette substance avec la première, comme n'en étant qu'une variété.

TREIZIÈME ESPÈCE.

FER CHROMATÉ.

CHROMATE DE FER DES CHIMISTES.

(*Eisenchrom*, K.)

Caractères spécifiques.

Caract. géomét. Forme primitive : l'octaèdre régulier. Caractère auxiliaire : couleur d'un brun noi râtre demi-métallique; poussière d'un gris-cendré foncé.

Caract. physiq. Pes. spécif. 4,0326.

Dureté. Rayant le verre; fragile sous le marteau.

Magnétisme. Quelques morceaux, en particulier ceux de Sibérie, exercent sur l'aiguille aimantée une action qui est faible, mais sensible.

Cassure. Très raboteuse.

Caract. chimiq. Infusible sans addition; fondu avec le borax, il lui communique une belle couleur verte.

Insoluble dans l'acide nitrique.

Analyse du fer chromaté de France, par Vauquelin (Journal des Mines, n° 55, p. 523) :

Acide chromique.....	43
Oxidule de fer.......	34,7
Alumine.............	20,3
Silice...............	2
	100,0.

De celui de Sibérie, par Laugier (Annales du Muséum, t. VI, p. 330) :

Oxidule de fer........	34
Oxide de chrome......	53
Alumine.............	11
Silice...............	1
Oxide de manganèse...	1
	100.

9..

Analyse du fer chromaté de Krieglach, par Klaproth :

Oxidule de fer........ 33,0
Oxide de chrome..... 55,5
Alumine............. 6
Silice 2
————
96,5.

Caractères distinctifs. 1°. Entre le fer chromaté et le fer oxidulé. La couleur du premier est plus sombre ; son éclat moins métallique ; sa poussière d'un gris-cendré, au lieu d'être noire ; et son action ou nulle, ou faible, sur l'aiguille aimantée. 2°. Entre le fer chromaté et le zinc sulfuré noirâtre. Celui-ci ne raie pas le verre comme l'autre ; il a un tissu beaucoup plus sensiblement lamelleux ; il donne une odeur hépatique par l'acide sulfurique, et ne colore pas le borax en vert. 3°. Entre le même et le fer oxidé noirâtre. La poussière de celui-ci est jaunâtre ; celle du fer chromaté est d'un gris-cendré ; le fer oxidé se réduit, au moins en partie, et devient magnétique par l'action du chalumeau, ce qui n'a pas lieu pour le fer chromaté. Il ne communique pas, comme ce dernier, une couleur verte au borax. 4°. Entre le même et l'urane oxidulé, dit *pecherz*. La pesanteur de celui-ci est plus forte, dans le rapport au moins de 3 à 2 ; il ne colore pas en vert le borax, comme le fer chromaté.

VARIÉTÉS.

Formes déterminables.

Fer chromaté *primitif*. A Baltimore.

Indéterminables.

Fer chromaté *laminaire*.
Sublaminaire. En Sibérie.
Lamellaire.
Massif.

Annotations.

Le fer chromaté paraît appartenir exclusivement aux terrains primitifs d'une nature talqueuse. Celui que M. Pontier a découvert en France, à la Bastide de la Carrade, département du Var, est disséminé dans une serpentine noirâtre, qui renferme à certains endroits des lames de diallage. La serpentine agit sur l'aiguille aimantée, mais d'une manière peu sensible. Le fer chromaté, trouvé à Baltimore, en 1710, dans le Maryland, l'un des Etats-Unis d'Amérique, est accompagné de talc lamellaire, et l'on voit sur quelques morceaux des indices d'une stéatite gris-verdâtre. Le talc et le fer lui-même, à quelques endroits, sont colorés en rouge-violet par l'acide du chrome.

C'est dans le même endroit que l'on a trouvé de petits octaèdres qui ont absolument les mêmes caractères que les masses lamellaires. Il existe aussi du fer chromaté en Sibérie, sur les bords du Viasga, dans les monts Oural.

En donnant à la substance métallique qui nous occupe le nom de *fer chromaté*, je me suis conformé au résultat que M. Vauquelin a publié de l'analyse de cette substance, et qui indique l'acide du chrome comme étant le principe qui minéralise le fer. Cependant M. Laugier, qui depuis a répété cette analyse, pense plutôt que le chrome est ici à l'état d'oxide; et, d'après son opinion, il faudrait changer le nom de *fer chromaté* en celui de *fer chromé*.

Le chrome, en s'unissant ici au fer, présente des singularités qui me paraissent mériter d'être remarquées. Il agit très sensiblement sur le fer, puisqu'il altère sa force coercitive, au point de lui enlever au moins une partie de son magnétisme; mais il laisse subsister la forme qu'offre le fer dans l'espèce connue sous le nom de *fer oxidulé*; savoir, celle de l'octaèdre régulier, et l'altération qu'il produit dans la couleur et dans l'éclat du fer se borne à rendre l'une noirâtre, et l'autre plus faible; ce qui a de quoi surprendre de la part d'un principe qui possède éminemment la propriété colorante; et pour mieux faire ressortir cette différence avec lui-même, il se montre à la surface tantôt avec la couleur rouge, propre à son acide, tantôt avec le vert qui caractérise son oxide. Au reste, je n'ai eu d'autre but, dans tout ce que je viens de dire, que de fixer l'attention sur cette manière d'être singulière du chrome, lorsqu'il s'unit au fer, pour ainsi dire, *incognito*, tandis que, en se combinant avec le plomb dans les substances appelées *plomb chromaté* et *plomb chromé*, il imprime à ce métal, d'une manière si marquée, le caractère de sa propriété colorante. J'avouerai cependant que cette observation, jointe à l'identité de forme, et au magnétisme que manifestent certains morceaux, m'a fait naître des réflexions qui ne me paraissent pas devoir être abandonnées, mais qu'il faut laisser mûrir.

QUATORZIÈME ESPÈCE.

FER ARSENIATÉ.

ARSENIATE DE FER DES CHIMISTES.

(*Würfelerz*, W.)

Caractères spécifiques.

Caract. géomét. Forme primitive : le cube. Les joints naturels sont assez apparens dans les cristaux qui n'ont subi aucune altération. Caractère auxiliaire : couleur d'un vert plus ou moins foncé.

Caract. phys. Pesant. spécif., 3.

Dureté. Rayant la chaux carbonatée.

Cassure. Inégale et un peu grasse.

Couleur dans l'état de perfection. Le vert plus

ou moins sombre. Les cristaux, en se décomposant, deviennent d'un brun-rougeâtre.

Caract. chim. Exposé à une petite distance de la flamme d'une bougie, il passe du vert au brun; plongé dans la flamme, il s'y fond à l'instant en un globule, qui présente, à sa surface, le brillant métallique. Si l'on enduit ce globule de suif, et que l'on continue de le chauffer, il devient attirable; la même substance, placée sur un charbon ardent, et chauffée fortement à l'aide du chalumeau, répand abondamment des vapeurs d'arsenic.

Analyse par Chenevix (Transact. philos. 1801):

Oxide de fer............	45,5
Acide arsenique........	31
Eau...................	10,5
Oxide de cuivre.......	9
Silice.................	4
	100,0.

Par Vauquelin (Brong., Traité de Min., t. II, p. 183):

Oxide de fer...........	48
Acide arsenique......	18
Eau.................	32
Chaux carbonatée.....	2
	100.

VARIÉTÉS.

Forme déterminable.

1. Fer arseniaté *primitif.*

Indéterminable.

2. *Concrétionné.* En stalactites d'un jaune-verdâtre, recouvertes d'une multitude de cubes extrêmement petits.

Annotations.

Le fer arseniaté a été découvert dans les mines
de Carrarach et de Tincroft, au comté de Cornouailles, et depuis on l'a retrouvé dans une autre
mine du même pays, qui porte le nom de *mine de
muttrel.* Ses cristaux ont pour gangue un quarz ferrugineux, sur lequel ils sont confusément groupés.
Ils accompagnent souvent la mine de cuivre sulfuré.

M. de Cressac, ingénieur des mines, a trouvé,
en 1810, la même substance en petits cristaux cubiques, les uns d'un vert-jaunâtre, les autres brunâtres, à St.-Leonhard, dans le même endroit où il
avait découvert les cristaux d'étain oxidé dont je
parlerai bientôt.

L'altération dont les cristaux de fer arseniaté sont
susceptibles, en passant de la couleur verte au brun
plus ou moins foncé, à mesure qu'il absorbe l'oxigène
de l'air, a donné lieu à M. Thomson, d'établir ici

deux sous-espèces, dont il nomme l'une *arseniate de fer* et l'autre *oxarseniate de fer*. Mais je pense que M. Thomson a confondu un simple changement d'état avec un changement d'espèce, et l'effet d'une altération purement accidentelle, avec un jeu d'affinité dans lequel les principes composans exerceraient de nouvelles fonctions.

QUINZIÈME ESPÈCE.

FER MURIATÉ.

MURIATE DE FER DES CHIMISTES.

(*Pyrosmalith* ou *pyrodmalith* , Haussman.)

Caractères.

L'examen des cristaux de cette substance que j'ai dans ma collection, m'a paru conduire à un prisme rhomboïdal oblique, pour forme primitive. Un des cristaux présente cette forme tronquée sur les arêtes et les angles aigus de la base. Suivant M. Hausmann, qui le premier a décrit ce minéral sous le nom de *pyrodmalith*, dans les Annales du baron de Moll, il cristalliserait en prismes hexaèdres réguliers, divisibles avec beaucoup de netteté, parallèlement à leurs bases. Il est très lamelleux et d'un gris-verdâtre. Sa pesanteur spécifique est de 3,68. Exposé à l'action du chalumeau, il répand des vapeurs de chlore, et se convertit en fer oxidulé. Cette substance, encore très rare, a été découverte par M. Gahn, fils du célèbre chimiste de ce nom , et par M. Clason, dans le Wermeland , près d'une mine de fer. Je suis redevable à M. Hausmann de l'échantillon que je possède : sa gangue est une chaux carbonatée laminaire qui renferme de gros cristaux d'amphibole. Cette réunion est d'autant plus remarquable que, jusqu'à présent , l'amphibole que l'on avait trouvé dans la chaux carbonatée , avait les caractères des variétés appelées *trémolithe* et *actinote*.

On a découvert , au Vésuve , après l'éruption de 1805, des concrétions légèrement mamelonnées d'un jaune-verdâtre , ou d'un jaune-brunâtre , dans lesquelles l'analyse a indiqué la présence du fer et de l'acide muriatique ; mais on ne peut pas assurer que l'acide soit ici dans cet état de combinaison qui constitue une espèce proprement dite. Il se pourrait qu'il ne se fût uni au fer que par voie de mélange.

SEIZIÈME ESPÈCE.

FER OXALATÉ.

OXALATE DE FER DES CHIMISTES.

Caractères.

Forme primitive : prisme droit à bases carrées. Les joints naturels , quoique sensibles , n'ont qu'un léger degré de luisant. Couleur : jaune. Rayant la chaux sulfatée ; fragile. Action faible sur l'aiguille aimantée , dans l'expérience du double magnétisme.

Soluble en entier sans effervescence dans l'acide nitrique, qui prend une teinte de jaunâtre. Exposé à la flamme d'une bougie, il noircit à l'instant, et devient susceptible d'agir très sensiblement sur l'aiguille. Cette substance encore peu connue, et qui probablement n'a qu'une existence accidentelle dans la nature, a été récemment découverte aux environs de Freyberg en Saxe.

DIX-SEPTIÈME ESPÈCE.

FER SULFATÉ.

SULFATE DE FER DES CHIMISTES.

(*Natürlicher*, W. *Eisenvitriol*, K.)

Caractères spécifiques.

Caract. géom. Forme primitive : rhomboïde aigu (fig. 245, pl. 111), dans lequel l'incidence de P sur P est de $81^d\ 23'$, et celle de P sur P', de $98^d\ 37'$.

Les joints naturels sont assez sensibles.

Molécule intégrante : *id.* (*).

Caract. phys. Couleur; le vert clair. La variété fibreuse est ordinairement blanche ou jaunâtre.

Réfraction. Double.

Saveur. Très astringente.

Caract. chim. Soluble dans une quantité d'eau

(*) La diagonale horizontale est à l'oblique, comme $\sqrt{7}$ à $\sqrt{10}$.

froide double de son poids. L'eau chaude en dissout davantage à proportion.

Les astringens végétaux, et en particulier la noix de galle, mêlés à sa dissolution, en précipitent le fer sous une couleur noire. Une goutte de cette dissolution, mise sur l'écorce du chêne, y forme une tache noire en se desséchant.

Analyse par Bergmann :

       Fer.................... 23
       Acide sulfurique...... 39
       Eau................... 38
                            ———
                            100.

Caractères distinctifs, entre le fer sulfaté et les autres substances solubles. Il en diffère par sa couleur verte, lorsqu'il est cristallisé ou en masse, et dans tous les cas par la propriété qu'ont les astringens végétaux mêlés à sa dissolution, d'en précipiter le fer en noir. On peut faire aisément cette épreuve, en mettant une goutte de sa dissolution sur un morceau de chêne, surtout à l'endroit de l'écorce, après avoir enlevé l'épiderme. On verra paraître une tache noire au bout d'un instant.

VARIÉTÉS.

FORMES DÉTERMINABLES.

Quantités composantes des signes représentatifs.

$$\text{PAE}^{b}\text{EE}^{ss}\text{EDB}.$$

Combinaisons une à une.

1. Fer sulfaté *primitif.* P. (fig. 245). De l'Isle, t. 1, p. 331; *ibid.*, p. 332; var. 1. Incidence de P sur P, $81^d 23'$; de P sur P', $98^d 37'$. Angles plans : angle du sommet, $79^d 50'$; angle latéral, $100^d 10'$.

Deux à deux.

2. *Basé.* PA. (fig. 246) (*).
$$P \overset{1}{n}$$

a. Octaèdre (fig. 247). Les faces P se trouvent réduites à de simples triangles, par une suite de l'accroissement qu'ont pris les faces terminales.

3. *Unitaire* PE"E (fig. 248)
$$P \overset{}{o}$$
La forme primitive épointée aux angles latéraux. De l'Isle, t. 1, p. 333, var. 4.

Trois à trois.

4. *Épointé.* PE"EA (fig. 248).
$$P \; o \; \overset{1}{n}$$
De l'Isle, t. 1, p. 332, var. 2; p. 333, var. 5; et p. 335, var. 6.

Quatre à quatre.

5. *Triunitaire.* PDE"EA (fig. 250).
$$P \; \overset{1}{s} \; o \; \overset{1}{n}$$

____

(*) Les figures relatives à cette espèce étant en projection droite, les faces verticales se trouvent représentées par des lignes. On y a suppléé, en ajoutant les projections horizontales des mêmes faces.

La variété précédente émarginée latéralement. De l'Isle, t. I, p. 335, var. 7 et 8.

Cinq à cinq.

6. *Pantogène.* $\overset{i}{P}DE^{ii}EBA$ (fig. 251).

La variété précédente émarginée vers les sommets. De l'Isle, t. I, p. 332, var. 3.

7. *Equivalent.* $\overset{i}{P}DE^oEE^{22}EA$ (fig. 252).

La variété triunitaire émarginée aux bords supérieurs des facettes o.

Formes indéterminables.

Fer sulfaté *fibreux.* En filamens adhérens ou libres.

Concrétionné.

Accidens de lumière.

Couleurs.

Fer sulfaté *vert clair.* Les cristaux ou les masses informes.

Fer sulfaté *blanc* ou *jaunâtre.* Les variétés fibreuses.

Transparence.

Fer sulfaté *transparent.*
Fer sulfaté *translucide.*

Annotations.

L'origine du fer sulfaté nous est indiquée par l'observation de ce qui se passe sous nos yeux dans les collections où des morceaux de fer sulfuré blanc, dont l'intérieur a été mis à découvert, se couvrent, par succession de temps, d'une efflorescence produite par l'union de l'acide sulfurique qui s'est formé, pendant le dégagement du soufre, avec le fer parvenu à un nouveau degré d'oxidation. C'est l'image de ce qui a lieu dans la nature, lorsque le fer sulfuré blanc, surtout celui qui est contenu dans les schistes, se transforme, à l'aide d'une altération semblable, en filamens ou en petites masses qui se déposent à la surface de ces schistes. C'est ainsi que s'est formé celui du Adam-Héber, près de Schnéeberg en Saxe. La gangue de celui qui est concrétionné, et qui vient du département du Puy-de-Dôme, a beaucoup de rapport avec la substance nommée *tripoli*, et qui n'est autre chose, au moins celui qui appartient à cette localité, qu'un schiste altéré par l'action des feux souterrains non volcaniques.

On profite de la facilité avec laquelle les corps pyriteux se décomposent spontanément, pour les préparer à fournir le fer sulfaté du commerce, en les laissant d'abord exposés à l'air. L'eau dont on a soin de les arroser entraîne avec elle le sel que l'on fait ensuite cristalliser par l'évaporation.

Le fer sulfaté est d'un grand usage dans la teinture pour la coloration en noir des étoffes et autres tissus qui servent pour nos habillemens. On obtient la couleur noire en précipitant le fer de ses dissolutions à l'aide des astringens végétaux. Celui dont on se sert principalement pour opérer cette précipitation est la noix de galle, dont voici l'origine. Les insectes sont en général très avides des feuilles du chêne; lorsqu'une de ces feuilles a été piquée par un insecte, le suc nutritif du végétal détourné de son cours naturel, dans la partie où la piqûre a été faite, s'extravase et s'accumule en dehors sous une forme plus ou moins arrondie, et qui a souvent l'apparence d'une petite pomme. C'est ce qu'on a appelé improprement *noix de galle*. La meilleure est celle qui est produite sur un chêne du Levant. On emploie aussi, soit conjointement avec elle, soit séparément, la râpure de l'écorce de chêne, celle du bois de campêche ou de sumac, pour déterminer la précipitation du fer.

La composition de l'encre s'opère par un moyen analogue à celui dont je viens de parler. On mêle ensemble une dissolution de fer sulfaté avec une dissolution de noix de galle et de gomme arabique. Celle-ci facilite l'application de l'encre sur le papier, et l'empêche de couler. On ajoute quelquefois du sucre en poudre très fine pour rendre l'encre luisante.

On sait que, à proprement parler, le noir n'est pas une couleur; il n'est que la privation de toutes les couleurs; d'où il suit que nous ne voyons les corps noirs qu'à l'aide des corps voisins colorés, qui les terminent et les circonscrivent. On doit concevoir, d'après la théorie de Newton, que les molécules ferrugineuses sont réduites ici, comme celles de tous les corps noirs, à un degré de ténuité analogue à celui de la lame d'air du phénomène des anneaux colorés, à l'endroit du contact des deux verres, où cette lame laisse passer tous les rayons sans en réfléchir aucun; et parce que le noir est voisin de la couleur bleue qui forme le premier anneau de la série, il pourra y avoir, parmi les molécules noires d'une substance, un certain nombre d'autres molécules susceptibles de réfléchir des rayons bleuâtres accessoires, et c'est ce qui a lieu par rapport à l'encre, qui offre une nuance de bleu, surtout lorsqu'on y mêle de l'eau ou qu'on l'étend sur le papier, de manière à en affaiblir la teinte.

CINQUIÈME GENRE.

ÉTAIN.

(*Zinn*, W.)

Caractères de l'étain pur, tel qu'on l'obtient par les procédés métallurgiques.

Caract. phys. Pesant. spécif., 7,2963. Moindre que celle des autres métaux ductiles.

Dureté. Supérieure seulement à celle du plomb.

Ductilité. Id.

Ténacité. Id.

Eclat. Id.

Fusibilité. Le plus fusible des métaux ductiles.

Electricité. Résineuse.

Couleur. Tirant sur celle de l'argent, mais plus sombre.

Son. Plié en différens sens, il fait entendre un petit craquement, que l'on a nommé *le cri de l'étain.*

Annotations.

L'étain fondu est susceptible de prendre des formes cristallines par le refroidissement. J'en ai dans ma collection deux variétés, obtenues par M. Payssé : l'une est en parallélépipèdes rectangulaires, semblables à des cubes allongés, et l'autre en aiguilles croisées.

Plusieurs auteurs, et en particulier Romé de l'Isle, ont admis l'existence de l'étain natif, d'après des échantillons de ce métal, que l'on disait avoir été trouvés dans les mines du Cornouailles, en Angleterre, et qui présentaient tous les caractères de l'étain ordinaire.

On crut aussi, il y a un certain nombre d'années, avoir découvert de l'étain natif en France, près de la commune des Pieux, département de la Manche. Il y adhérait à du muriate d'étain; mais M. Schreiber, inspecteur des mines, ayant examiné les lieux avec beaucoup d'attention, a pensé que l'étain ne se trouvait là qu'accidentellement, ce qui a donné lieu à diverses conjectures, sur la cause qui pouvait l'y avoir transporté.

M. Kirwan prétend prouver à *priori* l'existence de l'étain natif; il se fonde sur ce que les anciens connaissaient l'étain et en faisaient usage, ce qui supposait qu'ils en avaient trouvé de natif dans le sein de la terre; car, ajoute-t-il, ils n'étaient pas assez habiles en métallurgie pour réduire l'étain oxidé. Mais on pourrait répondre que les anciens connaissaient le travail du fer, qui, pour être dégagé de son oxigène et amené à l'état de fer malléable exige bien autant d'habileté que l'oxide d'étain.

Werner, Reuss, Karsten, Emmerling, et les autres minéralogistes étrangers, auteurs des méthodes les plus récentes, n'y ont point introduit l'étain natif comme espèce particulière, et je pense avec eux que nous n'avons jusqu'ici aucune raison d'admettre cette substance métallique comme produit immédiat de la nature.

L'étain, quoiqu'il tienne un des derniers rangs parmi les métaux, relativement à l'éclat et à la dureté, ne laisse pas d'être précieux par la diversité des usages auxquels il se prête. Sa surface n'est point corrodée comme celle du cuivre et du fer, par le contact d'un air humide; seulement elle se ternit et se couvre d'une légère pellicule d'oxide, qui n'a rien de dangereux, et qu'il est facile de faire disparaître à l'aide du frottement. Aussi l'étain est-il employé à la fabrication d'une multitude de vases pour l'usage domestique, qui exigent seulement des précautions pour les garantir du choc des corps durs, parce que leur mollesse les expose à se bossuer et à perdre aisément leur forme.

L'étain allié au cuivre dans le rapport à peu près de 1 à 4, forme le bronze ou l'airain des modernes; on y ajoute quelquefois d'autres substances métalliques et en particulier du zinc. C'est la matière ordinaire des cloches, des canons, des statues et des médailles.

M. Tillet, de l'Académie des Sciences, remarque que quand l'alliage d'étain et de cuivre est fait dans les proportions que je viens d'indiquer, la couleur du cuivre est entièrement masquée par celle de l'étain, quoique la quantité de ce dernier métal ne soit que le quart de celle de l'autre, ce qui offre une nouvelle preuve en faveur de l'opinion de Newton, qui pense que les molécules des métaux blancs ont leurs surfaces beaucoup plus étendues que celles des métaux jaunes.

On emploie l'étain conjointement avec le plomb, pour la soudure et l'étamage ordinaire. Dans cette opération, l'action de la chaleur oxide toujours un certain nombre de particules d'étain et de plomb, et si elles restaient dans cet état, elles s'opposeraient à l'adhérence de la soudure avec la pièce sur laquelle on travaille, parce que chaque particule d'oxide est déjà un groupe de molécules intégrantes, et que l'affinité n'agit sur ces molécules que quand elles sont libres. Pour parer à cet inconvénient, on saupoudre de matières grasses ou résineuses la surface des pièces sur lesquelles on applique la soudure, et ces matières, en brûlant aux dépens des particules oxidées, leur enlèvent leur oxigène, et les ramènent à l'état de fluidité où elles donnent prise à l'affinité qui produit la cohésion.

Le fer-blanc n'est autre chose qu'un fer que l'on a étamé sur ses deux faces, en le plongeant dans de l'étain fondu, avec la même précaution, pour opérer la réduction des molécules oxidées.

L'étain est susceptible d'être réduit en feuilles très minces, et c'est dans cet état qu'on s'en sert pour l'étamage des glaces, en l'amalgamant avec le mercure. On donne improprement aux glaces étamées le nom de *miroirs de glaces*. Ce sont de véritables miroirs métalliques recouverts d'une glace, qui les rend inaccessibles aux injures de l'air. La glace fait bien aussi l'office de miroir, à l'aide des rayons réfléchis à l'endroit de son contact avec l'air; mais l'image qui en résulte est comme absorbée par celle que produit la réflexion des rayons sur l'amalgame.

Les dissolutions d'étain par les acides, sont d'un grand usage dans l'art du teinturier pour faire varier les nuances des couleurs, dont l'application est l'objet de cet art. On connaît une espèce d'insecte, appelé *cochenille*, qui vient sur une plante du genre des cactus (c'est le *cactus opuntia* de Linnée); cet insecte fournit une couleur à laquelle on a donné son nom, et qui est naturellement d'un rouge élevé et presque obscur. En mêlant à la teinture de cochenille une dissolution d'étain par l'acide nitro-muriatique, on fait prendre à la couleur le ton de celle qu'on appelle *écarlate*, et qui est d'un rouge plus clair et plus vif. La dissolution d'étain produit un effet analogue sur d'autres teintures rouges, et en particulier sur celle de la gomme-laque.

L'oxide d'étain dont la calcination a été prolongée, forme une poudre blanche, dure et réfractaire, connue sous le nom de *potée d'étain*; cette poudre, mêlée avec des matières vitrifiables, produit un émail dont on se sert pour les couvertes de la faïence. On emploie aussi la même poudre pour polir les métaux et les pierres dures.

PREMIÈRE ESPÈCE.

ÉTAIN OXIDÉ.

(Zinnstein , W.)

Caractères spécifiques.

Caract. géom. Forme primitive :

Octaèdre symétrique (*fig.* 253, pl. 112), dans lequel l'incidence de P sur P″ est de 67^d 42′ 32″, et celle de P sur P′, de 133^d 36′ 18″ (*). Le rapport entre l'arête B et la hauteur de chaque pyramide, est celui de 7 à 3. Les joints parallèles aux faces de l'octaèdre sont extrêmement sensibles lorsqu'on expose les fractures de l'étain oxidé à une vive lumière.

Molécule intégrante : tétraèdre symétrique.

Cassure : raboteuse.

Caract. physiques. Pesant. spécif. 6,901... 6,935.

Dureté. Étincelant par le choc du briquet.

Poussière. Celle des cristaux bruns est d'un gris-cendré.

Électricité. Vitrée par le frottement.

Caract. chim. Difficile à fondre et à réduire par l'action du chalumeau.

___

(*) Dans l'octaèdre primitif, la perpendiculaire menée du centre de la base commune des deux pyramides dont il est l'assemblage, sur un des côtés, est à la hauteur de ces mêmes pyramides comme $\sqrt{20}$ est à 3.

Analyse de l'étain oxidé d'Alternon au comté de Cornouailles, par Klaproth (Beyt. , t. II, p. 256) :

Etain................ 77,5
Oxigène.............. 21,5
Fer 0,25
Silice............... 0,75
                     ——————
                     100,00.

De l'étain oxidé concrétionné de Guanaxuato au Mexique, par Descotils (Annales de Chimie, t. LIII, p. 268) :

Etain................ 66
Fer.................. 5
Oxigène.............. 29
                     ——————
                     100.

Caractères distinctifs. 1°. Entre l'étain oxidé noirâtre et le schéelin ferruginé, vulgairement *wolfram*. Celui-ci n'étincelle pas comme l'autre, par le choc du briquet. L'étain résiste beaucoup plus à la lime, et sa poussière, qui est d'un blanc-grisâtre, passée avec frottement sur le papier, n'y laisse point de traces bien sensibles, au lieu que celle du wolfram, laquelle est brune, y forme des taches de cette même couleur. 2°. Entre l'étain oxidé rougeâtre ou jaunâtre, et le zinc sulfuré. Celui-ci n'étincelle pas comme l'étain sous le briquet ; il se divise facilement en lames, à l'aide du couteau, au lieu que l'é-

tain n'est divisible que par une percussion assez forte.
Le zinc sulfuré n'est point conducteur de l'électricité, comme l'étain. 3°. Entre l'étain oxidé blanchâtre et le schéelin calcaire. Celui-ci, outre les divisions parallèles aux faces d'un cube, en admet
d'autres dans le sens des faces d'un octaèdre régulier,
ce qui n'a pas lieu pour l'étain oxidé. La poussière
du schéelin jaunit dans les acides; celle de l'étain y
conserve sa couleur. Dans les pyramides du schéelin,
l'incidence de deux faces, prise sur un même sommet
et des deux côtés opposés, est de 70^d 32′, comme
dans l'octaèdre régulier; elle est de 93^d 2′ dans les
pyramides de l'étain.

VARIÉTÉS.

FORMES DÉTERMINABLES.

CRISTAUX SIMPLES.

Quantités composantes des signes représentatifs.

$$P'E'(E'B^aD^a)E(^aE^aD^aB^a)DA.$$

Combinaisons deux à deux.

1. Étain oxidé *dodécaèdre.* 'E'P (fig. 254, pl. 112)

2. *Quadrioctonal.* 'E'(E'B^aD') (fig. 255).

Trois à trois.

3. *Dioctaèdre.* $\,^{\prime}E^{\prime}\overset{1}{D}(E^{\prime}B^{a}D^{\prime})$ (fig. 256).

La variété précédente émarginée longitudinalement.

4. *Récurrent.* $\,^{\prime}E^{\prime}\overset{3}{E}P$ (fig. 257).

La variété dodécaèdre augmentée de part et d'autre de huit facettes obliques inférieures. De l'Isle, t. III, p. 424; var. 9.

5. *Opposite.* $\,^{\prime}E^{\prime}\overset{3}{E}(E^{\prime}B^{a}D^{\prime})$ (258).

La variété quadrioctonale augmentée des mêmes facettes z.

Quatre à quatre.

6. *Distique.* $\,^{\prime}E^{\prime}\overset{3}{E}(E^{\prime}B^{a}D^{\prime})P$ (fig. 259).

La variété précédente augmentée des faces primitives.

7. *Octosexdécimal.* $\,^{\prime}E^{\prime}\overset{1}{D}(E^{\prime}B^{a}D^{\prime})P$ (fig. 260).

La variété dioctaèdre plus les faces P.

Cinq à cinq.

8. *Bissexdécimal.*

$$\overset{1}{D}(^{3}E^{3}D^{3}B^{a})^{\prime}E^{\prime}P(E^{\prime}B^{a}D^{\prime})\ \text{(fig. 261)}$$

La variété précédente augmentée des faces r.

9. *Annulaire.* $'E'\overset{\scriptscriptstyle s}{D}(E'B^{\bullet}D')PA$ (fig. 162).
$$\quad s\ l\qquad \qquad P^{\scriptscriptstyle\frac{1}{2}}$$

La variété octosexdécimale augmentée de deux faces perpendiculaires à l'axe.

CRISTAUX COMPOSÉS.

10. Étain oxidé *hémitrope*. Figure 268, où il est représenté vu de côté. Incidence de l'arête n sur l'arête n', $112^{\mathrm{d}}\,16'\,44''$.

L'hémitropie que présentent une grande partie des cristaux d'étain, se rapporte à la variété quadrioctonale (fig. 255).

Concevons que les pans g, g deviennent nuls, auquel cas la forme sera celle de l'octaèdre symétrique, que l'on voit figure 263, et dans lequel la perpendiculaire cz, menée du centre de la base commune des deux pyramides sur un des côtés, est à la hauteur co comme $\sqrt{10}$ à 3, ce qui donne $86^{\mathrm{d}}\,58'$ pour l'incidence de s sur s', et $121^{\mathrm{d}}\,45'$ pour celle de s sur s. Celle de s sur g (fig. 255) est de $133^{\mathrm{d}}\,29'$.

Imaginons maintenant que l'octaèdre (fig. 263) ait été partagé en deux moitiés, à l'aide d'un plan $mntx$, qui, en partant des angles m, t, passe par les moitiés des arêtes ur, oy. Ce plan sera en même temps parallèle aux arêtes or, uy, d'où il suit que les triangles omr, otr, umy, uty, resteront intacts, tandis que chacun des quatre autres sera divisé en deux triangles scalènes tels que *ntr*, *ntu*, ou *nmr*, *nmu*, etc.

Supposons que la moitié d'octaèdre située en dessous du plan *mntx* ait fait une demi-révolution autour d'elle-même, en restant toujours appliquée à la moitié supérieure. L'assortiment des deux moitiés se trouvera converti en celui dont la figure 264 représente le profil, par rapport à l'octaèdre qui est censé avoir servi de modèle pour tracer la figure 263. On a doublé ici les lettres indicatives des points *m*, *n*, *t*, *x*, de manière que celles auxquelles on a joint des accens sont censées appartenir à la moitié mobile de l'octaèdre générateur. On voit, en comparant les figures 263 et 264, qu'en vertu du mouvement qui a produit l'hémitropie, les triangles *y'x'm'*, *yt'x'* (fig. 263), sont venus se placer sur la surface antérieure (fig. 264), en dessous des triangles *rnt*, *rnm*, avec lesquels ils forment deux angles rentrans, en même temps que les triangles *m'n'u*, *t'n'u* ont été se placer sur la surface postérieure (fig. 264), à côté des triangles *otx*, *omx* avec lesquels ils forment deux angles saillans opposés aux angles rentrans de la partie antérieure.

La rotation d'une des deux moitiés de l'octaèdre que nous considérons comme générateur, et qui n'est que secondaire, se transmet à celui qu'il renferme comme noyau, et que représente la figure 265, pl. 113, et il sera facile de concevoir l'effet particulier que produit sur ce dernier octaèdre le mouvement commun, en faisant attention que deux de ses faces opposées, savoir, *gfn*, *stv*, sont tournées vers les arêtes *or*, *uy*, (fig. 263) du générateur, situées parallèlement au plan de rotation *mntx*. Il en résulte que l'octaèdre primitif (fig. 265), se trouve partagé en deux moitiés par le même plan, qui, dans ce cas, a la figure d'un hexagone symétrique *abca'bc'*, dont quatre bords *a'c*, *ab*, *ac'*, *a'b'* sont parallèles aux côtés *gf*, *gn*, *vs*, *ts*, contigus aux sommets sur les deux triangles *gfn*, *stv*, et les deux autres *b'c'*, *bc*, parallèles aux bases *fn*, *tv* des mêmes triangles. La figure 266 représente séparément cet hexagone dont les quatre angles *b*, *c*, *b'*, *c'* sont chacun de $129^d \ 43'$, et les deux autres *a*, *a'* chacun de $100^d \ 34'$.

L'assortiment que je viens de décrire donne la limite de l'hémitropie ramenée à la plus grande simplicité possible, c'est-à-dire, ayant pour générateur l'octaèdre pur représenté (fig. 263) sans interposition d'un prisme entre ses deux pyramides. Je n'ai encore observé aucune variété où la cristallisation eût atteint cette limite. Mais j'ai dans ma collection un groupe de cristaux de Schlackenwald en Bohême, dont la forme la touche de bien près, en sorte qu'elle n'en est distinguée que par des facettes très étroites qui remplacent les bords *tr*, *mr*, etc., et dont quelques-unes sont à peine sensibles. Il est aisé de voir que ces facettes proviennent d'une naissance de prisme entre les pyramides dont l'octaèdre générateur est l'assemblage, et qu'elles répondent, par conséquent, aux faces g, g de la variété quadrioctonale.

Dans toutes les autres variétés que j'ai examinées, le prisme dont je viens de parler avait une hauteur plus ou moins sensible. Or, parmi toutes les dimensions dont cette hauteur est susceptible, il en est une qui donne la limite opposée à la précédente, c'est-à-dire, celle qui a lieu, lorsque l'angle rentrant que présente l'hémitropie à la jonction des faces $yx'm'$, rnt (fig. 264) a disparu entièrement. Dans ce cas, la hauteur mh (fig. 267) du prisme compris entre les deux pyramides de l'octaèdre, est double de celle de l'une ou de l'autre de ces pyramides. Il en résulte que le plan de rotation $y'\zeta h's$, qui sous-divise la forme génératrice, n'entame aucune des pyramides, en sorte que l'hémitropie prend la forme que présente la figure 268, où les deux côtés mh, $y'g$ se réunissent en angle saillant. J'ai plusieurs cristaux dont la forme réalise l'existence de cette limite.

A mesure que la hauteur du prisme diminue, l'angle rentrant se montre en devenant toujours plus sensible, en sorte que la forme participe de l'une et l'autre limite.

Assez souvent l'hémitropie se répète à plusieurs endroits du même groupe. Dans le cas le plus ordinaire, les insertions des différentes moitiés de cristaux se font à l'entour du plan $omhugy$ (fig. 267). Quelquefois le groupement a lieu de manière que l'angle rentrant a disparu. Pour concevoir cette modification, il faut supposer que le type dont elle provient soit la variété dioctaèdre (fig. 256), et que les pans *l, l* ayant acquis une grande largeur, l'octaèdre ait été coupé en partant d'une ligne horizontale prise sur un des mêmes pans. Alors la jonction se fait sur cette ligne, et sur celle qui lui correspond dans l'autre segment.

Sous-variétés dépendantes des accidens de lumière.

Couleurs.

Étain oxidé blanc-jaunâtre. } Ces couleurs paraissent être celles des cristaux les plus purs.
Blanc-grisâtre.

Brun.

Brun-rougeâtre.

Orangé-brunâtre.

Brun-noirâtre.

Noir.

Ces deux dernières couleurs sont les plus ordinaires, et proviennent probablement du mélange d'une petite quantité de fer.

Transparence.

Étain oxidé *translucide, opaque.*

Formes indéterminables.

1. Étain oxidé *sublaminaire.*
2. *Concrétionné.* Körniges zinnerz, W. : Wood

Tin des Anglais. Vulgairement *étain de bois*. En masses, d'une figure globuleuse ou ovoïde, et quelquefois mamelonnée. Leur couleur est tantôt d'un brun clair, tantôt d'un brun noirâtre; leur surface est quelquefois veinée. Leur intérieur est composé de fibres déliées, qui divergent en partant d'un centre commun. La succession des couches dont est formée la concrétion, est indiquée par différentes teintes de jaunâtre et de brunâtre qu'elles présentent. On les a assimilées aux couches ligneuses qui se montrent sur la coupe des arbres. Certains morceaux de fer oxidé hématite, et de fer oligiste d'une forme arrondie, ont beaucoup de rapport, par leur aspect, avec cette concrétion; mais on les en distingue facilement en ce qu'ils sont plus légers, et en ce que leurs fragmens, présentés à la flamme d'une bougie, deviennent magnétiques.

3. *Granuliforme*. C'est ainsi qu'on le trouve dans les terrains d'alluvion, où les grains ont été charriés par les eaux.

a. A grains fins, disséminés dans le sable.

b. A gros grains, ou en fragmens roulés.

4. *Massif*. C'est ce que l'on a appelé *étain en roche*.

Relations géologiques.

L'étain oxidé est un des métaux dont l'origine est regardée comme très ancienne par les géologues. Suivant M. Jameson, il vient immédiatement après

le titane, qui ne le cède qu'au molybdène en ancienneté. Il existe dans les granites, sous la forme de
filons ; et diverses espèces de roches, surtout le mica
schistoïde, en renferment des masses si considérables,
qu'elles lui ont fait assigner un rang parmi les roches
proprement dites.

On a remarqué que les filons d'étain oxidé traver-
saient toujours ceux qu'occupent les autres substances métalliques, et n'étaient point interrompus
par ces derniers ; ce qui sert encore à prouver l'ancienneté de son origine.

Les mines qui le fournissent avec plus d'abondance, sont celles de Schlackenwald et de Zinnwald
en Bohême, d'Altenberg et d'Ehrenfriedersdorf en
Saxe, et celles du comté de Cornouailles en Angleterre.

Nous trouvons aujourd'hui en France, où l'étain
oxidé s'est fait chercher pendant si long-temps, un
exemple de l'existence de ce minéral dans le granite, aux environs de Nantes. Il est engagé par
petites masses dans le quarz fétide attenant à ce granite. On trouve aussi l'étain oxidé en masses roulées
ou en grains disséminés dans le sable qui avoisine le
même granite.

Parmi les autres roches dont se composent principalement les terrains qui environnent les mines
d'étain, la plus remarquable est le Graïsen, dont les
ingrédiens essentiels sont le quarz et le mica, sous

forme de grains entrelacés. Cette roche domine dans le terrain de Zinnwald.

C'est dans une roche de la même nature qu'est disséminé l'étain oxidé de Vautry, dans les montagnes de Blois, aux environs de Limoges. Mais c'est surtout dans les petits filons de quarz qui traversent la roche dont il s'agit, que se trouve l'étain oxidé. Il s'y montre, à certains endroits, sous la forme de cristaux, dont quelques-uns appartiennent à la variété que j'ai nommée *bissexdécimale*, et d'autres sont des hémitropies.

Dans le comté de Cornouailles, où l'on trouve l'étain d'Angleterre, ce minéral est situé au-dessus d'une roche appelée *roche métallifère*, et à laquelle Kirwan a donné le nom de *Killas*. A en juger par les échantillons de ma collection, cette roche serait un schiste mêlé d'une matière talqueuse, à laquelle il devrait une sorte d'onctuosité qui le rend plus doux au toucher que le schiste ordinaire; l'un des morceaux est même parsemé à la surface d'une multitude de lames talqueuses, qui semblent être les indices du mélange dont il s'agit. Mais comme les roches sont susceptibles d'une grande variation dans leurs manières d'être, il faudrait avoir un plus grand nombre de morceaux de celle-ci, pour bien juger de sa nature.

Les métaux qui accompagnent l'étain oxidé dans ses mines, sont le schéelin ferruginé, le schéelin calcaire, le fer arsenical, le fer arseniaté, le cuivre pyriteux, le cuivre arseniaté, et le molybdène sulfuré, le fer sulfuré, le fer oxidé, le cuivre natif; l'Angleterre et la France offrent la réunion de toutes ces substances métalliques avec l'étain oxidé; on en a aussi quelques exemples dans divers morceaux trouvés en France et en Allemagne.

Quant aux matières pierreuses qui adhèrent immédiatement à l'étain oxidé, je citerai principalement le quarz, le mica hexagonal, la lithomarge, le talc granulaire, le talc chlorite, la topaze blanche et la chaux fluatée.

Annotations.

C'est à M. de Cressac, ingénieur en chef au Corps royal des Mines, qu'est due la découverte de l'étain en France. Ayant observé, en 1809, dans la montagne du Puy-les-Vignes, diverses substances, telles que le fer arseniaté, le cuivre arseniaté, le schéelin et autres, qui lui parurent, d'après l'analogie, offrir des signes avant-coureurs de l'étain, il visita avec beaucoup d'attention tout le terrain d'alentour, et enfin il rencontra un morceau mélangé de quarz et de schéelin ferruginé, dans lequel était engagé un petit cristal d'étain oxidé qu'il reconnut lui-même pour appartenir à la variété que j'ai nommée *opposite*; il en a retrouvé d'autres de la même forme, et l'analyse a confirmé les indications de la Cristallographie.

La découverte de l'étain des environs de Nantes, faite en 1813, était réservée à M. Dubuisson, professeur d'Histoire naturelle dans la même ville; c'est, pour ainsi dire, un couronnement de toutes les autres découvertes intéressantes dont il a été redevable à son zèle infatigable et à ses grandes connaissances, en parcourant les environs de la même ville.

Quant à l'étain oxidé des montagnes de Blon, l'existence en a été constatée principalement par les observations de M. Alluaud, directeur de la manufacture de porcelaine de Limoges. On a trouvé dans le même terrain des tranchées conduites à ciel ouvert qui offrent la preuve de deux exploitations considérables, qui paraissent avoir eu lieu à une époque très ancienne. On a ramassé près de ces tranchées des scories de fourneau qui contiennent encore de l'étain en quantité sensible. On a entrepris depuis des recherches dans la vue d'arriver, s'il est possible, à des filons ou à des amas d'étain assez abondans pour engager les mineurs à reprendre les travaux de ces anciennes exploitations, et il y a lieu d'espérer que ces recherches que l'on continue de faire dans ce terrain seront récompensées par un succès qui procurera à la France un surcroît de richesses dont le besoin se fait sentir plus que jamais. L'étain devenu un des tributs du sol français nous affranchirait de ceux que nous payons depuis si long-temps aux nations étrangères pour nous le procurer.

Lorsque j'ai entrepris de déterminer les lois auxquelles est soumise la cristallisation de l'étain oxidé, les seuls corps de cette espèce qui, parmi ceux que j'avais à ma disposition, eussent des formes cristallines prononcées, étaient du nombre des hémitropies, où les faces des sommets sont engagées dans un angle rentrant, et de plus se trouvent réduites, par le groupement, à une petite portion de leur véritable étendue. L'incidence de ces faces sur les pans adjacens me parut être la même que celle qu'avait indiquée Romé de l'Isle (Cristallographie, t. IV, suite du 3ᵉ tableau, nº 26), c'est-à-dire de 135ᵈ, et je supposai en conséquence que l'étain oxidé avait un cube pour forme primitive. Je ne dissimulai point cependant que cette hypothèse semblait contrarier la théorie des autres substances qui ont un noyau cubique, et dont tous les cristaux résultent de décroissemens qui ont lieu de la même manière sur toutes les faces de ce noyau (Traité, 1ᵉ édition, t. IV, p. 153). L'acquisition que j'ai faite depuis de divers cristaux de cette substance, provenant du comté de Cornouailles, en Angleterre, m'ayant engagé à reprendre mes recherches sur le même sujet, j'ai trouvé d'abord que la véritable forme primitive était l'octaèdre rectangulaire, dont les faces répondent à celles du sommet de la variété dodécaèdre (ci-devant pyramidée). Les joints qui donnent cet octaèdre sont extrêmement sensibles, lorsqu'on expose les fractures de l'étain oxidé à une vive lumière.

Le défaut de symétrie, qui existe dans les parties semblablement situées sur les cristaux de la même substance, m'avait fait présumer que peut-être y avait-il, entre les véritables incidences et celles qui dépendaient de la forme cubique, une différence trop petite pour être appréciée à l'aide du goniomètre (Traité, *ibid.*) Les nouvelles mesures que j'ai prises sur les cristaux dont j'ai parlé, m'ont fait reconnaître que cette différence était très appréciable, puisqu'elle va jusqu'à deux degrés. Elle avait été aperçue par M. Bernhardi, qui l'indique dans un Mémoire sur différentes cristallisations, du nombre desquelles est celle de l'étain oxidé (Taschenb. für die gesammte Miner. etc., von Leonhard, t. III, p. 76). Mais l'octaèdre, adopté pour forme primitive par ce célèbre cristallographe, diffère de celui auquel m'a conduit le résultat de la division mécanique.

La correction dont il s'agit ici est doublement heureuse, soit en ce qu'elle écarte une exception que la forme de l'étain paraissait souffrir dans l'hypothèse du cube, soit parce qu'elle ramène à une conception très simple la position du plan de jonction des deux portions de cristaux qui composent l'étain oxidé hémitrope ; car ce plan divise alors l'octaèdre primitif parallèlement à deux de ses faces opposées. Le parallélisme dont il s'agit, et que je croyais n'avoir lieu que d'une manière approchée, devient rigoureux, d'après la correction faite aux angles primitifs. Dans l'hémitropie que représente la figure 268, l'incidence de g sur g' est de $136^{d}\ 36'$, c'est-à-dire égale à l'angle que font entre elles deux faces adjacentes sur une même pyramide du noyau, telles que P, P' (fig. 253). Le calcul démontre que cette égalité est une propriété générale pour toutes les hémitropies qui dépendent des mêmes conditions que celle-ci, quels que soient les angles de l'octaèdre primitif.

L'étain oxidé est une des substances minérales dont la cristallisation soit le plus sujette à cet accident que je nomme *hémitropie*. L'espèce de cavité qui a souvent lieu à la jonction des deux moitiés de cristaux, offre à un œil tant soit peu exercé, un bon indice pour reconnaître ce minerai et éviter de le confondre avec d'autres substances dont elle se rapproche par son aspect.

L'étain oxidé, qui est la seule mine dont on retire l'étain métallique, est rarement exempt d'un mélange d'arsenic dû au fer arsenical qui se trouve sur la même gangue. Marc Graff ayant avancé, en 1746, dans les Mémoires de l'Académie de Berlin, que l'étain était par cette raison une substance d'un usage dangereux pour la fabrication ou pour l'étamage des vases de cuisine, l'alarme se répandit de toutes parts. A cette occasion, un plaisant inséra dans les journaux une requête adressée aux chimistes, dans laquelle il leur représentait que jusqu'alors il avait toléré dans sa cuisine les vases étamés avec l'alliage de plomb et d'étain, quoique le plomb lui donnât quelque inquiétude, à cause de la facilité avec laquelle il se convertissait en une chaux capable de nuire à l'économie animale (on disait alors *chaux* au lieu d'*oxide*); mais que c'était bien pis, si l'étain renfermait de l'arsenic; qu'il ne pouvait soutenir la pensée qu'un pareil empoisonneur existât au fond de sa casserole, et qu'en conséquence il s'était condamné à ne vivre que de pain; mais que comme ce régime commençait à l'ennuyer, il suppliait MM. les chimistes de lui indiquer des vases qu'il pût mettre avec confiance entre les mains de sa cuisinière.

On fut bientôt rassuré, et des expériences faites avec beaucoup de soin par Bayen et Charlard, pharmaciens très habiles, démontrèrent que la quantité d'arsenic, unie dans certains cas à l'étain du commerce, était si petite, que l'usage journalier des vases fabriqués ou étamés avec ce métal ne pouvait nuire en aucune manière à la santé. C'était le cas de dire *parùm pro nihilo*, même en parlant d'arsenic.

SECONDE ESPÈCE.

ÉTAIN SULFURÉ.

(*Zinnkies*, W.)

Caractères spécifiques.

Caract. géomét. Des observations récentes m'ont fait apercevoir, dans des fragmens d'étain sulfuré, des joints naturels qui paraissent indiquer pour la forme primitive un prisme rhomboïdal droit, divisible dans le sens de sa petite diagonale. Cette dernière division a moins d'éclat que les autres. Ce n'est là qu'un aperçu qui a besoin d'être vérifié; il en résulte du moins que l'étain sulfuré se prête à la division mécanique, et que nous pouvons espérer de le voir un jour caractérisé par sa forme primitive. On pourrait provisoirement lui assigner pour caractère la forme du prisme rhomboïdal droit, jointe à sa couleur tirant sur le gris d'acier lorsqu'il est pur.

Caract. physiques. Pesanteur spécif. 4,35.

Dureté. Facile à entamer et à pulvériser; fragile.

Cassure. Inégale et offrant le brillant métallique.

Couleur. Le gris d'acier, quand il est pur; mais il est souvent mêlé de cuivre pyriteux, qui lui communique une couleur d'un jaune de laiton ou d'un jaune de bronze.

Poussière. Noire; sans mélange de rougeâtre.

Caract. chimiques. Aisément fusible, à l'aide du

chalumeau, en répandant d'abord une odeur sensible d'acide sulfureux, et donnant ensuite une scorie noirâtre irréductible. Sa poussière produit, dans l'acide nitrique, une vive effervescence accompagnée de vapeurs rouges, dues à un dégagement de gaz nitreux; elle n'est soluble qu'en partie, et laisse dans la liqueur un dépôt d'oxide blanc d'étain.

Analyse par Klaproth (Beyt., t. II, p. 261) :

Etain................	34
Cuivre..............	36
Soufre..............	25
Fer.................	2
	97.

VARIÉTÉS.

Formes indéterminables.

1. Etain sulfuré *laminaire.*
2. *Massif.*

Annotations.

L'étain sulfuré se trouve à Wheal-Rock, dans le comté de Cornouailles, où il fait partie d'un filon composé principalement de cuivre pyriteux; de là vient qu'il est mélangé de cette dernière substance. Aussi Kirwan a-t-il défini ce minéral *un étain minéralisé par le soufre* et associé au cuivre. Il aurait pu dire *associé au cuivre pyriteux.* Cependant M. Klaproth regarde ici le cuivre comme partie constituante de l'étain sulfuré, et il se fonde sur ce que le morceau qu'il a soumis à l'analyse avait été séparé le plus qu'il était possible des grains pyriteux disséminés dans la masse. On a ici un nouvel exemple de cette propension qu'ont assez souvent les chimistes même les plus habiles vers l'idée que quand une substance a été séparée de la matière enveloppante, elle a le degré de pureté requis pour une analyse exacte. Ils ne voient dans la gangue d'autre influence sur l'analyse que celle qui proviendrait de quelques parcelles qui auraient pu être adhérentes au morceau analysé; mais il n'est pas prouvé que, dans le morceau dont il s'agit, le cuivre ne fût pas dû, au moins en partie, à des molécules que l'étain sulfuré aurait dérobées au cuivre pyriteux environnant, et qui se seraient engagées d'une manière imperceptible entre les molécules propres du premier. Je croirais avoir rendu un service à la Chimie et en même temps à la Minéralogie, si les discussions du genre de celle-ci, que j'ai multipliées dans mon Tableau comparatif, avaient pu fixer l'attention sur cette influence que me paraissent avoir, dans la composition d'un minéral, les matières qui l'environnent, et engager nos habiles chimistes à se défier de ces principes parasites qui se sont glissés furtivement entre les véritables principes, et qui sont, pour ainsi dire, dénoncés par leurs analogues répandus dans les matières dont la gangue se compose.

La combinaison artificielle de l'étain avec le soufre

porte le nom d'*or mussif*. On s'en sert pour donner une belle couleur au bronze, et aussi pour enduire les coussins des machines électriques dont elle rend les effets beaucoup plus énergiques.

SIXIÈME GENRE.

ZINC.

(*Zink*, W.)

Caractères du zinc pur.

Caract. phys. Pesant. spécif. 7,1908.

Consistance. Malléable jusqu'à un certain point, et ne se brisant pas, ou que très difficilement, par la percussion.

Tissu. Très sensiblement lamelleux.

Couleur. Le blanc, avec une nuance de bleuâtre.

Électricité. Acquérant une électricité vitrée très sensible, à l'aide du frottement, lorsqu'il est isolé.

Caract. chim. Soluble avec effervescence, dans l'acide nitrique.

Combustible en répandant une flamme brillante qui entraîne avec elle des flocons blancs et légers.

Quoique le zinc soit une des substances métalliques les plus communes, la nature ne nous l'a point encore offert avec le brillant métallique. Ce métal forme comme la nuance entre les métaux ductiles et ceux qui sont fragiles, par la propriété qu'il a de se laisser aplatir sous le marteau, au point de pouvoir être réduit en lames, pourvu qu'il n'ait pas été auparavant trop écroui.

On s'est occupé depuis quelque temps en Angleterre, de laminer le zinc, sous la forme de feuilles d'une certaine épaisseur, que l'on emploie pour la couverture des toits et des terrasses. Le même art se pratique en France avec succès.

Une particularité remarquable que présente le zinc, c'est que quand on le fait chauffer le plus qu'il est possible, sans le fondre, il devient très cassant, et alors on peut le broyer dans un mortier, au lieu que l'action de la chaleur augmente la ductilité des autres métaux.

Le grand usage du zinc est de former le laiton par son alliage avec le cuivre. Il entre aussi, avec l'étain et le cuivre, dans la composition du bronze.

Le zinc du commerce est ordinairement mêlé d'une petite quantité de plomb; celui qu'on apporte de l'Inde, sous le nom de *toutenague*, est plus pur. La véritable toutenague de la Chine est ce même zinc allié à d'autres métaux, qui le rendent plus susceptible d'être travaillé, dont on fabrique dans ce pays des vases de différentes formes, et surtout des chandeliers.

Le zinc chauffé fortement et presqu'à blanc, avec le contact de l'air, brûle en répandant une flamme d'une blancheur éblouissante. Cette propriété l'a fait adopter pour la composition des feux d'artifice, qui lui doivent leurs plus beaux effets. Ces étoiles si brillantes que produisent les pièces appelées *chandelles romaines*, celles qui sortent d'une bombe ou d'une fusée volante, et qui, dans une nuit sereine, tracent au milieu des airs les signes de l'allégresse, sont dues à la flamme du zinc portée au dernier degré d'activité, par le concours du nitre.

PREMIÈRE ESPÈCE.

ZINC OXIDÉ SILICIFÈRE.

(*Galmei*, W.)

Caractères spécifiques.

Caract. géom. Forme primitive : octaèdre rectangulaire (fig. 269, pl. 113), dans lequel l'incidence de P sur la face adjacente à l'arête C, est de 120^d, et celle de M sur M', de 80^d 4' (*).

Molécule intégrante : tétraèdre hemi-symétrique.

Caract. phys. Pesant. spécif. 3,424, (Smithson).

Dureté. Facile à pulvériser.

Couleur. Blanchâtre ou jaunâtre. Dans l'état de pureté, il est incolore.

(*) Si du centre de l'octaèdre on mène une droite qui aboutisse en E, une seconde qui soit perpendiculaire sur l'arête C, et une troisième qui le soit sur G, ces trois lignes seront entre elles comme $\sqrt{12}$, 2 et $\sqrt{17}$.

Electricité. Les cristaux sont habituellement électriques par l'effet de la température.

Caract. chim. Soluble en gelée dans l'acide nitrique.

J'indiquerai ici un moyen simple et facile dont je me sers pour vérifier un caractère qui est tiré de la propriété qu'a le zinc de convertir le cuivre jaune en laiton. Je mêle un peu de poudre du morceau que je veux éprouver, avec égale quantité de poudre de charbon ; je mets le mélange dans une petite cuiller de fer ou de platine, et je plonge dans ce mélange un petit bout de fil de cuivre rouge, comme celui dont on fait les plus grosses cordes de piano, ou une petite lame du même métal. Je place la cuiller sur un charbon ardent, et après quelques coups de soufflet, je retire le morceau de cuivre, et je trouve qu'il a pris à sa surface la couleur jaune du laiton.

Ce caractère sert également à faire reconnaître le zinc carbonaté et le zinc sulfuré ; il n'annonce que la présence du zinc ; mais c'est déjà une indication utile pour distinguer surtout le zinc oxidé et le zinc carbonaté, de certaines pierres avec lesquelles on serait tenté de les confondre ; on a ensuite d'autres caractères distinctifs entre ces substances elles-mêmes.

Analyse du zinc oxidé silicifère de Fribourg en Brisgaw, par Pelletier (Mém. de Chimie. Paris, 1790, t. I, p. 60) :

Oxide de zinc........ 38
Silice............... 5o
Eau................. 12
                      ———
                      100.

Analyse du zinc de Rezbanya en Hongrie, par
Smithson (Transact. philos., 1802) :

Oxide de zinc........ 68,3
Silice............... 25
Eau................. 14,4
Perte............... 2,3
                      ————
                      100,0.

Du zinc oxidé brun lamellaire et ferrifère des
États-Unis, par Berthier (Annales des Mines, t. IV,
p. 483) :

Oxide de zinc 88
Oxide de fer et mangan.. 12
                      ———
                      100.

M. Smithson pense que la silice entre essentiellement dans la composition des variétés du Brisgau et
de Hongrie ; M. Berzelius est du même avis, et les
réunit sous le nom de *silicate de zinc*. Si l'on adopte
cette manière de voir, la nouvelle variété des États-
Unis formera une espèce à part, et devra être considérée comme le véritable oxide de zinc. C'est aux
variétés silicifères, anciennement connues sous le

nom de *calamines*, que se rapportent et les caractères qui précèdent, et la description qui va suivre.

VARIÉTÉS.

Formes déterminables.

1. Zinc oxidé *unitaire*. M'G'P (fig. 270).
M r P

En prisme hexaèdre à sommets dièdres.

2. *Trapézien*. M'G'A (fig. 271).
M r s

Indéterminables.

Zinc oxidé *aciculaire*.

Lamelliforme.

Concrétionné.

a. Mamelonné.

b. Testacé. Il fait effervescence en même temps qu'il se résout en gelée dans l'acide nitrique ; ce qui indique qu'il est mêlé de chaux carbonatée, ou peut-être de zinc carbonaté.

Compacte. C'est à cette variété que se rapportent les masses jaunâtres qui servent de gangue aux cristaux, près de Limbourg. Un fragment de ces masses se résout en gelée dans l'acide nitrique, à froid, au bout d'une ou deux heures. Il reste seulement un petit dépôt de particules jaunâtres, qui sont de l'argile ferrugineuse. C'est pour cela qu'un fragment des mêmes masses, exposé à la flamme d'une bougie, devient attirable.

Caverneux.

Terreux.

Le zinc oxidé, uni accidentellement à l'oxide de fer, à l'argile et à d'autres matières, forme des masses ondulées, souvent cellulaires, spongieuses et comme vermoulues ; ou des masses informes qui ont l'aspect entièrement terreux. Ces variétés de mélange sont proprement ce qu'on a appelé *pierre calaminaire.*

APPENDICE.

Zinc oxidé ferrifère lamellaire brun rougeâtre, devenant attirable par l'action du chalumeau, du comté de New-Jersey. On l'a pris pour du zinc sulfuré. Sa détermination chimique est due à M. Vauquelin. C'est dans ces sortes de cas où les caractères géométriques se taisent, qu'il devient nécessaire d'avoir recours à la Chimie.

Cette variété est entremêlée d'un minéral d'un noir de fer, auquel on a donné le nom de *frankli-nite*, et qui paraît n'être qu'un oxide de fer mélangé d'oxide de zinc. Il agit fortement sur l'aiguille aimantée.

Relations géologiques.

Le zinc oxidé tient le premier rang parmi les mines de ce métal, si l'on a égard au volume des masses, plutôt qu'à leur ancienneté. On la trouve en couches considérables dans la chaux carbonatée stratiforme, au Derbyshire en Angleterre, en Silésie, en Westphalie et dans divers autres pays. Mais dans les environs d'Aix-la-Chapelle, près de Limbourg, les couches de zinc oxidé compacte et caverneux sont interposés entre un schiste et un grés quarzeux micacé.

Le zinc oxidé se trouve aussi en petites masses dans les terrains secondaires d'une multitude de pays ; et jusqu'alors cette substance métallique paraissait appartenir exclusivement à ce genre de terrains. Mais la roche qui renferme la variété brune lamelliforme accompagnée de fer oligiste et de chaux carbonatée, a été trouvée en couches, dans les montagnes primitives de New-Jersey, par M. Maclure, savant minéralogiste américain.

Les deux substances métalliques auxquelles le zinc oxidé est le plus souvent associé, sont le plomb sulfuré et le fer oxidé ; il est même rare de le rencontrer sans ce dernier.

Annotations.

Les cristaux de ce minéral que l'on trouve à Limbourg, dans les environs d'Aix-la-Chapelle, les morceaux de la variété aciculaire du Brisgau, et en général tous ceux qui offrent des indices du travail de la cristallisation, partagent les propriétés électriques des tourmalines, et en particulier celle qui produit le renversement de pôles dont j'ai déjà parlé (voyez t. I, p. 201 et suivantes). Mais la relation qui a lieu dans le zinc oxidé, entre la succession des deux électricités, l'une extraordinaire et l'autre ordinaire, et la marche de la température ajoute encore à ce que le phénomène a par lui-même de curieux et d'intéressant.

Pendant long-temps on confondit le zinc oxidé lamelliforme du Brisgaw avec la mésotype, parce qu'il se résolvait comme elle en gelée, dans les acides. Ce rapprochement paraissait favorisé par l'aspect des cristaux, et les propriétés physiques auraient encore contribué à fortifier l'illusion, si l'on avait su que les deux substances acquéraient la propriété électrique à l'aide de la chaleur. Ce fut Pelletier qui, ayant soumis à l'analyse la prétendue zéolithe du Brisgaw, lui marqua sa véritable place parmi les mines de zinc.

SECONDE ESPÈCE.

ZINC CARBONATÉ.

CARBONATE DE ZINC DES CHIMISTES.

(*Zinkspath*, Leonh. La plupart des minéralogistes étrangers ont confondu cette espèce avec la précédente, sous le nom de *galmei*.)

Caractères spécifiques.

Caract. géom. Forme primitive : rhomboïde obtus que l'on obtient avec beaucoup de netteté, par la division mécanique des cristaux en rhomboïdes très aigus, dont je parlerai bientôt. Mais comme la petitesse de ces cristaux, et par suite celle du rhomboïde qu'on en extrait, ne permet pas de mesurer les angles de ce dernier, même par approximation, il fallait un caractère auxiliaire qui servît à compléter la notion de l'espèce dont il s'agit. On avait cité comme une propriété du zinc, soit oxidé, soit carbonaté, celle de donner des flocons blancs lorsqu'on les exposait à l'action du chalumeau. Mais l'expérience, ainsi que je l'ai dit, ne confirme pas cette indication. J'ai trouvé que le papier imbibé d'une dissolution de poussière de zinc carbonaté par l'acide nitrique, et présenté, après la dessication, à la distance d'environ trois décimètres ou un pied d'un brasier ardent, s'allumait spontanément. L'effet dont je viens de parler est facile à concevoir. Ordinairement lorsqu'on veut déterminer la combustion d'un corps, on commence par mettre ce corps en contact immédiat avec un autre corps déjà embrasé, par exemple avec des charbons ardens, pour que le calorique qui s'introduit dans le premier corps, écartant ses molécules et diminuant par là leur affinité réciproque, les dispose à s'unir avec l'oxigène de l'atmosphère. Mais le nitrate de zinc dont le papier est imprégné, est par lui-même si disposé à la combustion, que l'action du calorique, répandu dans l'air, qui avoisine le feu, suffit pour la faire naître.

Caract. phys. Pesant. spécif. 3,598 et 4,336, suivant M. Smithson.

Sa poussière, passée avec frottement sur le verre, le dépolit.

Caract. chim. Soluble avec effervescence dans l'acide sulfurique à froid. L'acide nitrique le dissout aussi quelquefois à froid ; mais il a besoin d'être chauffé pour dissoudre certaines variétés.

Caractère distinctif. Non électrique par la chaleur.

Analyse du zinc carbonaté mamelonné de Bleyberg en Carinthie, par Smithson (Trans. philos., 1803) :

$$\begin{array}{ll}
\text{Oxide de zinc} & 71,4 \\
\text{Acide carbonique} & 13,5 \\
\text{Eau} & 15,1 \\
\hline
& 100,0.
\end{array}$$

De celui de Mendip dans le Sommersetshire, par le même (*ibid.*) :

$$\begin{array}{ll}
\text{Oxide de zinc} & 64,8 \\
\text{Acide carbonique} & 35,2 \\
\hline
& 100,0.
\end{array}$$

Du zinc carbonaté cristallisé du Derbyshire, par le même (*ibid.*) :

$$\begin{array}{ll}
\text{Oxide de zinc} & 65,2 \\
\text{Acide carbonique} & 34,8 \\
\hline
& 100,0.
\end{array}$$

VARIÉTÉS.

Formes.

1. Zinc carbonaté *prismé*. Cette forme, que M. Smithson a citée le premier, est analogue à celle

de la variété de chaux carbonatée, qui porte le même nom. On en voit des indices à l'aide de la loupe, sur un petit groupe qu'il m'a envoyé. Se trouve au Derbyshire.

2. *Rhomboïdal aigu*. On juge, par les rapports de positions qu'ont ces rhomboïdes très aigus avec la forme primitive qu'on en extrait par la division mécanique, qu'ils sont le résultat d'un décroissement sur les angles inférieurs de celui-ci. La plupart des rhomboïdes ne montrent qu'un de leurs sommets ; l'autre est caché par l'effet du groupement. Quelques-uns cependant sont couchés de manière qu'on en voit les deux sommets. Se trouve à Limbourg.

3. *Aciculaire radié*. Les aiguilles se terminent en pointes de rhomboïdes aigus.

4. *Concrétionné*.

a. Mamelonné.

b. Submamelonné.

5. *Compacte*.

Couleurs. Blanc-jaunâtre, blanchâtre, jaune-brunâtre, noirâtre.

APPENDICE.

Zinc carbonaté *pseudomorphique*. La chaux carbonatée métastatique. Romé de l'Isle considérait cette pseudomorphose comme produite par un sulfate de zinc, qui aurait fait un échange d'acide avec la chaux carbonatée, plutôt que par des molécules de zinc carbonaté qui seraient venues se loger dans une ca-

vité que la chaux carbonatée métastatique aurait
laissée libre après sa destruction. Quoi qu'il en soit,
le tissu mat et sans aucun indice de lames, que ces
corps présentent à l'intérieur, ne permet pas de les
regarder comme un produit immédiat de la cristallisation du zinc carbonaté.

Annotations.

Il nous reste encore, à l'égard des gissemens du
zinc carbonaté, une incertitude qui provient de ce
que cette substance a été confondue pendant long-
temps, comme je l'ai dit, et l'est encore, par le plus
grand nombre des minéralogistes, avec le zinc oxidé.
On ne connaît que deux de ces gissemens qui soient
bien avérés et qui sont communs aux deux substances. L'un est dans le Derbyshire en Angleterre,
et l'autre près de Limbourg en Allemagne. J'ai déjà
cité ces gissemens ainsi que les roches environnantes,
en vous parlant du zinc oxidé; il parait que le dernier est le seul qui se trouve en masse, et que l'autre
n'a qu'une existence accidentelle auprès de lui.

Le peu d'accord entre les auteurs qui avaient parlé
des substances connues sous le nom de *calamines*,
avant la publication de mon Traité, m'avait engagé
à suspendre mon jugement sur la question de savoir
si le zinc carbonaté devait être admis comme espèce
en Minéralogie. Mais les expériences de M. Smithson,
dont ce savant a consigné les résultats dans les Trans-

actions philosophiques, ne permettent plus de douter que le zinc carbonaté n'existe dans la nature. J'en ai acquis de nouvelles preuves d'après les envois qui m'ont été faits de plusieurs morceaux de la même substance, telle qu'on la trouve à Limbourg, recueillis les uns par M. Monheim, chimiste distingué, qui en a lui-même déterminé la nature, les autres par M. Hersart, ingénieur des mines, que j'ai déjà eu plusieurs fois occasion de citer avec éloge.

TROISIÈME ESPÈCE.

ZINC SULFURÉ.

(*Blende*, W. Vulgairement *blende*.)

Caractères spécifiques.

Caract. géomét. Forme primitive : le dodécaèdre à plans rhombes (fig. 272, pl. 113.)

Caract. auxiliaire. Tendre et très lamelleux.

Molécule intégrante : tétraèdre symétrique.

Molécule soustractive : le rhomboïde obtus de $109^d\ 28'\ 16''$.

Caract. phys. Pesant. spécif. 4,1665.

Dureté. Facile à rayer avec une pointe d'acier; rayant la baryte sulfatée.

Réfraction. Simple.

Couleur de la masse. Dans l'état de pureté; le jaune de citron.

Couleur de la poussière. Ordinairement grise ; elle est d'un brun-grisâtre, lorsque le morceau est noirâtre.

Tissu. Très lamelleux.

Phosphorescence. Sensible par le frottement dans l'obscurité.

Eclat. Surface des lames très éclatante. Les fragmens jaunes ou bruns ont, dans leur couleur et leur luisant, une certaine ressemblance avec les substances résineuses.

Caract. chimiq. Infusible au chalumeau, même avec addition de borax; répandant une odeur de soufre par l'injection de la poussière dans l'acide sulfurique.

Analyse par Bergmann d'un zinc sulfuré phosphorescent, de Scharfenberg en Saxe :

Zinc....................	64
Soufre.................	20
Fer....................	5
Eau	6
Acide fluorique........	4
Silice.................	1
	100.

Caractères distinctifs. 1°. Entre le zinc sulfuré d'un brillant qui tire sur le métallique et le plomb sulfuré. La trace d'une pointe d'acier est terne sur le premier, et conserve l'aspect métallique sur le second. Le zinc sulfuré, terni par la vapeur de l'haleine, ne recouvre que peu à peu son éclat par le desséchement; celui du plomb sulfuré reparaît à l'instant. 2°. Entre le même d'une couleur brune ou rougeâtre et le grenat. Celui-ci a le tissu beaucoup moins sensiblement lamelleux; il raie le verre et étincelle par le choc du briquet. Le zinc sulfuré, beaucoup plus tendre, est fortement rayé par une pointe d'acier, et se brise facilement par la percussion. 3°. Entre le même et l'étain oxidé. *Id.*, pour la dureté et le tissu. L'étain a d'ailleurs une pesanteur spécifique plus forte, dans le rapport d'environ 5 à 3. Il étincelle à l'approche du doigt, lorsque, étant isolé, il communique avec un conducteur électrisé : le zinc sulfuré ne produit, dans le même cas, qu'un léger bruissement. 4°. Entre le zinc sulfuré noirâtre et le fer chromaté. Le premier ne raie pas le verre comme l'autre; il donne une odeur hépatique par l'acide sulfurique, et n'a point, comme le fer chromaté, la propriété de colorer le borax en vert. 5°. Entre le même et l'urane oxidulé, dit *pechblende*. Celui-ci est beaucoup plus pesant, dans le rapport d'environ 3 à 2. Sa poussière est noirâtre; celle du zinc sulfuré est grise. L'urane oxidulé est feuilleté seulement dans un sens. Le zinc sulfuré présente des lames situées en différens sens.

VARIÉTÉS.

FORMES DÉTERMINABLES.

Quantités composantes des signes représentatifs.

$$\overset{2}{\text{P'A'}e\text{'E'.}}$$
$$\overset{\iota}{\text{P}} \, g \, m \, s$$

Combinaisons une à une.

1. Zinc sulfuré *primitif*. P (fig. 272, pl. 113).
Incidence de chaque rhombe sur ceux qui lui sont
adjacens, 120$^\text{d}$. Angle plan obtus, 109$^\text{d}$ 28′ 16″;
angle aigu, 70$^\text{d}$ 31′ 44″. Il est rare de trouver ce
dodécaèdre, sans aucunes facettes additionnelles.

Le dodécaèdre rhomboïdal, considéré comme
forme primitive, est susceptible d'offrir deux systèmes de cristallisation, dont l'un se rapporte au
grenat, à la sodalite, etc., et l'autre jusqu'ici appartient exclusivement au zinc sulfuré. (Voyez Traité
de Cristal. t. II, p. 179 et suivantes.) Dans le premier, les décroissemens qui ont lieu autour de chacun des huit angles solides trièdres, sont dans le
même cas que si cet angle était le sommet d'un
rhomboïde; ou, ce qui revient au même, que si
les arêtes qui leur servent de lignes de départ étaient
les bords supérieurs d'un rhomboïde; d'où il suit
que tous les angles solides trièdres et tous les bords
sont identiques. Il en est tout autrement du point

de vue auquel se rapporte le second système. La cristallisation y semble donner la préférence à quatre rhomboïdes choisis parmi les huit que l'on peut extraire du dodécaèdre à l'aide de la division mécanique, pour agir sur chacun d'eux comme s'il existait séparément. C'est ce qui va devenir sensible par la description des variétés suivantes.

2. Zinc sulfuré *tétraèdre*. $^{1}A^{1}_{g}$ (fig. 273). Traité de Cristallographie, t. II, p. 199.

La forme de cette variété, qui est celle du tétraèdre régulier, met dans tout son jour l'action élective des lois de structure dépendante, du système dont nous avons parlé. On y voit que parmi les huit angles solides, composés de trois plans qui paraissent identiques, si l'on s'en tient à l'aspect de la forme primitive, il n'y a que les quatre désignés par la lettre A, qui entrent comme tels dans le plan de la cristallisation.

Deux à deux.

3. *Octaèdre.* $^{1}A'^{3}_{g}{}^{m}e$ (fig. 274 et 275). Traité de Cristallographie, t. II, p. 199.

Le décroissement par trois rangées de molécules sur l'angle inférieur du rhomboïde, dont le sommet est en A, a cette propriété, qu'il produit une face également inclinée en sens contraire que celle qui résulte du décroissement par une rangée sur l'angle supérieur A. Dans les cristaux dont la forme est représentée fig. 274, la distinction entre les deux ordres de faces s'annonce par une différence d'étendue qui donne à ces cristaux l'aspect d'un tétraèdre légèrement tronqué sur ses quatre angles solides. Dans ceux qui se rapportent à la figure 275, toutes les faces de l'octaèdre sont égales, en sorte que la forme se trouve ramenée à sa limite géométrique.

Trois à trois.

4. *Cubo-octaèdre alterne.* $\overset{\text{\tiny{3}}}{\text{'A'}\underset{\text{\tiny{\textit{g m s}}}}{e\text{'E'}}}$ (fig. 276). Cristallographie, t. II, p. 201.

Si la forme de cette variété était ramenée à sa limite géométrique, elle aurait l'aspect de celle que présente ordinairement l'espèce de solide que j'ai nommée *cubo-octaèdre*, et dont la surface est composée de six carrés *s*, *s*, etc., comme on le voit fig. 277, et de huit triangles équilatéraux *g*, *m*, etc. Ce solide s'offre ici sous un aspect tout différent, qui provient de l'empreinte que porte la variété qui nous occupe, du système particulier de cristallisation dont elle dérive.

5. *Biforme.* $\overset{\text{\tiny{5}}}{\text{'A'}\underset{\text{\tiny{\textit{g} mP}}}{e\text{P}}}$ (fig. 278).

Combinaison de l'octaèdre régulier et du dodécaèdre rhomboïdal.

Quatre à quatre.

6. *Triforme.* $'A'{\overset{3}{e}}P'E'$ (fig. 279).
$\quad\quad\quad {\overset{1}{g}}\ mP\ s$

Combinaison de l'octaèdre régulier, du dodécaèdre rhomboïdal et du cube.

Cristaux transposés.

7. *Didodécaèdre transposé* (fig. 282). Traité de Cristallographie, t. II, p. 202.

Si l'on suppose d'abord que la forme de cette variété ait été exempte de transposition, en sorte que toutes les parties soient remises à leurs véritables places, son aspect sera celui d'un solide à 24 faces (fig. 280) ; savoir , 12 trapézoïdes *nycp*, *opeg*, etc., qui répondent aux faces primitives, et 12 triangles isocèles alongés *nyi*, *ycd*, etc., réunis trois à trois autour de quatre angles solides composés de trois plans, pris parmi les huit qui existent sur le dodécaèdre primitif. Le décroissement qui produit le triangle *nyi*, rapporté au rhomboïde qui a son sommet en A (fig. 281), a pour signe $(E'B^3B'^2)$.
$\quad\quad\quad\quad\quad\quad\quad\quad\quad\quad\quad\quad {\overset{5}{3}}$

Je donne le nom de *didodécaèdre* à la variété qui offre cet assortiment de faces de deux ordres.

Mais cet assortiment n'est pas celui de la nature, au moins dans les cristaux observés jusqu'ici, et il faut y substituer celui qu'indique la figure 282. Pour avoir une idée nette de ce dernier, il faut supposer que les choses étant d'abord dans l'état que représente la figure 280, le rhomboïde qui a son sommet en a ait tourné autour de son axe, d'une quantité égale à la sixième partie d'une circonférence de cercle, en emportant avec lui les six triangles qmh, qfh, ufx, ugx, ogr, omr, qui interceptent ses bords latéraux. Dans ce cas, le point m, pris pour exemple, sera venu se placer en m' (fig. 168), et tous les autres points ayant tourné à proportion, l'assortiment des six triangles se trouvera disposé comme sur la même figure, dont il est facile de saisir les différences avec la première, d'après la correspondance des lettres.

On voit que le plan de la cristallisation se trouve encore ici ramené à l'hypothèse du dodécaèdre considéré comme un assemblage de quatre rhomboïdes déterminés, et c'est ce qu'indique surtout le changement de position qu'a subi l'un d'eux, qui paraît s'être détaché des autres, comme pour avertir l'observateur qu'il jouit, dans le dodécaèdre, d'une existence particulière que l'on doit également supposer par analogie à chacun des trois autres.

J'ai retrouvé, jusque dans des masses informes de zinc sulfuré, l'indice du déplacement d'un des quatre rhomboïdes qui composent le dodécaèdre. J'avais remarqué que les lames dont ces masses étaient l'assemblage s'entrecroisaient à plusieurs endroits où la structure était comme interrompue. A force de tâtonnemens, je suis parvenu à extraire un dodécaèdre semblable à celui de la figure 282, abstraction faite des triangles isocèles; en sorte que les lames qui appartenaient à l'un des rhomboïdes composans, étaient situées comme à contre-sens, par rapport à la position qu'elles ont dans le dodécaèdre ordinaire.

8. *Apophane transposé.* Zinc sulfuré partiel, 1ere édition, t. IV, p. 174.

La variété précédente, augmentée des faces du tétraèdre, qui font encore mieux ressortir l'empreinte du système de cristallisation déjà indiquée par le changement de position d'un des rhomboïdes composans.

Formes indéterminables.

Zinc sulfuré *laminiforme.*
Lamellaire.
Concrétionné.
a. Mamelonné.
b. Globuliforme.

L'intérieur des mamelons ou des globules est ordinairement strié du centre à la circonférence. Quelquefois il est seulement composé d'enveloppes concentriques, sans aucunes stries apparentes.

ACICULAIRE ÉCLATANT.

Sous-variétés dépendantes des accidens de lumière

Couleurs.

Zinc sulfuré *jaune-citrin.*

Rouge.

Verdâtre.

Brun.

Noirâtre.

Métalloïde. D'un gris tirant sur l'éclat métallique.

Transparence.

Transparent.

Translucide.

Opaque.

Relations géologiques.

Le zinc sulfuré, beaucoup moins abondant que le zinc oxidé, occupe cependant aussi un rang parmi les substances métalliques qui font la fonction de roches. Sa variété lamellaire forme des couches dans le mica schistoïde, et quelquefois dans le talc stéatite, comme aux environs de Philadelphie, où il a été observé par M. Maclure; mais il est bien plus ordinaire de rencontrer le zinc sulfuré associé à diverses substances métalliques dans des filons, et surtout dans ceux qu'occupe aussi le plomb sulfuré, dont il est presque inséparable, comme je l'ai déjà remarqué à l'occasion de cette dernière substance. On a même confondu le zinc sulfuré avec le plomb sulfuré auquel il était si étroitement uni, que ce dernier semblait être un autre lui-même. C'est probablement ce qui a fait donner au zinc sulfuré le nom de *blende, substance trom-*

13..

peuse : on l'a nommé aussi pour la même raison *pseudo-galène* ou *fausse galène*.

Parmi les autres substances que le zinc sulfuré accompagne, je citerai le cuivre gris massif, à Kapnick, en Transylvanie; l'antimoine sulfuré aciculaire; le fer carbonaté avec cuivre pyriteux; la chaux carbonatée analogique et la chaux fluatée cubique au Derbyshire, en Angleterre; la chaux fluatée cubique à Alstonmoore, où les cristaux de zinc sulfuré noirâtre sont parsemés de cuivre pyriteux; le quarz hyalin massif, près de la rivière de Perkiomi, aux environs de Philadelphie, et le quarz jaspe.

Une autre association de fer sulfuré qui est remarquable par sa singularité est celle qui a lieu à Kapnick, où cette substance métallique repose sur une chaux sulfatée laminaire avec quarz; on y voit aussi du plomb sulfuré et du fer sulfuré.

Annotations.

Le célèbre Guyton avait conclu des expériences, à l'aide desquelles il est parvenu à composer des blendes artificielles, que le zinc était à l'état d'oxide dans la blende naturelle, en sorte que dans cet état il s'unissait facilement avec le soufre, au lieu qu'on avait cru remarquer que cette union n'avait pas lieu lorsque le zinc se trouvait à l'état métallique. Cependant M. Proust, qui a soumis à l'expérience des blendes naturelles, est persuadé que le zinc y est à l'état métallique sans oxigène, et M. Thomson a été conduit par ses propres observations à partager l'opinion de M. Proust. A la vérité, les autres sulfures métalliques, tels que ceux d'argent, de plomb, d'antimoine, de bismuth, etc., sont parfaitement opaques, et c'est ordinairement la présence de l'oxigène qui, dans un métal, fait succéder la transparence à l'opacité; mais rien n'empêche que, dans la blende, l'union du soufre avec le métal ne détermine, dans les molécules qui en résultent, un degré de ténuité et un arrangement favorables à la réfraction de la lumière.

Le zinc sulfuré est peut-être de tous les minéraux celui qui est, pour ainsi dire, le plus sensible à l'action du frottement pour produire la phosphorescence. Il y a des morceaux de cette substance qui n'ont besoin que d'être légèrement sollicités par une pointe de cure-dent, ou même par un papier tordu, pour devenir lumineux dans l'obscurité. Ce phénomène s'opère même sous l'eau, comme l'avait annoncé Bergmann, et comme je l'ai vérifié plusieurs fois. Or, l'eau étant conductrice de l'électricité, il semble que celle qui se dégagerait du zinc sulfuré serait aussitôt enlevée. Telle est la remarque de Bergmann que j'avais moi-même adoptée; mais ayant électrisé une blende en l'appliquant sur un conducteur qui était chargé, et l'ayant ensuite plongée dans l'eau, puis l'en ayant retirée, j'ai trouvé qu'elle attirait encore sensiblement une petite aiguille mobile sur un pivot. Elle agissait à la manière des corps isolans qui ne cèdent point leur électricité aux corps en contact avec eux. Cependant un autre fait semble confirmer l'opinion de Bergmann ; c'est qu'après avoir long-temps gratté une blende, en la tenant isolée, et après l'avoir vu luire très sensiblement dans l'obscurité, on trouve qu'elle n'est pas devenue électrique. Je me suis servi aussi d'un petit morceau de métal isolé pour gratter une blende, et lorsque ensuite j'ai présenté ce morceau de métal à l'aiguille, il n'y a produit aucun mouvement.

On trouve quelquefois dans le commerce du zinc sulfuré artificiel, composé d'aiguilles réunies parallèlement à leur longueur. Il est facile de les distinguer au premier coup d'œil de celui qui est naturel. Ces morceaux sont très phosphorescens ; le frottement d'une petite bande de papier un peu fort suffit pour exciter leur phosphorescence.

QUATRIÈME ESPÈCE.

ZINC SULFATÉ.

(*Zinkvitriol*, K. Anciennement *vitriol blanc*.)

Caract. essent. Soluble dans l'eau ; fusible avec bou rsoufflement et laissant une scorie grise.

Caract. phys. Saveur ; stiptique, assez forte.

Couleur. Limpide dans l'état de pureté.

Caract. chimiq. Un peu plus soluble dans l'eau chaude que dans l'eau froide.

Il se boursoufle au feu, et lorsque le zinc qu'il contient se dégage, on voit une flamme brillante accompagnée de flocons blancs.

Analyse du zinc sulfaté du Cornouailles, par Schaub.

Oxide de zinc............ 25

Acide sulfurique 21

Eau.................... 46

Manganèse.............. 4

Perte.................. 4
                        ——
                        100.

Caract. distinct. 1°. Entre le zinc sulfaté et la magnésie sulfatée. Celle-ci a une saveur amère et non stiptique ; exposée au feu, elle ne donne point de flocons blancs, comme le zinc sulfaté. 2°. Entre le même en filets capillaires et le fer sulfaté fibreux. La dissolution de celui-ci par l'eau simple colore en noir l'écorce de chêne, ce que ne fait pas celle du zinc sulfaté. Même différence par l'action du feu.

VARIÉTÉS.

Formes déterminables.

1. Zinc sulfaté *quadrioctonal.* Prisme droit quadrangulaire, terminé par des pyramides à quatre faces. L'incidence des faces du sommet sur les pans

est d'environ 134^d, mais sensiblement plus faible que 135^d.

Formes indéterminables.

Zinc sulfaté *concrétionné.*
Capillaire.

Annotations.

Le zinc sulfaté est très rarement un produit immédiat de la nature, parce que les mines de zinc sulfuré qui pourraient en fournir les principes, quoique abondantes, se décomposent très difficilement d'elles-mêmes. Mais on trouve ce sel attaché aux parois des galeries, dans les lieux où l'art l'extrait du zinc sulfuré, comme à Ramelsberg, près de Goslar, en Suisse ; à Idria, en Carinthie ; à Schemnitz, en Hongrie, etc. La plus grande partie de celui qui est répandu dans le commerce vient de Goslar.

Romé de l'Isle avait d'abord attribué au zinc sulfaté, d'après Linnæus, une forme analogue à celle de notre variété quadrioctonale (*) ; mais des cristaux qui lui furent donnés par Bucquet, comme appartenant à ce sel, le firent renoncer dans la suite à son idée ; et dans la nouvelle édition de sa Cristallographie (**), il indique, pour la forme ordinaire du zinc sulfaté, celle d'un prisme à bases rhombes,

----

(*) Essai de Cristallographie, p. 66.
(**) T. 1, p. 341.

dont les pans sont inclinés entre eux de 100^d d'une part, et 80^d de l'autre, terminé par des pyramides dont il ne donne pas l'inclinaison ; et il décrit plusieurs formes secondaires, qui ne sont que des modifications des précédentes.

J'hésitais sur le parti que je devais prendre, relativement à ce point de cristallographie, lorsque M. Lhermina eut la complaisance de m'apporter des cristaux, que M. Vauquelin reconnut pour appartenir à cette espèce. Ayant essayé de les diviser mécaniquement, je n'y ai aperçu aucun joint naturel. Les incidences de leurs faces terminales sur les pans correspondans m'ont paru un peu plus petites que 135^d. Au reste, je n'ai pu m'assurer entièrement de cette différence, qui ne serait pas à négliger, dans le cas présent, parce qu'elle exclurait l'hypothèse d'une structure, qui offrirait un cube, dont deux faces opposées subiraient seules des décroissemens, ce qui serait une sorte de distinction dont on ne voit pas le pourquoi. Mais si l'on supposait que la forme primitive fût un octaèdre rectangulaire, qui eût ses faces parallèles à celles des pyramides, la difficulté serait levée, puisqu'alors le prisme résulterait d'un décroissement qui aurait lieu sur les quatre arêtes à la jonction des deux pyramides dont l'octaèdre serait composé.

** NON DUCTILES.

SEPTIÈME GENRE.

BISMUTH.

(*Wismuth*, W.)

PREMIÈRE ESPÈCE.

BISMUTH NATIF.

(*Gedieger wismuth*, W.)

Caractères spécifiques.

Caract. géomét. Forme primitive : l'octaèdre régulier.

Caract. auxiliaire. Couleur, d'un blanc-jaunâtre ; tissu très lamelleux.

Caract. phys. Pesant. spécif., 9,0202. Celle du bismuth fondu est 9,8227.

Dureté. Fragile et s'égrenant par la percussion.

Couleur. Blanc-jaunâtre.

Tissu. Très lamelleux.

Électricité vitrée. Très sensible par le frottement, lorsque le fragment est isolé.

Caract. chim. Fusible à la simple flamme d'une bougie.

Soluble avec effervescence dans l'acide nitrique en y répandant un nuage d'un vert-jaunâtre.

L'addition d'une certaine quantité d'eau pure le précipite de ses dissolutions par les acides.

Caract. distinctifs. 1°. Entre le bismuth natif et le bismuth sulfuré. La couleur de celui-ci tire sur le gris de plomb; celle du bismuth natif est d'un blanc-jaunâtre. Le bismuth sulfuré cristallise souvent en aiguilles, ce qui est jusqu'ici une forme étrangère au bismuth natif, et de plus il ne fait point effervescence avec l'acide nitrique, au lieu que le bismuth natif en produit une sensible. Enfin, le bismuth sulfuré ne donne point d'odeur d'ail, par l'action du feu, comme cela peut arriver au bismuth natif, en vertu d'un mélange accidentel d'arsenic. 2°. Entre le même en dendrites et l'argent natif sous la même forme. Celui-ci est tout-à-fait blanc, en supposant que sa surface soit nette; le bismuth a une teinte de jaunâtre. Il est fragile, et l'argent natif est ductile. La combustion du bismuth est quelquefois accompagnée d'une odeur d'ail, que ne répand pas, dans le même cas, l'argent natif.

VARIÉTÉS.

Formes déterminables.

1. Bismuth natif *primitif.* Cité par Fourcroy.
2. *Rhomboïdal.* En rhomboïde aigu de 60ᵈ et 120ᵈ. C'est la forme de la molécule soustractive, originaire de l'octaèdre primitif. A Bieber, dans le Hanau.

Formes indéterminables.

Bismuth natif *lamellaire*. En petites lames, tan—
tôt éparses dans la gangue, tantôt disposées en
recouvrement, ayant une forme rectangulaire et quelquefois triangulaire.

Bismuth natif *ramuleux*. En dendrites ordinairement très prononcées, engagées dans un quarz-
jaspe.

Accidens de lumière.

Bismuth natif *irisé*. La 2ᵉ variété surtout, présente souvent cet accident.

APPENDICE.

Bismuth natif *arsénico-ferrifère*.

Annotations.

Le bismuth natif accompagne ordinairement d'autres substances métalliques dans des filons, où il ne
joue en quelque sorte qu'un rôle accessoire, parce
qu'il y est en moindre quantité. Ces substances sont
principalement le cobalt, l'argent natif, et plus rarement le plomb sulfuré. A Bieber dans le Hanau,
c'est le cobalt ; à Wittichen, c'est encore le cobalt avec
l'argent natif ; à Poulaouen, le bismuth natif, est voisin
du plomb sulfuré. On a cité aussi du bismuth natif à

Joachismsthal en Bohème, et à Freyberg, à Marienberg et à Schneeberg en Saxe; c'est dans ce dernier
endroit que se trouve la variété ramuleuse, engagée
dans un quarz-jaspe rouge-brunâtre. Le bismuth y
est mêlé d'arsenic qui devient sensible par l'odeur
d'ail que le jaspe répand, lorsqu'on le fait étinceler
par le choc du briquet. On taille les morceaux de
ce jaspe, en forme de plaques auxquelles on donne
un poli qui fait ressortir agréablement les dendrites
métalliques sur la couleur rouge, qui est comme le
fond du tableau.

La fonte du bismuth prend, en se refroidissant,
des formes cristallines très prononcées, qu'a observées le premier M. Brongniart, qui a professé au Jardin
du Roi la Chimie appliquée aux arts. Ce sont ordinairement des assemblages de lames rectangulaires,
un peu excavées en trémies, qui s'élèvent comme par
escalier, de manière à imiter ces espèces d'ornemens
d'architecture, que l'on appelle *dessins à la grecque*
ou *en bâtons rompus*.

Voici en quoi consiste le procédé que l'on emploie
pour obtenir ces sortes de cristallisations : on expose
à l'action du feu un creuset rempli du métal que l'on
se propose de faire cristalliser. Lorsque le métal est
fondu, on retire le creuset, et on laisse figer la surface du métal, puis on perce la croute qui s'y était
formée, et l'on survide le creuset. Après le refroidissement, on brise ce creuset, et on le trouve tapissé

à l'intérieur de cristaux groupés, d'une forme cubique ou octaèdre.

Lorsqu'un métal entre en fusion, l'action du calorique, en même temps qu'elle écarte ses molécules, les dérange des positions où elles se tournaient les unes vers les autres, par leurs *latus* de plus grande affinité, d'où naissait leur adhérence mutuelle; en sorte que se présentant les unes aux autres sous des positions moins favorables à l'affinité, il en résulte, dans cette force, une diminution qui contribue avec l'élasticité du calorique, à cette grande mobilité qui rend les molécules susceptibles de se mouvoir en tout sens et de céder à la plus légère pression.

Lorsque ensuite le creuset qui contenait le métal a été retiré du feu, le refroidissement commence par les couches extérieures, c'est-à-dire par celles qui sont voisines, soit de la surface supérieure du métal, soit des parois du creuset, et à mesure que le calorique abandonne les molécules renfermées dans ces couches, elles se rapprochent peu à peu, en vertu de leur affinité, et se présentant de nouveau les unes aux autres par leurs *latus* de plus grande affinité, se réunissent en obéissant aux lois d'une agrégation régulière, sans en être empêchées par le reste du métal qui est encore à l'état de liquidité. Cependant la manière dont les cristaux sont comme entassés les uns sur les autres, annonce que la cristallisation a, pour ainsi dire, brusqué son travail. Au moment donc où l'on survide le creuset, on met à nu les cristaux déjà formés, et on empêche qu'ils ne soient saisis par le métal environnant, et ne se perdent dans la masse refroidie.

M. Dupouget, qui s'est occupé de ce genre d'expériences, au lieu de survider le creuset, se contentait de cerner, avec la pointe d'un canif, la croûte extérieure ; ayant ensuite enlevé cette croûte, il en trouvait la surface chargée de cristallisations de bismuth. Celles qu'il a obtenues présentent de véritables trémies, semblables à celles de la soude muriatée, excepté qu'elles forment aussi en certains endroits, surtout vers leurs bords, des inflexions en dessins à la grecque.

La différence provient de ce qu'il employait du bismuth épuré, au lieu que celui dont on se sert communément est plus ou moins allié de plomb. On voit ici un nouvel exemple de ce que j'ai déjà dit plusieurs fois, que la présence d'une matière accidentelle, contribue à modifier la forme des cristaux. Dans la production des groupes en dessins à la grecque, l'action accessoire des molécules de plomb, apporte, dans le jeu des affinités, un changement d'où résulte une modification différente de celle qui a lieu, lorsque le bismuth étant pur, ses molécules ne sont sollicitées que par leurs actions réciproques.

Le principal usage du bismuth consiste dans les alliages qu'on en fait avec diverses substances métalliques. Les potiers d'étain, entre autres, l'employent pour donner plus de dureté, et en même temps plus d'éclat à ce dernier métal.

On sait qu'en général les alliages sont plus fusibles que ne l'étaient les métaux qui les composent, lorsqu'ils existaient séparément. Mais cet accroissement de fusibilité n'est nulle part plus marqué que dans un alliage inventé par M. Darcet, et dans lequel il entre 8 parties de bismuth, sur 5 de plomb et 3 d'étain. Cet alliage fond dans l'eau, chauffée seulement jusqu'à 67° de Réaumur, ou 83^d 75 du thermomètre centigrade ; c'est-à-dire sensiblement en deçà du terme de l'ébullition. M. Meusnier, de l'Académie des Sciences, qui, à l'époque de cette découverte, s'occupait d'objets relatifs à l'Imprimerie, a fait fondre des caractères composés de cet alliage, avec lesquels on a tiré de fort belles épreuves.

M. Meusnier a même fait voir de ces épreuves à l'Académie des Sciences, à l'occasion d'un mémoire dans lequel il exposait les résultats de son travail.

On a proposé de substituer le bismuth au plomb pour coupeler l'or et l'argent, parce qu'il a, comme le plomb, la propriété de se fondre en un verre, que les coupelles absorbent, et qui, en disparaissant, met à nu le métal que l'on veut obtenir dans l'état de pureté.

La propriété qu'a le bismuth de s'amalgamer parfaitement avec le mercure, pourrait le faire employer, avec avantage, dans l'étamage des glaces, en l'ajoutant à l'étain et au mercure. M. Chaptal présume que cette propriété a suggéré le nom d'*étain de glace*, que l'on a donné au bismuth (*).

Le bismuth qui a été dissous par l'acide nitrique, et ensuite précipité de cette dissolution, au moyen d'une certaine quantité d'eau ajoutée à l'acide, est d'un très beau blanc, et forme le *blanc de fard*, appelé aussi *magistère de bismuth*.

La dissolution de bismuth, par le même acide, fournit une encre sympathique, avec laquelle on trace des caractères sur le premier feuillet d'un livre. On imbibe ensuite le dernier feuillet d'un peu de sulfure alkalin liquide, et, un instant après, on trouve, en ouvrant le livre à la première feuille, que les caractères ont pris une teinte d'un noir foncé. On avait cru que, dans cette expérience, le gaz hépatique pénétrait à travers les feuillets, pour aller se mêler avec la dissolution du bismuth ; mais M. Monge, en employant un livre dont tous les feuillets étaient collés par les bords, a rendu le phénomène nul, ce qui prouve que, dans le cas ordinaire, ce sont les lamelles d'air enfermées entre les feuillets du livre qui, établissant une sorte de circulation du gaz hépatique, lui servent de véhicule. Ainsi, cette expérience ne doit point être mise au nombre de celles qui prouvent la porosité des corps.

____

(*) Élémens de Chimie, t. II, p. 223.

SECONDE ESPÈCE.

BISMUTH SULFURÉ.

(*Wismuthglanz*, W.)

Caractères spécifiques.

Caract. géomét. Joints naturels, situés parallèlement aux pans d'un prisme légèrement rhomboïdal, qui se sous-divise dans le sens de la petite diagonale de sa coupe transversale. En observant un petit fragment le soir à la lumière d'une bougie, j'ai aperçu des indices d'un joint perpendiculaire à l'axe.

Caract. auxiliaire. Soluble sans effervescence dans l'acide nitrique.

Caract. phys. Dureté: très facile à racler avec un couteau.

Cassure. Légèrement conchoïde.

Couleur. Moyenne entre le gris de plomb et le blanc d'étain; quelquefois avec une teinte de jaunâtre.

Électricité. Résineuse par le frottement, lorsque le fragment est isolé; en quoi le bismuth sulfuré est distingué du bismuth natif qui, dans le même cas, acquiert une forte électricité vitrée.

Caract. chim. Ne faisant point effervescence dans l'acide nitrique à froid. Sa dissolution en oxide blanchâtre s'y opère lentement.

Fusible à la simple flamme d'une bougie. Ses fragmens, traités au chalumeau, répandent une vapeur adhérente au charbon, sous la forme d'un enduit jaune-roussâtre, qui passe au blanc par le refroidissement, et reprend sa première teinte lorsqu'on dirige de nouveau la flamme sur le charbon. Elle est persistante à quelques endroits (*).

Sa réduction est longue et difficile. Bergmann indique, pour la faciliter, l'addition d'une petite quantité de cobalt (**).

M. Sage a retiré de ce minéral 60 parties de bismuth sur 100, et 40 de soufre; et il est parvenu à l'imiter artificiellement (***).

Caractères distinctifs. 1°. Entre le bismuth sulfuré et le bismuth natif. Le premier ne se dissout pas, comme l'autre, rapidement et avec effervescence dans l'acide nitrique à froid; sa division ne conduit pas à l'octaèdre régulier, comme celle du bismuth natif; sa couleur est grise, et non d'un jaune-rougeâtre. 2°. Entre le même et le plomb sulfuré. Celui-ci ne se fond pas, comme le bismuth, à la flamme d'une bougie; il se divise en cube, par des coupes également nettes dans tous

---

(*) Ce caractère est dû à M. Gillet-Laumont, ainsi que le caractère distinctif entre le bismuth sulfuré et l'antimoine sulfuré, dont il sera parlé plus bas.

(**) Sciagr., t. II, p. 198.

(***) Mém. de l'Acad. des Sc., 1782, p. 307.

les sens ; parmi les joints naturels de l'autre, un
seul , qui est parallèle à l'axe, est d'une grande
netteté. 3°. Entre le même et l'antimoine sulfuré.
Celui-ci, exposé au chalumeau sur un charbon, finit
par s'y vaporiser en entier ; l'autre donne un résidu
réductible en bismuth pur. La vapeur de l'antimoine, dans le même cas, est beaucoup plus abondante et communique au charbon une couleur
blanche persistante, au lieu que celle qui provient
du bismuth est rousse, au moins dans le premier
instant.

VARIÉTÉS.

Formes déterminables.

1. Bismuth sulfuré *aciculaire*. On a comparé ses
aiguilles à celles de l'antimoine.

2. *Lamellaire*. En petites lames engagées dans le
cérium oxidé siliceux.

Accidens de lumière.

Bismuth sulfuré *irisé*.

Relations géologiques.

Le bismuth sulfuré se trouve en Saxe et en
Bohême dans les mêmes endroits que le bismuth
natif ; mais il y existe séparément, et il a pour
gangue un quarz agate grossier. Dans le Hanau à
Bieber, il est associé à une mine de fer carbonaté

lamellaire. Ces différens gissemens offrent le bismuth sulfuré sous la forme aciculaire.

La variété lamellaire se trouve à Bastnaës, en Suède. On en observe des lames dans le cérium oxidé siliceux, qu'on retire du même endroit.

APPENDICE.

1. Bismuth sulfuré *plumbo-cuprifère*. Nadelerz, W. et K. Sa couleur est le gris métallique, souvent avec une teinte de jaunâtre. Sa cassure est inégale et médiocrement luisante. Il fait effervescence dans l'acide nitrique.

VARIÉTÉS.

Aciculaire prismatique. Le prisme est hexaèdre, suivant Karsten.

Amorphe.

Cette substance que l'on trouve en Sibérie, où elle a pour gangue un quarz gras, a passé d'abord pour une mine de chrome, et M. Werner l'a rangée, sous le nom de *nadelerz*, parmi les espèces qui appartiennent à ce métal; il regardait en même temps la substance verte qui l'accompagne comme l'oxide de chrome. J'y avais reconnu la présence du cuivre, en la précipitant par l'ammoniaque de sa dissolution dans l'acide nitrique, qui avait pris une couleur verte. M. Vauquelin avait conjecturé, d'après sa grande fusibilité, qu'elle renfermait de l'antimoine; ce qui, joint à l'autre caractère, m'avait fait présumer que cette substance était une variété de cuivre gris; mais l'analyse qui en a été faite par M. John, a prouvé qu'elle contenait environ les $\frac{2}{3}$ de son poids de bismuth. Le reste est principalement composé de plomb, de cuivre et de soufre. La forme des petites aiguilles que présente cette substance sur certains morceaux, et qui a du rapport avec celle des aiguilles de bismuth sulfuré, semble indiquer la place du nadelerz, à la suite de cette dernière espèce, et j'ai cru d'autant mieux devoir l'associer à celle-ci, en attendant des observations plus décisives, que l'on voit sur certains morceaux le plomb sulfuré à côté du nadelerz, et que la matière verte qui les recouvre en partie est du cuivre carbonaté, en sorte que ces morceaux offrent des indices visibles des deux principes qui modifient le bismuth; savoir, le plomb et le cuivre.

2. *Plumbo-argentifère.* Wismuth Silber, W., de Schapbach, dans le duché de Bade. Suivant M. Selb, il contient en argent 20 parties sur 100.

TROISIÈME ESPÈCE.

BISMUTH OXIDÉ.

(*Wismuthocher*, W. et K.)

Caractères spécifiques.

Caract. distinct. Facile à réduire en bismuth métallique à l'aide du chalumeau.

Caract. phys. Pesant. spécif., 4,36.

Dureté. Très tendre et même friable.

Couleur. Jaune-verdâtre ou gris-jaunâtre.

Caract. chim. Réductible à l'aide du chalumeau. Soluble dans l'acide nitrique.

VARIÉTÉS.

1. Bismuth oxidé *massif.* Adhérent à la gangue sous la forme d'une croûte solide.

2. *Pulvérulent.* Anciennement *fleurs de bismuth.*

Annotations.

Le bismuth oxidé, qui est extrêmement rare, se trouve principalement près de Schneeberg en Saxe, où il accompagne le bismuth natif, ce qui fournit, pour le reconnaître, un de ces caractères que l'on a nommés *empyriques* et qui signalent un minéral par ses alentours. Ils ne sont pas infaillibles ; mais ils trompent assez rarement pour mériter qu'on les consulte, avec la prudence de ne les croire que sous condition.

Lorsqu'on fait dissoudre le bismuth natif ou le bismuth fondu dans l'acide nitrique, qu'il décompose et auquel il enlève son oxigène, il y forme à l'instant un dépôt d'un jaune-verdâtre qui est du bismuth oxidé, et qui offre l'analogue de celui que produit lentement la nature dans le sein de la terre. Ici revient la remarque que j'ai déjà faite, que quand une substance passe à une couleur différente, en s'unissant avec une autre substance qui change le degré de ténuité de ses molécules, la nouvelle teinte est ordinairement celle qui précède ou qui suit la couleur primitive dans le spectre solaire. Ici le bismuth, qui est jaune dans l'état métallique, passe à une teinte qui est un mélange du même jaune et de la couleur verte qui précède le jaune, en partant du violet. Nous avons vu l'addition de l'ammoniaque remplacer la belle couleur verte du cuivre muriaté par le bleu, qui précède de même le vert dans le spectre solaire. Ces observations ne me paraissent pas indifférentes, parce qu'elles servent à nous montrer la liaison des phénomènes entre eux et la tendance de la nature à se mettre d'accord avec elle-même.

J'ai parlé plus haut d'une mine de fer d'un jaune-verdâtre, qui est le grün Eisenerde des Allemands, et qui a passé et passe encore souvent pour du bismuth oxidé. Il est bien facile de se garantir de l'illusion, en présentant à la flamme d'une bougie un petit fragment du prétendu bismuth, qui agit ensuite fortement sur l'aiguille aimantée.

HUITIÈME GENRE.

COBALT.

(Kobalt , W.)

Caractères du cobalt pur.

Caract. phys. Pesant. spécif. 8,5384.

Consistance. Cassant et facile à pulvériser.

Tissu. A grain fin et serré.

Couleur. Le blanc d'étain peu éclatant, lorsqu'il est très pur ; mais souvent il a une teinte de rougeâtre.

Electricité. Vitrée par le frottement, lorsque le morceau est isolé.

Magnétisme. Agissant par attraction sur les deux pôles de l'aiguille : il est susceptible d'acquérir lui-même des pôles.

Caract. chim. Très difficile à fondre. Soluble avec effervescence dans l'acide nitrique. Son oxide fondu avec le borax le colore en bleu.

Annotations.

Le nom de *cobalt*, qui signifie *un être malfaisant,* a été donné à cette substance métallique par les mineurs allemands, à cause des incommodités auxquelles les exposait la vapeur de l'arsenic qui lui est associé. Ils s'imaginaient qu'il existait, dans les mines dont on la retirait, un mauvais génie qui se plaisait à les tourmenter.

Bergmann avait presque douté si le cobalt n'était pas une mine de fer dans un état particulier. Cette opinion, abandonnée depuis, a fait place à une autre beaucoup mieux fondée, suivant laquelle le cobalt, quoique distingué du fer par sa nature, partageait avec lui la propriété magnétique. Wenzel a fait des aiguilles de cobalt pur, qui se dirigeaient comme les aiguilles d'acier. M. Tassaërt, qui était à l'Ecole des Mines le collaborateur de Vauquelin, a obtenu, par l'analyse du cobalt de Tunaberg, un culot de ce métal qui agissait fortement sur le barreau aimanté, et depuis cette époque, M. Vauquelin lui-même est parvenu plusieurs fois à un résultat semblable.

Le cobalt dépouillé des principes qui le minéralisaient, et amené à l'état d'oxide, est connu sous le nom de *safre;* cet oxide, fondu avec du sable et de la potasse, forme un beau verre bleu appelé *smalt,* et qui, étant pulvérisé, prend le nom de *bleu d'azur.* On emploie le bleu d'azur avec beaucoup d'avantage pour imiter, par une composition artificielle, diverses sortes de pierres, telles que le saphir, le lazulite, etc. On fait usage du même bleu pour peindre la porcelaine. On le mêle à l'amidon pour former ce qu'on appelle *empois bleu.* En Allemagne, le smalt le plus grossier sert de poudre pour empêcher l'écriture de s'effacer.

J'ai parlé, à l'occasion du fer sulfaté, de la composition de l'encre ordinaire. Les physiciens ont trouvé diverses espèces d'encres qu'ils ont nommées *sympathiques*, parce que les caractères qu'elles servent à tracer devenant invisibles par le desséchement, on peut les faire paraître en imbibant le papier d'une liqueur, dont l'union avec celle que forme l'écriture produit une couleur d'un ton décidé; mais cette couleur reste fixe sur le papier. L'oxide de cobalt, dissous dans l'acide nitro-muriatique, fournit une encre beaucoup plus curieuse, en ce que l'action de la chaleur suffit pour rendre sensibles, sous une couleur d'un bleu-verdâtre, les caractères tracés avec cette encre, et qu'ensuite le refroidissement les fait disparaître, en sorte qu'on peut répéter l'expérience un grand nombre de fois, en évitant de trop chauffer le papier; car alors les caractères resteraient fixes, en même temps que leur couleur se trouverait altérée.

PREMIÈRE ESPÈCE.

COBALT ARSENICAL.

(*Speiskobalt*, W.)

Caractères spécifiques.

Caract. géomét. Forme primitive : le cube.
Caract. auxiliaire. Texture granulaire : odeur d'ail par l'action du feu.
Caract. phys. Pesant spécif. 7,7207.
Consistance. Aigre et cassant.

Couleur. Celle des cristaux est d'un blanc d'argent. Dans les masses amorphes, elle passe au gris-noirâtre, qui n'a qu'un léger degré de brillant; mais si on lime le morceau, sa surface devient d'un gris de fer assez éclatant.

Cassure. Raboteuse, à grain fin et serré.

Caract. chim. L'acide nitrique le dissout avec effervescence. Ses fragmens présentés à la flamme d'une bougie répandent une vapeur accompagnée d'une odeur d'ail très sensible. Fondus avec le borax, ils lui communiquent une belle couleur bleue.

Voici un autre caractère facile à vérifier, et qui est utile, pour éviter de confondre le cobalt arsenical avec le fer arsenical, dont il se rapproche par son aspect. On met une pincée de sa poussière dans la cuiller de platine; et, y ayant versé de l'acide nitrique, on expose la cuiller sur un charbon ardent, ou au-dessus de la flamme d'une bougie; on laisse ensuite déposer la liqueur, et l'on voit qu'elle a pris une teinte de rouge de lilas. Cela suffit pour distinguer le cobalt arsenical du fer arsenical, qui ne colore point l'acide. On peut pousser l'expérience plus loin, pour en faire un objet d'amusement. Ayant plongé dans la liqueur le bout d'une allumette, on en dépose une goutte sur un papier blanc; ayant fait chauffer le papier, on y voit paraître une tache d'un rouge de lilas plus intense que celui de la liqueur, qui pâlit par le refroidissement et qui se ravive toutes les fois que l'on fait chauffer de nou-

veau le papier, comme dans l'expérience de l'encre
sympathique dont j'ai parlé précédemment.

On opère aussi de la manière suivante :

On verse de l'acide nitrique à froid sur la poussière ; il se fait une vive effervescence qui s'arrête
bientôt. On verse une goutte d'ammoniaque dans la
liqueur qui à l'instant prend une teinte d'un rouge
de lilas. On peut alors obtenir l'effet de la coloration du papier, à l'aide de la chaleur, et il m'a
même paru que cet effet était plus marqué que
par le premier procédé.

Analyse du cobalt arsenical de Riechelsdorf, par
Stromeyer :

Cobalt.....................	20,31
Arsenic..................	74,21
Fer......................	3,42
Cuivre...................	0,15
Soufre...................	0,88
	98,97

De celui de Schnéeberg (Faseriger speiskobalt),
par John (Chemische Untersuch., t. II, p. 236) :

Cobalt	28,00
Arsenic	65,75
Oxides de fer et de mangan.	6,25
	100,00.

Caract. distinct. 1°. Entre le cobalt arsenical
et le cobalt gris. Le tissu de celui-ci est très la-

melleux; l'autre présente dans tous les sens une cassure granulaire. Le cobalt gris, exposé à la simple flamme d'une bougie, sans le secours du chalumeau, ne donne point d'odeur d'ail sensible, comme le cobalt arsenical. Sa pesanteur spécifique est moindre que celle du cobalt arsenical, dans le rapport de 4 à 5. 2°. Entre le même et le fer arsenical. Celui-ci fondu avec le borax lui communique une couleur noirâtre, au lieu d'une couleur d'un beau bleu. Voyez plus haut le caractère distinctif, résultant de l'épreuve à l'aide de l'acide nitrique. 3°. Entre le même et l'argent antimonial. Celui-ci a une structure lamelleuse; l'autre n'a qu'une cassure granulaire. L'argent antimonial, exposé à la chaleur. ne donne point d'odeur d'ail, comme le cobalt arsenical.

VARIÉTÉS.

Formes déterminables.

1. Cobalt arsenical *primitif.* (Weisser speiskobalt, W.)
2. *Octaèdre.*
3. *Cubo-octaèdre.*
4. *Triforme.* Dérivé du cube, de l'octaèdre régulier et du dodécaèdre rhomboïdal.

Indéterminables.

Cobalt arsenical *concrétionné.* En masses mamelonées.

Aciculaire radié.

Pseudomorphique-filiciforme. Cette pseudomorphose paraît devoir son origine à de l'argent natif filiciforme, dont les molécules sont remplacées successivement par celles du cobalt arsenical, de manière que la forme ramuleuse est conservée.

Massif.

a. Blanc-argentin, dendritique. Variété du Weisser speiskobalt, W.

b. Gris-noirâtre, subluisant. Grauer speiskobalt, W.

Annotations.

Le cobalt arsenical est, de toutes les mines de ce métal, celle qui paraît abonder le plus dans la nature, et qui en même temps est la plus diversifiée dans ses manières d'être géologiques. On le trouve tantôt en couches, ce qui lui assigne un rang parmi les roches, et tantôt en filons qui traversent, soit des terrains primitifs, tels que le granite, le gneiss, le mica schistoïde et le schiste d'ancienne formation; soit des terrains de transition; soit enfin des terrains secondaires, et dans ce cas il traverse la chaux carbonatée la plus ancienne relativement à cette formation. On le trouve à Wittichen, en Souabe, dans le même granite qui renferme la chaux arseniatée; à Sainte-Marie-aux-Mines et à Allemont en France, en cristaux cubo-octaèdres, engagés dans une chaux carbonatée grano-lamellaire; à Scuterud, en Norwége, avec bismuth natif

et chaux carbonatée ferro-manganésifère; à Bieber
dans le Hanau, avec le nickel arsenical et la baryte
sulfatée. En Saxe, à Schnéeberg, le cobalt arsenical
pseudomorphique, sur le cobalt arsenical mêlé de
nickel, adhère à un quarz agate grossier, dont les
cavités sont garnies de petits cristaux de quarz
hyalin.

Le cobalt arsenical est encore une des substances
métalliques dont la composition chimique semble
laisser quelque chose à désirer, surtout lorsqu'on
la compare à celle de l'espèce suivante, le cobalt
gris. Ce qui la distingue jusqu'ici de cette dernière,
au moins sous le rapport minéralogique, c'est surtout son tissu granuleux sans indices de lames,
tandis que le cobalt gris est un des minéraux dont
la structure soit le plus sensiblement lamelleuse;
mais comme la forme primitive est la même de part
et d'autre, on désirerait une ligne de démarcation
qui fît ressortir encore plus nettement la distinction entre les deux substances, si elles sont essentiellement de nature différente.

Les auteurs des méthodes publiées dans les pays
étrangers non-seulement ne doutent pas que le
cobalt gris ne soit une espèce à part, mais ils ont
séparé en deux espèces les corps que je regarde
comme de simples variétés de celle qui nous occupe.
L'une est le weisser speiskobalt, ou le cobalt blanc,
qui comprend tous les cristaux ou les masses informes d'un blanc argentin; l'autre est le grauer

speisskobalt, à laquelle appartiennent les masses
d'une couleur grise. Il paraît que ces masses sont
moins pures et moins homogènes que les corps qui
se rapportent au cobalt blanc; elles varient par
des teintes, les unes plus claires, les autres plus
sombres, d'où résulte une de ces gradations qui
servent à lier les extrêmes et font disparaître la
ligne de séparation; et ce qui semble fournir une
nouvelle preuve en faveur de mon opinion, c'est
que l'on voit le cobalt d'un blanc argentin passer
au gris-noirâtre, et que certains morceaux présentent la réunion du cobalt blanc radié avec la
variété grise amorphe, en sorte que celle-ci semble
avoir passé à l'autre, en acquérant un degré de
pureté qui a favorisé la réunion des molécules sous
une forme voisine de la cristallisation régulière.

SECONDE ESPÈCE.

COBALT GRIS.

(*Glanzkobalt*, W.)

Caractères spécifiques.

Caract. géomét. Forme primitive : le cube. Caractère auxiliaire : tissu très lamelleux; odeur d'ail
par l'action du feu.

Les joints naturels sont très nets et répandent
un vif éclat. Peu de substances ont le tissu plus
sensiblement lamelleux.

Molécule intégrante : *idem*.

Caract. phys. Pes. spécif. 6,339...6,4509.

Dureté. Étincelant souvent par le choc du briquet.

Odeur d'ail par l'étincelle.

Couleur. Le blanc d'étain nuancé de jaunâtre.

Caract. chim. Soluble dans l'acide nitrique. Donnant une odeur d'ail par l'action du chalumeau.

Fondu avec le verre de borax, il lui communique une belle couleur bleue.

Analyse du cobalt de Tunaberg, par Klaproth (Beyt., t. II, p. 307):

Cobalt	44,0
Arsenic	55,5
Soufre	0,5
	100,0.

De la même substance, par Tassaert (Annales de Chimie , n° 82, an 7):

Arsenic	49,00
Cobalt	36,66
Fer	5,66
Soufre	6,50
Perte	2,18
	100,00.

Du cobalt gris de Skuterud en Norwége, par Stromeyer :

Arsenic   43,47
Cobalt   33,10
Soufre   20,08
Fer   3,23
____
100,00.

Caract. distinct. 1°. Entre le cobalt gris et le cobalt arsenical. Celui-ci présente dans tous les sens une cassure granuleuse; l'autre a le tissu très sensiblement lamelleux. Le cobalt gris, exposé à la simple flamme d'une bougie, ne donne point d'odeur d'ail sensible comme le cobalt arsenical. Sa pesanteur spécifique est moindre, dans le rapport de 4 à 5. 2°. Entre le même et le fer sulfuré. La couleur du fer sulfuré est le jaune de bronze, et celle du cobalt gris le blanc légèrement grisâtre. Le premier a le tissu beaucoup moins lamelleux. Il ne donne point d'odeur d'ail par le choc du briquet, ni par l'action du chalumeau. 3°. Entre le même et le fer arsenical. Celui-ci a la cassure raboteuse à grain serré; l'autre a une structure très lamelleuse. Les formes du fer arsenical dérivent d'un prisme à bases rhombes; celles du cobalt gris se rapportent à un noyau cubique que l'on peut facilement extraire par la division mécanique. 4°. Entre le même et l'antimoine natif. Celui-ci n'étincelle point par le choc du briquet, comme cela a souvent lieu pour l'autre. Ses fractures présentent des lames diversement inclinées entre elles; dans le cobalt elles sont toujours perpendiculaires l'une sur l'autre. Au chalumeau, l'antimoine se volatilise, et le cobalt reste fixe, à la réserve du soufre et de l'arsenic qui s'échappent.

VARIÉTÉS.

Formes déterminables.

1. Cobalt gris *primitif.*
2. *Octaèdre.*
3. *Dodécaèdre.* Analogue à la variété de fer sulfuré de même nom.
4. *Icosaèdre.*
5. *Cubo-icosaèdre.*

Indéterminable.

Cobalt gris *massif.*

Annotations.

Les seuls cristaux de cobalt gris dont le gissement soit bien avéré, sont ceux de la mine de Tunaberg en Suède, où ils sont accompagnés de cuivre pyriteux, et ont pour gangue une chaux carbonatée lamellaire; la présence du cuivre pyriteux indique l'ancienneté de leur formation.

Il n'est aucune substance métallique qui offre des cristaux plus remarquables que ceux qui appartiennent à celle-ci, soit par la netteté et par la diversité des formes, soit par la beauté du poli, soit par la grandeur du volume. Un grand nombre ont, de plus, le mérite d'être complets, en sorte que la cristallisation, en les produisant d'une manière isolée, semble n'avoir rien oublié de ce qui pouvait les rendre intéressans. Le cobalt gris n'a de rival, sous ce rapport, que le fer sulfuré. Mais ce qui paraît singulier, c'est que cette rivalité ne se borne pas aux qualités d'où dépend, en général, la beauté et la perfection des cristaux ; elle s'étend jusqu'à la ressemblance parfaite des formes, jusqu'aux stries qui sillonnent les faces du cube, suivant trois directions perpendiculaires entre elles ; en un mot, jusqu'aux nuances les plus légères. On est étonné de voir la cristallisation se répéter avec la plus scrupuleuse exactitude, dans deux espèces entre lesquelles l'analyse démontre une différence très sensible.

On aurait pu d'abord être tenté de croire que l'identité de forme dont je viens de parler, serait due à une certaine quantité de fer sulfuré, dont les principes auraient été empruntés au cuivre pyriteux qui accompagne le cobalt gris, en sorte que le fer sulfuré, en se mêlant à ce dernier minéral, lui aurait imprimé le caractère de sa propre cristallisation. Effectivement, MM. Tassaërt et Stromeyer ont trouvé dans le cobalt gris du fer et du soufre ; mais l'ensemble de ces deux principes donne une quantité très inférieure à la quantité de cobalt jointe à l'arsenic, en sorte que l'on paraîtrait accorder à la cristallisation une puissance au-dessus de ses moyens, en supposant qu'une partie qui ne serait qu'un huitième de la totalité, fût capable de maîtriser tout le reste.

Après tout, la théorie relative à la structure des cristaux n'est point intéressée dans la discussion présente, parce que le cube étant une des formes qui donnent des limites, est susceptible de se rencontrer avec des modifications semblables, dans des substances de diverse nature.

Le cobalt gris est une des mines de ce métal, les plus recherchées pour la préparation du bleu d'azur employé dans la coloration de la porcelaine.

TROISIÈME ESPÈCE.

COBALT OXIDÉ NOIR.

(*Schwarzer erdkobalt*, W.)

Caractères distinctifs.

Couleur d'un noir-bleuâtre. Colorant en bleu le verre de borax. La plupart des morceaux deviennent éclatans aux endroits où l'on a fait passer avec frottement un corps dur et uni.

Le cobalt oxidé noir est distingué des autres substances de la même couleur, telles que l'argent noir, le manganèse oxidé terreux, etc., par la propriété qu'il a de communiquer au verre de borax une belle couleur bleue. Le manganèse le colore en violet.

VARIÉTÉS.

1. Cobalt oxidé noir *mamelonné.* Adhérent à la chaux carbonatée et au cuivre carbonaté bleu.

2. *Massif*.

3. *Ferrifère*, brun ou jaunâtre. Un fragment agit sur l'aiguille aimantée, après avoir été exposé à la flamme d'une bougie.

Annotations.

Selon M. Proust, qui admet, relativement au cobalt, deux degrés d'oxidation, la substance dont il s'agit est l'oxide de cobalt au *maximum ;* celui qui n'est qu'au *minimum* se distingue de l'autre par sa couleur grise.

A l'égard des morceaux qui sont bruns ou jaunes, et dont les minéralogistes étrangers ont fait des espèces séparées, il paraît qu'ils ne sont autre chose que de l'oxide noir, dont un mélange de fer a modifié la teinte ; la présence de ce dernier métal s'annonce par l'action sur l'aiguille aimantée, lorsque le fragment a été chauffé, et ces morceaux prennent aussi de l'éclat par le poli.

On trouve le cobalt oxidé noir à Kitzbüchel dans le Tyrol ; à Saalfeld en Thuringe ; à Freydenstadt dans le duché de Würtemberg ; à Schnéeberg en Saxe, etc. En le brisant, on observe quelquefois à l'intérieur des taches rougeâtres de cobalt arseniaté.

Un des meilleurs caractères pour reconnaître cette mine, lorsqu'il existe, est le brillant qui paraît à la surface, lorsqu'on l'a frottée avec un corps dur et lisse, tel qu'une lame de couteau. J'ai vu cet effet d'une manière très sensible, sur des morceaux de

cobalt oxidé, les uns mamelonnés, les autres terreux, qui m'ont été donnés par M. Codon, pen-
sionnaire de la cour d'Espagne, et que ce savant
avait rapportés de Saalfeld en Thuringe.

Le cobalt oxidé noir, dans l'état de pureté, est
fort recherché, en ce qu'il se trouve comme tout
préparé par la nature, pour fournir un beau bleu
de smalt, au moyen de sa fusion avec une matière
siliceuse.

QUATRIÈME ESPÈCE.

COBALT ARSENIATÉ.

ARSENIATE DE COBALT DES CHIMISTES.

(*Rother erdkobalt*, W. *Kobaltblüthe*, K.)

Caractère essentiel. Rouge mêlé de violet. Colorant en bleu le verre de borax.

Caract. phys. Couleur ; rouge-violet, tirant sur
la couleur de lie de vin, lorsqu'il est vif, et sur
celle des fleurs de pêcher, lorsqu'il a peu d'intensité.

Poussière obtenue par la trituration. Sa couleur
est semblable à celle de la masse.

Caract. chim. Exposé au chalumeau avec le verre
de borax, il colore celui-ci en bleu.

Caract. distinct. 1°. Entre le cobalt arseniaté aciculaire et l'antimoine oxidé sulfuré. Celui-ci est d'un
rouge sombre, et sous la forme de filamens plus
longs et plus déliés ; il ne colore point en bleu le
verre de borax. 2°. Entre le même et le cuivre oxi-

dulé capillaire. Celui-ci est d'un rouge plus vif, et
a un luisant qui manque à l'autre ; il forme, au
lieu d'aiguilles, des filamens capillaires très déliés ;
il ne colore point en bleu le verre de borax. 3°. Entre
le même à l'état pulvérulent, et le fer oligiste rouge,
le mercure sulfuré, etc., sous la même forme. La
couleur de ceux-ci ne tire point sur le rouge de
fleur de pêcher, comme celle du cobalt. Même différence par l'union avec le borax, au chalumeau.

VARIÉTÉS.

Formes.

1. Cobalt arseniaté *aciculaire*. Kobaltblüthe, W.
Strahlige kobaltblüthe, K. En aiguilles souvent divergentes, qui partent d'un centre commun et
forment de jolies rosettes à la surface de la gangue.
Romé de l'Isle a cru reconnaître que ces aiguilles
étaient des prismes hexaèdres terminés par des sommets à faces obliques. On a cité encore d'autres
formes que présentent celles de ces aiguilles qui ap-
prochent le plus d'une cristallisation régulière, et
entre autres la forme d'un prisme quadrangulaire terminé par des sommets à deux ou à quatre faces.
Mais je n'ai pu vérifier ces observations.

Concrétionné. En couches dont l'intérieur est
strié. La couleur de cette variété et de la précédente
tire sur le rouge de lie de vin.

Terreux ou *pulvérulent*. La couleur de cette variété approche davantage du rouge de fleur de pêcher.

APPENDICE.

Cobalt arseniaté *terreux argentifère*, vulgairement *mine d'argent merde-d'oie.*

Il existe des masses terreuses, composées de cobalt arseniaté, de cobalt oxidé noir, de nickel oxidé, et quelquefois de terre ferrugineuse, qui contiennent une certaine quantité d'argent. La diversité des teintes de rouge, de verdâtre, de brun, etc., que présentent ces masses, les a fait comparer à la fiente d'oie, ce qui leur a valu un nom qui déshonore la nomenclature. Au fond, ce mélange ne mériterait guère d'être cité, si les mineurs n'y avaient attaché de l'importance, en le considérant comme mine d'argent, dans les endroits où ce métal y est en proportion sensible, comme à Schemnitz en Hongrie, et à Allemont en France, où, selon les expériences de M. Schreiber, la quantité d'argent est quelquefois de 13 parties sur 100.

Annotations.

Les gissemens du cobalt arseniaté sont liés, soit à ceux du cobalt oxidé, soit à ceux du cobalt arsenical. L'observation de certains morceaux de ce dernier indique que le cobalt arseniaté provient de sa décomposition, pendant laquelle le cobalt et l'arsenic, en s'emparant de l'oxigène de l'air, ont passé.

l'un à l'état de cobalt oxidé, l'autre à celui d'acide arsenique. J'ai dans ma collection un morceau de cobalt arsenical amorphe, à la surface duquel le cobalt arseniaté est disséminé sous une forme terreuse. Un autre était originairement couvert de mamelons qui se sont convertis en cobalt arseniaté, au moins en grande partie; car lorsqu'on les brise on voit que l'altération a pénétré dans l'intérieur. Il est probable que le cobalt arsenical produit par cette voie a été entraîné par les eaux, qui l'auront déposé, soit sous une forme pulvérulente, soit même sous la forme d'aiguilles cristallines, à la surface de différentes pierres. On peut rapporter à cette formation les cristaux aciculaires qui reposent sur le quarz hyalin; et ces concrétions qui se sont déposées sous la forme d'incrustation à la surface et dans les cavités du tuf qui provient de Bieber en Hanau, où l'on trouve les beaux cristaux de cobalt arsenical triforme.

Si, par l'effet de quelque circonstance, l'acide arsenique s'est dégagé du cobalt arseniaté, celui-ci se sera converti en cobalt oxidé noir. Cette conséquence paraît résulter de ce que les deux substances dont il s'agit sont souvent réunies et quelquefois comme empâtées l'une dans l'autre. C'est ainsi qu'on les rencontre à Schnéeberg en Saxe, et à Rhein-breitenbrun en Hesse.

Le cobalt oxidé noir qui vient de Saalfeld en Thuringe, n'offre aucun indice de cobalt arseniaté (au moins dans les morceaux que j'ai observés); il se pourrait qu'il eût été déposé immédiatement dans ce même état à la surface des matières qui lui servent de gangue, et qui sont ordinairement le fer carbonaté, la chaux carbonatée compacte et le cuivre carbonaté bleu.

J'ai dit qu'on pouvait attribuer la formation du cobalt arseniaté à la décomposition du cobalt arsenical; et ce qui paraît confirmer cette opinion, c'est que le cobalt arsenical, exposé à l'action de l'air et de l'humidité, se couvre d'une efflorescence rougeâtre qui a tous les caractères du cobalt arseniaté. On parvient même à imiter artificiellement cette dernière substance, en faisant dissoudre du cobalt arsenical dans l'acide nitrique bouillant. Cet acide, en se décomposant, fournit de l'oxigène et à l'arsenic qui s'acidifie, et au cobalt qui s'oxide.

NEUVIÈME GENRE.

ARSENIC.

(*Arsenik*, W. *et* K.)

PREMIÈRE ESPÈCE.

ARSENIC NATIF.

(*Gediegen arsenik*, W. *et* K.)

Caractères spécifiques.

Caract. essentiel. Gris d'acier; susceptible de se ternir facilement par l'action de l'air. Odeur d'ail par l'action du feu.

Caract. phys. Pesant. spécif. 5,7633. Celle de l'arsenic fondu, suivant Bergmann, est de 8,308. Si les expériences étaient exactes, ce serait un exemple singulier de l'augmentation de densité qu'un métal pourrait acquérir, par le rapprochement de ses molécules, à l'aide de la fusion.

Consistance. Très cassant.

Eclat. Lorsque sa cassure est fraîche ou qu'il a été récemment limé, il présente à peu près l'éclat du fer; quelquefois même il est plus blanc; mais cet éclat se ternit promptement pour faire place à une teinte sombre de noir-grisâtre, qui est la couleur ordinaire des morceaux de cette substance.

Caract. chim. Répandant une forte odeur d'ail par l'action du feu.

Caract. distinct. L'arsenic est facile à distinguer du fer, du schéelin ferruginé ou wolfram, et des autres substances métalliques avec lesquelles on pourrait être tenté de le confondre, par la facilité qu'il a de se ternir à l'air et par l'odeur d'ail qui s'en dégage lorsqu'on le chauffe.

VARIÉTÉS.

Formes indéterminables.

1. Arsenic natif *lamellaire.*

2. *Tuberculeux-testacé.* En tubercules composés de couches concentriques; ils renferment souvent un noyau d'argent antimonié sulfuré.

3. *Bacillaire.*

4. *Aciculaire subradié.*

5. *Globuliforme.* En Transylvanie, où il est associé à la chaux carbonatée manganésifère rose.

6. *Massif.* Sa fracture récente présente une multitude de petites écailles qui ont des reflets comme satinés, lorsqu'on la fait mouvoir à la lumière.

Annotations.

L'arsenic natif est le plus souvent associé à d'autres substances métalliques. Il accompagne, suivant les lieux, le cuivre gris, l'argent antimonié sulfuré, le plomb sulfuré, le fer carbonaté, le cobalt arsenical, et quelques autres métaux. Parmi les matières pierreuses qui servent de gangue à l'arsenic, je citerai la chaux carbonatée, le spath perlé, la baryte sulfatée et le quarz.

La Saxe, la Bohême, le Hartz, la Souabe et la France, à Sainte-Marie-aux-Mines, sont les principales localités qui renferment de l'arsenic natif.

L'arsenic fondu forme des masses qui paraissent composées d'aiguilles prismatiques lamelleuses. D'après l'observation de Romé de l'Isle, que l'arsenic sublimé, en reprenant l'éclat métallique, produit des octaèdres réguliers, ce qui est aussi la forme de l'oxide, la division mécanique des masses dont il s'agit devrait conduire à cet octaèdre; mais c'est ce que je n'ai point encore vérifié, et ce qui aurait d'autant plus besoin de l'être, que la forme de ces aiguilles semble écarter l'idée de l'octaèdre régulier.

Un des meilleurs caractères pour reconnaître la présence de l'arsenic dans quelques-unes des mines qui le renferment, comme le cobalt arsenical et le fer arsenical, est la vapeur que dégage l'étincelle produite, par le choc du briquet, sur les morceaux que l'on veut essayer, et qui est accompagnée d'une odeur d'ail très sensible. Cette vapeur est si peu de chose, qu'il ne peut en résulter aucun inconvénient pour la santé.

Mais les mineurs exposés continuellement à des vapeurs abondantes d'arsenic, surtout dans le travail des mines de cobalt, ne se ressentent que trop de son influence pernicieuse; et à prendre la chose en général, quelle différence entre la position du mineur condamné à fouiller dans les entrailles de la terre, et celle de l'agriculteur, dont le travail a pour objet les productions qui en ornent la surface! Les ateliers de celui-ci sont les prés, les champs, les vergers et tout ce que la nature a de plus riant et de plus salubre; mais, pour l'autre, le printemps n'a pas de fleurs; une clarté lugubre lui tient lieu de la lumière du soleil; l'air qu'il respire se mêle à des émanations malfaisantes, à la poussière des pierres qui servent de gangues aux métaux. Enseveli dans des cavités qui sont l'image d'un tombeau, il est environné de dangers qui hâtent pour lui le moment où cette image fera place à la réalité.

Les minéralogistes, en partageant les avantages que l'art des mines procure à la société, lui sont encore redevables d'une grande partie des objets qui enrichissent leurs collections, et c'est un motif de plus qu'ils ont pour apprécier les sacrifices du mineur et pour lui accorder dans leur estime le rang que sollicitent ses services.

L'arsenic à l'état métallique est beaucoup moins employé dans les arts que celui qui est à l'état d'oxide ou de sulfure. En faisant fondre l'arsenic métallique avec le cuivre à parties égales, on obtient un alliage auquel on a donné le nom de *cuivre blanc*. La couleur du cuivre prédomine presque toujours dans le résultat de cette fusion ; mais lorsqu'on la répète à quatre ou cinq reprises, l'alliage devient presque aussi blanc que l'argent. Si on l'expose ensuite à une chaleur capable de dégager une grande partie de l'arsenic, l'alliage d'aigre et de cassant qu'il était d'abord, prend de la ductilité sans perdre sa couleur.

J'ai déjà fait remarquer, à l'occasion du cuivre gris et du fer arsenical, que l'arsenic a la propriété de blanchir les métaux avec lesquels il s'unit. Le fait que je viens de citer en offre un nouvel exemple.

On fabrique en Allemagne avec l'alliage de cuivre et d'arsenic, amené à un certain degré de ductilité, des chandeliers et différens objets d'utilité ou d'agrément. M. Chaptal, dans sa Chimie appliquée aux arts, comprend les cafetières dans l'énumération qu'il fait des usages du cuivre blanc; mais, selon M. Klaproth, le mot de *cafetières* est ici de trop, et ce célèbre chimiste avertit, dans son Dictionnaire de Chimie, qu'il faut bien se garder d'employer le cuivre blanc pour des objets qui servent à l'économie animale. Le cuivre, quand il est seul et sans étamage, est déjà dangereux par lui-même; et que penser du cuivre étamé avec l'arsenic?

Ce que l'on appelle *poudre à mouches* dans le commerce est de l'arsenic natif pulvérisé, dont on fait, surtout dans les campagnes, un usage que la prudence devrait interdire, en le mêlant à l'eau dont on remplit une assiette pour se débarrasser des mouches importunes et qui périssent aussitôt qu'elles ont bu de cette eau.

SECONDE ESPÈCE.

ARSENIC OXIDÉ.

(Arsenikblüthe, W. *et* K.)

Caractères spécifiques.

Caract. géomét. Forme primitive : l'octaèdre régulier.

Caract. auxiliaire. Couleur blanche : odeur d'ail par l'action du feu.

Caract. phys. Pesant. spécif. 3,706.....5, suivant de Born.

Couleur. Blanche.

Caract. chim. Soluble dans l'eau; volatile par le feu, en répandant une odeur d'ail. Traité par le chalumeau sur un charbon, il couvre celui-ci d'un enduit blanc qui passe au noir, si l'on y fait tomber le cône intérieur de la flamme.

Caract. distinct. 1°. Entre l'arsenic oxidé et la chaux arseniatée. Celle-ci n'est point soluble dans l'eau comme l'arsenic oxidé; traitée par le chalumeau, elle laisse un résidu, qui est la chaux, au lieu que l'arsenic oxidé se volatilise en entier. 2°. L'arsenic oxidé est suffisamment distingué des autres substances blanches, avec lesquelles il a des rapports extérieurs, telles que la chaux carbonatée pulvérulente, l'oxide blanc d'antimoine, etc., par la forte odeur qu'il exhale lorsqu'on l'expose à l'action du feu; on peut encore éviter de le confondre avec l'antimoine, en ce que la poussière blanche dont celui-ci tapisse le charbon, par l'action du chalumeau, conserve sa couleur lorsqu'on y porte le cône intérieur de la flamme.

VARIÉTÉS.

1. Arsenic oxidé *primitif*. Il ne paraît pas qu'on l'ait encore rencontré dans la nature. J'en ai vu des cristaux très parfaits obtenus artificiellement par M. Launoy.

2. *Granulaire*.

3. *Aciculaire*. En aiguilles ordinairement divergentes.

4. *Pulvérulent*.

Annotations.

L'arsenic oxidé ne se rencontre que rarement et en petite quantité dans la nature. Les mines à la surface desquelles il adhère, ou dont il est voisin, sont l'arsenic natif et le cobalt arsenical ou arseniaté. Il paraît que l'on a confondu avec lui la chaux arseniatée, avant que MM. Selb et Klaproth eussent fait connaître la véritable composition de cette dernière substance. L'oxide d'arsenic, tel qu'on le trouve dans le commerce, s'obtient accidentellement par le traitement des mines où ce métal est uni à un autre, tel que le cobalt, qui est l'objet direct de l'exploitation.

Lorsque l'on parle d'arsenic en Chimie ou en Minéralogie, sans ajouter aucune épithète, on entend par ce mot le métal natif ou à l'état vraiment métallique; mais, dans le langage vulgaire, on désigne, par le mot d'*arsenic*, l'oxide blanc du même métal. Cet oxide, comme je l'ai dit, est rare dans la nature; il ne paraît pas que l'art de l'obtenir, en traitant les mines qui le renferment, ait été connu des anciens, et nous n'avons pas lieu de nous féliciter de cette découverte; car c'est dans cet état d'oxide blanc que l'arsenic est surtout dangereux.

C'est dans cet état que l'arsenic a occasionné tant de méprises funestes et a servi tant de fois d'instrument au crime, et nous devons ajouter ici, avec le célèbre Buffon, que c'est le travail de l'homme qui lui fait prendre cette forme, sous laquelle il devient un poison violent et un moyen certain de destruction. La nature ne nous le présente ordinairement que dans un état où ses qualités pernicieuses ne sont pas développées, où elles sont comme enchaînées par l'affinité d'un ou plusieurs principes additionnels.

L'arsenic, quoiqu'il soit un poison terrible, ne laisse pas d'être employé dans les arts. Il est devenu même une branche de commerce en Saxe, en Bohême et dans quelques autres pays, où on le débite sous la forme d'oxide vitreux. Les teinturiers font usage de cet oxide en l'employant comme mordant. On l'ajoute quelquefois à la matière du verre pour la rendre plus fusible et obtenir un verre plus blanc.

TROISIÈME ESPÈCE.

ARSENIC SULFURÉ.

(*Rauschgelb*, W.)

Caractères spécifiques.

Caract. géomét. Forme primitive : prisme rhomboïdal oblique (fig. 284, pl. 114), dans lequel l'incidence de P sur l'arête H est de $114^{d} 6'$, celle de

M sur M de 72^d 18′, et celle de M sur la face de retour, de 107^d 42′. La ligne menée de l'extrémité supérieure de l'arête H sur l'extrémité inférieure de l'arête opposée, est perpendiculaire sur l'une et l'autre, conformément à ce que donne en général la théorie pour toutes les formes primitives du même genre que celle-ci. Les joints naturels situés parallèlement aux différentes faces du prisme sont très nets, surtout ceux qui répondent aux bases P. Le prisme se sous-divise dans le sens de deux plans qui passent par les diagonales des bases; la division qui répond à la petite diagonale a aussi beaucoup de netteté; l'autre est moins sensible (*).

Caract. phys. Pesant. spécif. de la variété rouge, 3,338....; de la variété jaune, 3,452.

Dureté. Facile à rayer avec la pointe d'un corps dur.

Les morceaux de la variété rouge sont fragiles; la variété jaune réduite en lames minces est un peu flexible.

Couleur de la poussière. Celle de la variété jaune conserve la même couleur qui seulement est plus claire; celle de la variété rouge est d'une couleur orangée.

Couleur de la masse. Les extrêmes sont le rouge-

(*) La grande diagonale de la coupe transversale est à la petite :: $\sqrt{15}$: $\sqrt{8}$; et la même grande diagonale est à l'arête H :: $\sqrt{5}$: 1.

aurore et le jaune-citrin ; il y a des nuances intermédiaires qui sont le jaune d'or et le jaune-orangé.

Électricité. Acquérant l'électricité résineuse par le frottement.

Éclat. Acquérant, à l'aide du poli, un éclat demi-métallique.

Caract. chim. Volatile par l'action du chalumeau, en répandant une odeur d'ail.

La variété rouge perd sa couleur dans l'acide nitrique.

Analyse de l'arsenic sulfuré rouge de Pouzzoles, par Bergmann :

$$
\begin{array}{lr}
\text{Arsenic} & 90 \\
\text{Soufre} & 10 \\
\hline
& 100.
\end{array}
$$

De l'arsenic sulfuré rouge du commerce, par Thenard (Journal de Physique, janvier 1807, p. 25) :

$$
\begin{array}{lr}
\text{Arsenic métallique} & 75 \\
\text{Soufre} & 25 \\
\hline
& 100.
\end{array}
$$

De l'arsenic sulfuré jaune, par le même (*ibid.*) :

$$
\begin{array}{lr}
\text{Arsenic métallique} & 57 \\
\text{Soufre} & 43 \\
\hline
& 100.
\end{array}
$$

Caract. distinc. 1° Entre l'arsenic sulfuré rouge

et l'argent antimonié sulfuré, dit *argent rouge*. La poussière de celui-ci est rouge; celle du réalgar est orangée. L'argent rouge a une pesanteur spécifique plus grande, dans le rapport de 5 à 3. Tenu entre les doigts et frotté, il ne s'électrise point, tandis que le réalgar, dans le même cas, acquiert l'électricité résineuse. Au chalumeau, l'argent rouge est réductible, et le réalgar volatile en entier. 2°. Entre le même et le plomb chromaté. La pesanteur spécifique de celui-ci est plus forte, dans le rapport de 9 à 4. Il offre la même différence que l'argent rouge, relativement à l'électricité. Il se réduit au chalumeau, au lieu de s'y volatiliser. 3°. Entre l'arsenic sulfuré jaune et le mica jaune. La poussière de celui-ci est grise; celle de l'arsenic sulfuré est jaune. Le mica acquiert l'électricité vitrée par le frottement, et l'arsenic sulfuré l'électricité résineuse; le mica se fond en émail, sans odeur; l'arsenic sulfuré se volatilise en grande partie au feu, en répandant une odeur de soufre et d'ail. 4°. Entre le même et le soufre natif. Celui-ci n'a point, comme l'arsenic sulfuré, un tissu très sensiblement lamelleux, ni une surface d'un beau luisant: il ne répand point d'odeur d'ail, comme lui, par l'action du feu; il s'enflamme par le simple contact avec un corps embrasé, ce que ne fait pas l'arsenic sulfuré.

Je sous-divise, avec la plupart des minéralogistes, l'ensemble des variétés d'arsenic sulfuré en deux sous-espèces, dont l'une comprend celles de couleur rouge, qu'on nomme vulgairement *réalgar* (Rothes Rauschgelb, W.), et la seconde les variétés d'un jaune citrin, appelées *orpiment* (Gelbes Rauschgelb, W.)

VARIÉTÉS.

FORMES DÉTERMINABLES.

Quantités composantes des signes représentatifs.

$$\mathrm{MP}\overset{\frac{2}{1}\,\frac{1}{1}\,\frac{1}{1}\,\frac{3}{3}}{ABBE}\,{}^1G^1\,{}^1H^1\,{}^3H^3.$$
$$\underset{\mathrm{MP}\;x\;s\;n\quad r\quad o\quad l}{}$$

Combinaisons deux à deux.

1. Arsenic sulfuré *primitif.* MP (fig. 284). Observé par M. de Monteiro.

Cinq à cinq.

2. *Octodécimal.* $\mathrm{M^3H^3P}\overset{2\frac{1}{2}}{EB}$ (fig. 285).
$$\underset{\mathrm{M}\;l\;\;\mathrm{P}\,n\,s}{}$$

Six à six.

3. *Bisdécimal.* ${}^1G^1M^3H^3P\overset{2\frac{1}{2}}{EB}$ (fig. 286).
$$\underset{r\;\mathrm{M}\;l\;\;\mathrm{P}\,n\,s}{}$$

Sept à sept.

4. *Octoduodécimal.* ${}^1G^1M^3H^3\,{}^1H^1P\overset{\frac{2}{1}\frac{3}{2}}{AB}$ (fig. 287).
$$\underset{r\;\mathrm{M}\;l\;\;o\;\mathrm{P}\,n\,s}{}$$

N. B. Nous avons observé, M. de Monteiro et moi, d'autres variétés distinguées des précédentes

par des facettes particulières, qui étaient trop petites
pour se prêter aux applications de la théorie; mais
leurs positions tendaient toutes à prouver que le
prisme rhomboïdal était le véritable type d'après lequel la cristallisation avait travaillé.

Formes indéterminables.

Arsenic sulfuré *bacillaire*, rouge.
Laminaire.
a. Rouge.
b. Jaune.
Sublaminaire. Jaune.
Concrétionné-globuliforme. Jaune, avec mélange
de rouge.
Compacte. Rouge.

Annotations.

L'arsenic sulfuré a eu deux origines différentes,
dont l'une est due à l'action d'un liquide, et l'autre
à celle de la chaleur. Selon les observations des géologues, celui qui a été produit par la voie humide
appartient à deux sortes de terrains, distingués par
les époques auxquelles répond leur formation : les
variétés d'une couleur rouge, connues sous le nom
de *réalgar*, se trouvent principalement dans les terrains primitifs, où elles accompagnent tantôt l'arsenic natif, tantôt diverses autres substances métalliques, parmi lesquelles je citerai le cuivre gris et le

fer sulfuré, engagés dans la dolomie du Saint-Gothard.

La formation des variétés d'une couleur jaune paraît être d'une date plus récente. On les trouve dans des terrains secondaires, où elles sont accompagnées d'argile, de quarz et autres substances pierreuses.

Dans l'argile bleuâtre de Neustadt, en Hongrie, on voit un mélange des deux substances, qui a également lieu dans d'autres localités.

L'arsenic sulfuré jaune sublaminaire a aussi pour gangue une argile.

La baryte sulfatée que l'on trouve à Offenbanya en Transylvanie, y est quelquefois colorée par l'arsenic sulfuré jaune.

L'arsenic sulfuré, dont l'origine est due à l'action de la chaleur, a été produit par la sublimation, sous la forme de petits cristaux rouges, près des cratéres de différens volcans; tel est celui qu'on trouve à la Solfatarre près de Naples, à l'Etna et à la Guadeloupe.

L'arsenic sulfuré nous offre une nouvelle preuve d'une vérité déjà établie par tant d'autres faits; savoir: que les progrès de la science minéralogique sont étroitement liés à ceux de la Cristallographie, et que les seules connaissances solides et durables auxquelles puisse nous conduire l'étude des minéraux, sont celles qui portent ce caractère de rigueur et de précision que la Géométrie imprime à tout ce qu'elle touche.

A l'époque où j'ai publié mon Tableau comparatif, nous n'avions encore que des descriptions vagues et imparfaites des formes que présente l'arsenic sulfuré. Romé de l'Isle, dans son Essai de Cristallographie, avait indiqué une de ces formes, comme étant celle d'un prisme hexaèdre terminé par des sommets dièdres à plans pentagones; mais dans la Cristallographie, dont le premier ouvrage n'avait été que l'ébauche, il expose une autre opinion d'après laquelle les formes de l'arsenic sulfuré ne seraient autre chose que des modifications d'un octaèdre rhomboïdal, semblable à celui du soufre. Selon lui, cet octaèdre était modifié par un prisme intermédiaire entre les deux pyramides; et effectivement il existe une variété de soufre que j'ai nommée *émoussée*, et qui présente cette modification. Tel est le type auquel Romé de l'Isle rapportait les variétés de l'arsenic sulfuré. Il avait été sans doute trompé par la petitesse et par l'imperfection des cristaux qu'il avait entre les mains. Des formes mal prononcées peuvent en imposer même à un observateur habile. On pourrait les comparer à certains nuages dans lesquels les yeux voyent ce que l'imagination leur montre.

Les descriptions de Romé de l'Isle se rapportaient principalement aux cristaux d'arsenic sulfuré rouge ou de réalgar, qui se trouvent auprès de plusieurs volcans; et l'on sait qu'il existe aussi dans les mêmes endroits des cristaux de soufre pur, qui y ont été produits par la sublimation. D'après l'opinion de Romé de l'Isle, il semble que l'on aurait pu considérer les cristaux de réalgar dont j'ai parlé, comme n'étant autre chose qu'un soufre mélangé d'arsenic en quantité variable, ce qui s'accorderait avec les noms de *soufre rouge* et de *rubis de soufre* que l'on avait donnés aux cristaux dont il s'agit.

N'ayant eu jusqu'alors aucune occasion d'observer des cristaux d'arsenic sulfuré qui eussent des formes prononcées, je m'étais borné à proposer des doutes qui ne pouvaient être éclaircis que par la solution des trois questions suivantes : 1°. La forme primitive de l'arsenic sulfuré, au moins de celui des volcans, est-elle semblable à celle du soufre, ainsi que l'avait présumé Romé de l'Isle ? 2°. L'arsenic sulfuré rouge produit par la voie humide, est-il le même que celui des volcans ? 3°. L'arsenic sulfuré rouge et le jaune, connus sous les noms de *réalgar* et d'*orpiment*, appartiennent-ils à une même espèce ?

C'est à M. de Monteiro que je suis redevable des observations qui m'ont conduit aux résultats à l'aide desquels je crois être parvenu à résoudre les questions proposées. Ayant examiné avec beaucoup d'attention, et avec la sagacité qui le caractérise, des cristaux d'arsenic sulfuré rouge qui faisaient partie de différentes collections, et entre autres de celle du savant M. Neergaard, M. de Monteiro découvrit dans l'aspect des formes que présentaient ces cristaux, l'empreinte évidente d'un prisme rhomboïdal oblique, du genre de ceux qu'offrent les formes pri-

mitives du pyroxène et de l'amphibole. Il remarqua
que ce prisme était modifié par des facettes dont les
unes remplaçaient des angles solides et les autres des
arêtes ; et en appliquant ici le principe que les
parties d'une forme primitive qui sont dans le même
cas, subissent toujours des décroissemens identiques,
et que celles qui sont dans des cas différens ne sont
pas soumises à la même symétrie, il acheva de se con-
vaincre que les formes des cristaux dont il s'agit
dépendaient d'un système tout particulier de cristallisation, qui avait pour type le prisme rhomboïdal
dont j'ai parlé.

M. de Monteiro ayant eu la complaisance de me
communiquer les résultats de ses observations, dont il
me mit à portée de prendre une juste idée, en les appliquant à un beau groupe de cristaux de Kapnick,
dont M. Chierici venait d'enrichir ma collection, je
voulus l'engager à compléter ces mêmes résultats,
en déterminant à l'aide du calcul, soit les angles et
les dimensions de cette forme primitive dont il avait
si bien saisi les caractères généraux, soit les lois de
décroissemens d'où dérivaient les formes secondaires
qui en dépendaient mais sa modestie se refusa constamment à un travail que ses profondes connaissances en Cristallographie lui eussent rendu si facile.
Je me vis donc obligé de m'en charger, en prenant
pour bases ses importantes observations, et c'est en
partant de ces premières données, que je suis par-

venu à déterminer les lois auxquelles est soumise la structure des cristaux d'arsenic sulfuré rouge.

En comparant les cristaux de Kapnick avec ceux que l'on trouve auprès des volcans, il n'a pas été difficile de démêler dans ceux-ci les traits du même type. Mais il restait à comparer la forme primitive de l'orpiment avec celle du réalgar; et l'extrême rareté des cristaux d'orpiment semblait ne me laisser aucun espoir de m'en procurer, lorsque M. le docteur Roatsch, qui réunit un goût très éclairé pour l'Histoire naturelle au mérite qui le distingue en qualité de médecin, ayant été informé de mon embarras par M. Chierici, a eu la bonté de faire, en ma faveur, le sacrifice du seul morceau d'orpiment cristallisé qui se trouvât dans sa collection; et quoique les formes des cristaux ne soient pas aussi belles que celles du réalgar, elles en disent assez pour ne laisser aucun lieu de douter que les deux substances n'appartiennent à une même espèce. Un résultat de division mécanique que j'ai obtenu depuis, et qui donne pour l'orpiment une forme primitive semblable à celle du réalgar, offre une nouvelle preuve du rapprochement dont il s'agit.

Ainsi, l'arsenic sulfuré a une forme primitive toute particulière, très distinguée non-seulement de celle du soufre, mais de celles de tous les autres minéraux; et il y a identité, soit entre les cristaux volcaniques et ceux qui ont été produits par l'eau, soit entre l'orpiment et le réalgar, ce qui donne la solution des trois questions proposées.

A l'égard des analyses dont les deux substances ont été le sujet, elles ont donné dans le rapport des deux principes une si grande variation, malgré l'habileté de plusieurs des savans qui les ont faites, que la Chimie ne pouvait répandre aucune lumière sur les questions qu'il s'agissait de résoudre.

Une ancienne expérience de M. Proust, citée par M. Thomson, semblait en dire plus que l'analyse. Le résultat de cette expérience consistait en ce qu'à un degré de chaleur convenable, l'orpiment se fondait, sans émission de gaz; et qu'en se refroidissant, il prenait l'aspect du réalgar (système de Chimie, T. I, p. 421); d'où M. Thomson conclut que les deux composés ne diffèrent que dans leur état d'aggrégation, ou que peut-être l'orpiment contient une petite portion d'eau qu'il perd par la fusion.

Ainsi, dans le passage de l'orpiment au réalgar, les molécules intégrantes, en conservant leur figure et en continuant de se tourner les unes vers les autres par les mêmes *latus* d'affinité, subissent seulement une variation dans leur mode de rapprochement. Il en résulte un changement dans le tissu que la masse présente à la lumière, en sorte que la surface, en partant du jaune-citrin, passe par le jaune d'or et le jaune-orangé, jusqu'à ce qu'elle arrive au rouge-aurore, qui est le dernier terme de la série. Si l'on admet la théorie de Newton, sur la coloration des corps, il faudra concevoir que les particules réfléchissantes augmentent en épaisseur, à mesure que la substance se rapproche du réalgar, puisque le jaune, l'orangé et le rouge répondent successivement à des parties toujours plus épaisses de la lame d'air comprise entre les deux verres que l'on emploie, pour produire le phénomène des anneaux colorés, cette lame étant comme le terme de comparaison auquel se rapportent tous les effets de la lumière réfléchie par les différens corps de la nature.

On emploie l'arsenic sulfuré rouge dans la peinture, après l'avoir broyé en poudre très fine sur le porphyre, ce qui s'appelle *porphyriser*.

Les Chinois se servent de celui qu'on trouve au Japon, en stalactites volumineuses d'un rouge vif, pour faire des pagodes et différens vases d'une forme élégante. Ces vases ne sont pas pour eux de simples objets d'ornement : on dit que quand les Chinois veulent se purger, ils laissent séjourner dans ces vases du jus de citron ou du vinaigre, qu'ils avalent ensuite (*). Ainsi, ils ont le privilége de boire leur guérison dans des coupes empoisonnées.

L'arsenic sulfuré jaune est aussi d'un grand usage dans la peinture, et c'est là sans doute ce qui lui a fait donner le nom d'*auri pigmentum*, qui signifie *peinture d'or*, et d'où celui d'orpiment tire son origine. Wallerius dit que quelques artistes emploient l'orpiment pour faire prendre à certains bois la couleur du buis. Il ajoute que les Turcs et les autres

---

(*) De l'Isle, Cristallogr., t. III, p. 38.

orientaux le font entrer dans les dépilatoires dont ils se servent pour se rendre chauves sur le sommet de la tête, ce qui est chez ces peuples un genre de beauté. Parmi nous, on l'a employé, en l'unissant avec la chaux vive, et en formant de ces substances une pâte, à l'aide d'un mélange de savon, pour faire tomber les poils dont une partie du corps était couverte, contre l'ordre de la nature. (Encyclopédie chirurgic., I, p. 413.) Il paraît que c'était dans une composition du même genre que consistait le secret de certaines gens, qui proposaient de débiter un savon à l'aide duquel on se rasait, en se bornant à s'en frotter le visage. L'annonce de ce moyen a été renouvelée à Paris, il y a quelques années, par un particulier ; mais des savans ayant indiqué en quoi consistait le secret, la mauvaise réputation du rasoir fit tomber tout d'un coup la manufacture.

DIXIÈME GENRE.

MANGANÈSE.

Braunstein, W. *Mangan*, K.

Un minéralogiste, M. Picot de Lapeyrouse, a annoncé qu'il avait trouvé du manganèse natif ; mais ce fait, loin d'être prouvé, ne paraît pas même possible. Ce métal s'empare si rapidement de l'oxigène contenu dans l'atmosphère, qu'en supposant qu'il eût été amené à l'état de pureté, par les causes naturelles, il ne l'aurait pas conservé. Voici les caractères du manganèse pur, obtenu par les procédés chimiques.

Caract. phys. Pesant. spécif., 6,85.

Très cassant (Thomson, t. I, p. 441).

Couleur. Blanc métallique tirant au gris.

Caract. chim. Son oxide colore en violet le verre de borax.

Cette couleur, que l'oxide de manganèse communique au verre de borax, est celle à laquelle parvient naturellement le manganèse métallique, en s'emparant de l'oxigène de l'air ; et c'est sur cette propriété qu'est fondé un des usages les plus importans de ce métal, je veux dire celui qu'on en fait depuis long-temps dans les manufactures de verre blanc et de glaces.

Ces matières ont ordinairement des teintes de verdâtre, d'olivâtre ou de jaunâtre, qui altèrent leur limpidité. Le manganèse mêlé, dans une proportion convenable, à la matière vitreuse, a la propriété de l'éclaircir et d'en faire disparaître les fausses couleurs.

On sait que pour déterminer la fusion du sable, qui est la base du verre, on est obligé d'y mêler des fondans, tels que de la potasse ou de la soude. Par ce moyen, deux substances, dont l'une, prise séparément, était infusible, comme ici le quarz, forment par leur union un composé fusible ; et il peut même arriver que deux substances, dont aucune ne pourrait être fondue si on la soumettait seule à l'action de la chaleur, deviennent susceptibles de fusion par leur mélange. Voici en peu de mots l'explication de ce phénomène, qui paraît d'abord surprenant. Les molécules de chaque substance, dans le cas dont il s'agit, sont tellement liées les unes aux autres par leur affinité réciproque, que l'élasticité du calorique qui s'introduit entre elles n'a pas assez de force pour les séparer jusqu'au terme où elles glisseraient librement les unes sur les autres, c'est-à-dire jusqu'au terme de la fusion. Mais si vous mêlez les deux substances, les molécules de l'une, attirées par celles de l'autre, tendront à s'en approcher, ce qui ne peut avoir lieu sans qu'elles ne fassent effort pour se quitter; et cet effort, joint à l'élasticité du calorique qui agit pour les séparer, les mettra à des distances respectives assez grandes pour qu'elles aient cette grande mobilité dans laquelle consiste la fusion.

Quand on ne se propose que de faire du verre commun, tel que celui de bouteilles, on mêle avec le sable des cendres végétales, par exemple, celles de varek ou celles de fougère, qui fournissent l'alkali nécessaire à la fusion. De là vient qu'on a donné au verre de bouteilles le nom de *verre de fougère*, ce qui a fourni à Boileau une jolie expression qui se trouve dans le troisième chant de son Lutrin.

Dans les manufactures où l'on fabrique du verre blanc, on purifie les alkalis le plus qu'il est possible, et on laisse le verre exposé assez long-temps à l'action d'un feu actif, pour que la petite quantité de matière hétérogène qui pourrait encore y rester se dégage et monte à la surface. Mais quelque soin que l'on y apporte, il reste ordinairement à l'intérieur des teintes verdâtres et olivâtres qui troublent plus ou moins la transparence. On se débarrasse de ces fausses couleurs au moyen du manganèse mêlé en petite quantité à la substance du verre. C'est pour cela que l'on a nommé ce métal le *savon du verre* ou le *savon des verriers*. Au contraire, si l'on ajoute à la matière vitreuse une quantité de manganèse plus grande que celle qui suffit pour détruire les fausses couleurs du verre, cette substance lui donne une couleur violette. On sait que cette couleur est celle que l'oxide de manganèse communique à différens corps naturels, tels que la tourmaline de Sibérie, l'axinite, la chaux fluatée, etc.

Les artistes qui font des verres de différentes couleurs, pour imiter les pierres fines, emploient souvent le manganèse pour produire ces couleurs. Par exemple, en mêlant, suivant diverses proportions, l'oxide violet de ce métal avec le bleu de cobalt, ils obtiennent différentes teintes de rouge, de bleu et de violet, qui se rapprochent de celles que présentent le spinelle, le grenat, le saphir et l'améthyste; cette dernière pierre est une de celles qu'ils réussissent le mieux à imiter.

PREMIÈRE ESPÈCE.

MANGANÈSE OXIDÉ.

(*Grau braunsteinerz* , **W**. *Grau manganerz* , K.)

Caractères spécifiques.

Caract. géométr. Forme primitive : prisme rhomboïdal droit (fig. 288, pl. 114), dans lequel l'incidence de M sur M est de 102^d 40' (*). Ce prisme se sous-divise dans le sens de la petite diagonale de sa coupe transversale.

Caract. phys. Pesant. spécif., 3,7.

Dureté. Tendre ou même friable, à moins qu'il ne soit uni à quelque autre substance dont les molécules, interposées entre les siennes, lui donnent de la dureté.

Couleur de la masse. Le gris métalloïde.

Couleur de la poussière. Le noir.

Tachure. Il tache ordinairement le papier en noir.

Caract. chim. Exposé au chalumeau avec le borax, il colore celui-ci en violet.

Analyse du manganèse oxidé d'Ilefeld au Harz par Klaproth (Beyt., t. III, p. 308) :

(*) La moitié *g* de la grande diagonale de la base, la moitié *p* de la petite et la hauteur G ou H, sont dans le rapport des quantités 5, 4 et $\sqrt{6}$.

Oxide noir de mangan.,   90,50
Eau   7,00
Oxigène................   2,25
Perte..................   0,25
                          ———
                          100,00.

Caractères distinctifs. Entre le manganèse en aiguilles ayant l'aspect métallique et l'antimoine sulfuré. Si l'on fait passer celui-ci avec frottement sur une pierre d'une couleur foncée, comme sur une ardoise, et qu'ensuite on essuie légèrement avec le doigt l'endroit frotté, pour enlever les particules grossières de métal qui y sont disséminées, la tache aura un brillant métallique assez sensible; dans le même cas, l'impression laissée par le manganèse aura un aspect terne et mat. L'antimoine se fond à la simple flamme d'une bougie, et non le manganèse; il ne colore pas, comme ce dernier, le verre de borax en violet.

VARIÉTÉS.

FORMES DÉTERMINABLES.

Quantités composantes des signes représentatifs.

$$\text{M.P.A}\left(\tfrac{1}{4}\text{A}^{\tfrac{3}{4}}\text{B}^{5}\text{B}'^{1}\right)\text{P.}$$

Combinaisons deux à deux.

1. Manganèse oxidé *primitif.* MP (fig. 288).

Trois à trois.

2. *Quadrioctonal.* $^3G^2M\overset{1}{A}$ (fig. 289).
$$_3\ M\ _g$$

Quatre à quatre.

3. *Octodécimal.* $^3G^2M(\overset{3}{\tfrac{1}{4}}A\overset{3}{\tfrac{1}{4}}B^2B'^2)P$ (fig. 290)
$$_3\ M\ _6\ _P$$

Formes indéterminables.

Manganèse oxidé *aciculaire.*
a. Radié. En aiguilles divergentes, quelquefois
disposées avec beaucoup de régularité autour d'un
centre commun.
b. Entrelacé. En aiguilles qui se croisent dans
toutes les directions.
Fibreux. Radié.
Compacte. Dichtes Grau braunsteinerz, W.
Terreux.

Annotations.

Le manganèse oxidé se trouve dans les filons qui
traversent les terrains primitifs, mais plus abondamment dans ceux qui occupent les terrains secondaires.
Il semble avoir, pour ainsi dire, une affinité géologique pour deux substances minérales; l'une métallique, qui est le fer à l'état d'oxide brun; l'autre
acidifère, qui est la baryte sulfatée. On le rencontre
dans une multitude de pays, au Harz, en Saxe, en

Bohême, en Piémont, et dans plusieurs endroits de la France.

C'est principalement le manganèse oxidé dont il s'agit ici, que l'on emploie dans les verreries, pour faire disparaître les fausses teintes qui altèrent la transparence du verre. Les chimistes s'en servent pour obtenir le gaz oxigène, et c'est en le mêlant à la soude muriatée qu'ils préparent ce que l'on a appelé *acide muriatique oxigéné*, ou *chlore*, qui, entre les mains du célèbre Berthollet, a donné naissance à un art nouveau relatif au blanchîment des toiles et des fils, dans lequel on substitue à l'action lente de l'atmosphère l'action beaucoup plus rapide et plus énergique de la substance dont il s'agit.

SECONDE ESPÈCE.

MANGANÈSE OXIDÉ HYDRATÉ.

(*Schwarz braunsteinerz*, W. *Schwarz manganerz*, K.)

Caractères spécifiques.

Caract. géométr. Forme primitive : prisme droit symétrique (fig. 291, pl. 115), dans lequel le côté B de la base est à la hauteur G comme $\sqrt{2}$ est à $\sqrt{3}$.

Molécule intégrante : *id.*

Caract. phys. Pesant. spécif., 3,838.

Dureté. Rayant la chaux fluatée. Rayé par le quarz, mais avec difficulté.

Couleur de la masse. Le noir.

Couleur de la poussière. Le brun.

Caract. chim. Infusible au chalumeau; colorant en violet le verre de borax.

Analyse du manganèse hydraté terreux de la mine de Dorothée au Harz, par Klaproth (Beyt., t. III, p. 3o8) :

Oxide brun de mangan .	68
Eau.	17,5
Oxide de fer.	6,5
Carbone.	1,0
Baryte	1,0
Silice.	8,0
	102,0.

Caractères distinctifs. Entre le manganèse concrétionné mamelonné et le fer hématite de la même forme. La poussière du premier forme une espèce de suie qui tache les doigts en noir; l'intérieur de ses mamelons est tantôt compacte et tantôt à cassure inégale, sans offrir de fibres ou de stries divergentes, comme les hématites. La poussière des hématites est en général rougeâtre ou jaunâtre; celle du manganèse est noire. Le fer ne colore pas le verre de borax en violet, comme le manganèse. Ce dernier caractère peut aussi servir à distinguer le manganèse de quelques autres substances, comme le cobalt oxidé noir, etc.

Forme déterminable.

Manganèse hydraté *unitaire*. $\overset{d}{\text{A}}$ (fig. 292).

En octaèdre symétrique, alongé dans le sens de son axe. Incidence de d sur d, 104^d $28'$: de d sur d', 120^d.

Indéterminables.

Manganèse hydraté *pseudo-prismatique*. En petites masses légères, très tendres, qui tachent les doigts à l'aide du moindre frottement, et se présentent sous la forme de prismes à quatre, à cinq et à six pans ; mais ces prismes, toujours mal prononcés, sont l'effet du retrait que la matière du manganèse a éprouvé en se desséchant, comme cela a lieu par rapport à certaines argiles. Observé à Saint-Jean-de-Gardonenque dans les Cévennes.

Métalloïde argentin. Mangan-schaum, K. Vulgairement, *fleurs de manganèse*.

a. Incrustant. Formant un enduit à la surface du fer oxidé hématite, du fer carbonaté et de la chaux carbonatée, qui incruste à son tour le fer oligiste terreux.

Terreux testacé. Composé de couches curvilignes dont le tissu est fibreux.

Terreux massif. Ordinairement mêlé de manganèse argentin, en sorte qu'il n'y a qu'une nuance entre les deux variétés.

Concrétionné. En concrétions mamelonnées dures et pesantes, qui imitent de très près celles du fer hématite.

Ramuleux. Formant des dendrites à la surface ou dans l'intérieur de différentes pierres. La plupart des herborisations que présentent les autres minéraux sont l'ouvrage du manganèse; le quarz-agate surtout en fournit des exemples. On pourrait appeler ce métal le *peintre paysagiste* de la Minéralogie.

Pulvérulent. Wad, K.

APPENDICE.

Manganèse hydraté noirâtre *barytifère*.

Tissu à grain fin et serré; souvent assez dur pour rayer le verre; réduit en poudre, il tache les doigts comme le manganèse ordinaire; il y a des morceaux qui sont entremêlés de chaux fluatée violette, qui doit sa couleur au même métal. Se trouve à Romanèche près de Mâcon.

MM. Vauquelin et Dolomieu ont pensé que la baryte était réellement combinée avec le manganèse, dans cette variété: mais il me paraît que ces deux substances sont plutôt à l'état de simple mélange. La dureté que la baryte sulfatée communique au manganèse est un effet ordinaire qui peut avoir lieu par la seule interposition des molécules d'une substance entre celles de l'autre.

Annotations.

Le manganèse hydraté accompagne, le plus ordinairement, le manganèse oxidé, le fer hydraté et le fer spathique ; on le trouve fréquemment mêlé avec le manganèse oxidé, et alors la poussière du mélange est d'un noir moins parfait, tirant sur le brun.

Les cristaux de manganèse hydraté sont jusqu'ici très rares ; on n'en a cité qu'à Ehrenstock, près d'Ilmenau en Saxe. Emmerling et Jameson leur attribuent la forme de double pyramide à quatre faces un peu aiguë. M. de Bournon soupçonne que ces octaèdres pourraient être réguliers. Ils ont souvent leur surface terne et comme raboteuse, ce qui ne permet d'en mesurer les angles que d'une manière approchée. Néanmoins il m'a paru que l'incidence de deux faces adjacentes d'un des sommets, était de $104^{d}\frac{1}{2}$ au lieu de $109^{d}\frac{1}{2}$ qui est l'angle de l'octaèdre régulier. De plus, les divisions sur les angles solides n'ont pas lieu avec la même facilité.

TROISIÈME ESPÈCE.

MANGANÈSE SULFURÉ.

(*Manganglanz*, K. *Schwarzerz* des mineurs de Transylvanie.)

Caractères spécifiques.

Caract. géomét. Forme primitive : octaèdre rectangulaire (fig. 293, pl. 115) divisible suivant trois plans, dont l'un passe par le point I et par le milieu des arêtes C, C', un second par I et par le milieu des arêtes D, D', un troisième par le rectangle CD'C'D. Le manganèse sulfuré ne s'étant point encore offert sous des formes cristallines déterminables, je n'ai pu calculer les dimensions de la forme primitive.

Caract. auxil. Sa couleur, qui est noirâtre lorsqu'il a été exposé à l'air pendant un certain temps, passe au gris métallique par l'action de la lime. Celle de sa poussière est d'un vert obscur.

Caract. phys. Pesant. spécif. 3,98.

Dureté. Facile à entamer avec le couteau, en s'égrenant.

Couleur. La couleur, que j'ai dit être d'un gris métallique dans l'état de fraîcheur, passe au noirâtre par l'exposition à l'air.

Caract. chim. Soluble avec effervescence dans l'acide nitrique, en répandant des vapeurs hépathiques. La dissolution reste troublée par un nuage blanchâtre.

Un petit tas de la poussière, mis sur une lame de fer que l'on fait ensuite rougir sur un charbon ardent, devient incandescent, et prend une couleur d'un brun violet.

Analyse du manganèse sulfuré de Nagyag, par Klaproth (Beyt., t. III, p. 35):

$$\begin{array}{lr} \text{Oxidule de mangan} \ldots & 82 \\ \text{Soufre} \ldots & 11 \\ \text{Acide carbonique} \ldots & \underline{5} \\ & 98. \end{array}$$

VARIÉTÉS.

Manganèse sulfuré *laminaire.*

Sublamellaire. Il y a des endroits où il paraît compacte ; mais en faisant mouvoir le morceau, on aperçoit des indices du tissu lamelleux.

Massif. Au Mexique.

Annotations.

Le manganèse sulfuré n'a encore été cité qu'à Nagyag en Transylvanie, où il accompagne le manganèse carbonaté rose, qui sert de gangue au tellure. Mais Don Andres Manuel del Rio a découvert un nouveau gissement de ce minéral, au Mexique dans la province de Mixes, et c'est à lui que je suis redevable des échantillons qui sont dans ma collection. Il y a joint un exemplaire de son tableau des espèces minérales, où il décrit sous le nom d'*alabandina sulfurea*, la substance dont il s'agit, et donne le résultat de l'analyse qu'il en a faite. Voici ce résultat :

Manganèse.............. 54,5
Soufre................ 39
Silice................ 6,5
100,0.

La quantité de soufre indiquée dans ce résultat est beaucoup plus considérable que celle qui a été retirée par M. Klaproth du manganèse sulfuré de Nagyag, et qui n'est que de 11 sur 100. Peut-être l'excès de ce principe, dans le résultat de del Rio, provient-il de ce que le morceau qu'il a analysé était accompagné de fer sulfuré, auquel le manganèse aura emprunté des molécules sulfureuses étrangères à sa composition.

Le minéral qui nous occupe offre une nouvelle preuve que dans les substances métalliques, les caractères qui parlent aux sens, présentent beaucoup plus d'avantages pour distinguer ces corps, que ceux qui ont lieu dans les substances acidifères ou terreuses. Relativement à ces dernières, les couleurs de la surface et de la poussière n'offrent ordinairement que des caractères insignifians. Mais l'observation du manganèse sulfuré présente trois modifications de couleur, qu'il dépend de l'observateur de voir, en un instant, passer de l'une à l'autre, et qui lui indiquent sans équivoque le nom de ce minéral. Sa surface est noirâtre dans l'état ordinaire; en y passant une lime, on voit paraître le gris métallique propre au minéral dans l'état de fraîcheur, et la couleur verdâtre de la poussière achève de le faire distinguer. Le fer sulfuré et le cuivre pyriteux offrent aussi une teinte de verdâtre, lorsqu'on les broie; mais c'est un vert noirâtre, et la couleur de la surface qui tire plus ou moins au jaune et se conserve sans être altérée sensiblement, ne laisse lieu à aucune méprise. Dans le cas d'une altération spontanée, qui a lieu à l'égard du cuivre pyriteux, et le convertit

en cuivre hépathique (Bunt-kupfererz des Allemands), ce sont des couleurs irisées qui succèdent
au jaune métallique primitif. Ici le manganèse sulfuré subit un changement particulier, analogue à
celui que les chimistes ont observé dans le manganèse
pur, obtenu par l'analyse, et qui devient d'un brun
noirâtre en restant exposé à l'air, par l'effet de la
forte affinité qu'il exerce sur l'oxigène. J'ai cru que
ces détails ne seraient pas inutiles, parce qu'ils ont
rapport à un minéral qu'on est d'autant plus inté-
ressé à reconnaître facilement, que jusqu'ici il est
extrêmement rare.

QUATRIÈME ESPÈCE.

MANGANÈSE CARBONATÉ.

(*Roth braunsteinerz*, **W.**)

Caractères spécifiques.

Caract. phys. Pesant. spécif. 3,6. . . . 3,3.
Dureté. Rayant la chaux carbonatée, et quelquefois la chaux fluatée ; rayée par la chaux phosphatée.
Couleur de la poussière. Le blanc-rougeâtre.
Caract. chim. Exposé à l'action du chalumeau,
il devient d'un brun - noirâtre, et colore en violet
le verre de borax. Soluble dans l'acide nitrique avec
effervescence.

Analyse du manganèse carbonaté rose de Kapnick,
par Lampadius (Mém. de l'Institut, 1807, p. 94) :

Oxide de manganèse.. 48
Acide carbonique..... 49
Oxide de fer......... 2,1
Silice............... 0,9
——
100,0.

Analyse du manganèse carbonaté brun de Bohême, par Descotils (Mém. de l'Institut, 1807, p. 91) :

Oxide de manganèse..................... 53
Oxide de fer............................ 8
Chaux................................. 2,4
Perte par le feu, représentant l'acide car-
   bonique et l'eau...................... 35,6
Résidu insoluble composé de silice et de
   fer arsenical......................... 4,0
——
100,0.

VARIÉTÉS.

1. Manganèse carbonaté *rouge de rose*. Roth Braunsteinerz, W.

a. Concrétionné-mamelonné, à Nagyag, en Transylvanie, où il sert de gangue au tellure, et au manganèse sulfuré.

b. Massif à Kapnick, en Transylvanie, où il est accompagné de cuivre gris, d'antimoine sulfuré et de zinc sulfuré phosphorescent.

2. Manganèse carbonaté *brunâtre* (Lelièvre, mémoires de l'Institut, 1807, p. 30.)

3. Manganèse carbonaté *blanc*. Manganèse oxidé

silicifère, Traité de Minéralogie, première édition,
pag. 247. Kieselmangan, Léonhard.

Suivant quelques auteurs, ce serait une combinaison particulière de silice et d'oxide de manganèse.

Annotations.

D'après les analyses de Klaproth, Proust et Lampadius, on ne peut guère douter qu'il n'existe dans
la nature un véritable carbonate de manganèse ; et
si je me suis contenté pendant long-temps de placer
cette substance, par appendice, à la suite du manganèse oxidé, c'est qu'il est bien difficile de la carac-
tériser et de la circonscrire nettement, dans l'état de
nos connaissances. Le manganèse oxidé carbonaté se
trouve à Kapnick et à Nagyag, en Transylvanie, et
à Orlez, en Sibérie, où la variété amorphe est accompagnée de manganèse hydraté noirâtre.

Les artistes du pays taillent de ces morceaux en
forme de plaques, dont le poli fait ressortir agréablement la couleur rouge du manganèse carbonaté. Mais
le manganèse se nuit ici à lui - même en mêlant
à cette belle couleur des veines noirâtres de son
hydrate.

On voit par les analyses qui ont été faites des
minéraux qui renferment le manganèse carbonaté,
que cette substance se mêle en différentes proportions avec la chaux carbonatée ; et si l'on s'en rapporte au résultat obtenu par M. Lampadius, relativement au manganèse carbonaté de Kapnick, il

faudra en conclure que quelquefois cette substance est pure et sans mélange de chaux carbonatée. On aurait donc ici, comme pour le fer spathique, une succession de termes auxquels répondraient différens rapports entre le carbonate de manganèse et le carbonate de chaux qui finirait par disparaître à l'extrémité de la série.

Le parti que j'ai pris a été de rapporter à la chaux carbonatée les morceaux qui portent l'empreinte de la forme de cette substance, comme ceux qui sont en rhomboïdes contournés, en les considérant comme une chaux carbonatée mélangée de manganèse carbonaté; il y a aussi une variété lenticulaire qui paraît dériver de l'équiaxe, et que j'ai associée à la précédente. J'ai placé dans l'espèce du carbonate de manganèse, les variétés concrétionnées par couches successives; j'y ai joint les morceaux de Sibérie, auxquels adhère le manganèse hydraté noir, parce qu'on les regarde communément comme étant plus purs que ceux de Transylvanie.

D'après ce que je viens de dire, le manganèse carbonaté semblerait offrir le pendant du fer carbonaté par ses mélanges variables avec la chaux carbonatée, et l'on serait de même embarrassé pour déterminer la limite où finirait la chaux carbonatée manganésifère, et où commencerait le manganèse carbonaté calcifère; mais la difficulté naîtrait encore ici du fond des choses, et ne pourrait être imputée à aucune méthode.

18..

Il y a ici, comme à l'égard du fer carbonaté, un problème qui ne peut être résolu complètement dans l'état actuel de nos connaissances; il faudrait savoir avant tout quelle est la forme primitive du manganèse carbonaté pur. Quelques savans ont cru la trouver dans les rhomboïdes contournés que l'on observe sur le manganèse rose de Nagyag, et ont pensé que le carbonate de manganèse, semblable en cela au fer spathique, imitait naturellement la cristallisation de la chaux carbonatée. Si cette opinion se confirme, la méthode, en joignant à l'indication de la forme un caractère auxiliaire, se pliera toujours aux résultats définitifs, qui éclairciront l'espèce de mystère que présentent, dans l'état actuel de nos connaissances, les carbonates métalliques, par cette tendance que paraissent avoir leurs molécules à se mouler sur la forme de la chaux carbonatée.

CINQUIÈME ESPÈCE.

MANGANÈSE PHOSPHATÉ.

(*Phosphormangan*, W.)

Caractères spécifiques.

Caract. spécif. Son caractère géométrique, qui n'a pu encore être déterminé que d'une manière incomplète, indique des joints naturels parallèles aux faces d'un prisme à quatre pans, qui paraît être droit et en même temps rectangulaire. J'ajoute, comme ca-

ractère auxiliaire, la couleur d'un brun rougeâtre,
et la propriété d'être soluble sans effervescence dans
l'acide nitrique. Cette dissolution s'opère très lentement.

Pesant. spécif., 3,9.

Dureté. Rayant légèrement le verre.

Fragile sous le marteau et facile à broyer.

Electricité. Résineuse par le frottement, lorsque
le morceau est isolé.

Caract. chim. Aisément fusible par l'action du
chalumeau.

Analyse par Vauquelin (Journal des Mines,
n° 64, p. 299) :

Oxide de manganèse... 42
Acide phosphorique... 27
Oxide de fer......... 31
                      ———
                      100.

VARIÉTÉS.

Manganèse phosphaté, *sublaminaire ferrifère*.

Annotations.

Le manganèse phosphaté a été découvert par
M. Alluaud, directeur de la manufacture de porcelaine de Limoges. Le gissement de cette substance est
au milieu d'un granite, et dans le même filon de
quarz qui renferme les émeraudes.

Le manganèse phosphaté formait une masse assez

considérable encaissée dans le quarz qu'elle colorait
à certains endroits; un des morceaux recueillis par
M. Alluaud, était garni de cristaux de grenat primitif. Dans un autre, qui adhérait au granite dont
j'ai parlé, le manganèse phosphaté a pour gangue un
feldspath altéré, accompagné de mica d'un blanc-
jaunâtre. M. Vauquelin avait présumé, d'après le
résultat de l'analyse, qu'il avait faite de ce minéral,
qu'il était composé de fer phosphaté uni à du manganèse qui était aussi à l'état de phosphate; mais
M. Darcet, fils du célèbre chimiste de ce nom, ayant
analysé un morceau de cette substance dont la pureté s'annonçait par un tissu sensiblement lamelleux,
et par une couleur d'un brun-rougeâtre, plus claire
que celle des morceaux ordinaires, a trouvé qu'il
était presque entièrement composé de manganèse et
d'acide phosphorique; d'où l'on peut conclure que
le véritable type de l'espèce est le manganèse phosphaté, et que le fer n'est ici qu'une substance additionnelle, dont la quantité est plus ou moins considérable suivant que la couleur d'un rouge brun
est plus ou moins offusquée par une teinte de
noirâtre.

M. Vauquelin pense que ce minéral, à raison de
sa facile fusion, et des belles couleurs brunes et
violettes qu'il présente, pourra être employé pour les
vernis des poteries, des porcelaines et même des
émaux, et cela avec d'autant plus d'avantage que
l'on n'aura pas besoin d'y mêler beaucoup de fon-

dans, et qu'il y aura même des cas où l'on pourra entièrement s'en dispenser (*). Mais les usages du manganèse phosphaté, s'ils doivent avoir lieu, sont renvoyés à d'autres temps. Ce minéral a cessé de se montrer aux environs de Limoges, qui est le seul endroit où il ait été observé jusqu'ici. Peut-être que de nouvelles fouilles le feront retrouver, et il faut même espérer qu'il en sera de ce minéral comme de plusieurs autres, tels que le titane oxidé, l'épidote, l'apophyllite, dont l'existence a paru pendant longtemps concentrée dans un coin du globe, et que les recherches des minéralogistes dans d'autres pays ont fait reparaître, souvent en plus grande abondance et avec des caractères qui ont donné lieu d'en faire des descriptions plus fidèles et plus complètes.

SIXIÈME GENRE.

ANTIMOINE.

(*Spiesglas* , W. *Spiessglanz* ; K.)

PREMIÈRE ESPÈCE.

ANTIMOINE NATIF.

(*Gediegen spiesglas* , W. *Gediegen spiessglanz* , K.)

Caractères spécifiques.

Caract. géomét. Forme primitive : l'octaèdre régulier, qui se sous-divise en dodécaèdre rhomboïdal.

(*) Journal des Mines, n° 64 , p. 293 et suiv.

Molécule intégrante : tétraèdre irrégulier.

Caract. phys. Pesant. spécif. de l'antimoine du commerce, 6,7021.

Consistance. Très fragile.

Tissu. Très lamelleux.

Couleur. Le blanc d'étain.

Caract. chim. Évaporable en fumée par le chalumeau.

Soluble par l'acide nitrique, en laissant un dépôt blanchâtre dans la liqueur.

Caractères distinctifs. 1°. Entre l'antimoine natif et l'antimoine sulfuré. Celui-ci se divise par une seule coupe très lisse et très éclatante; l'antimoine natif a des joints nets dans plusieurs sens ; traité au chalumeau, il ne donne point d'odeur sulfureuse comme l'antimoine sulfuré. 2°. Entre le même et le fer arsenical. La cassure de celui-ci est à grain fin et serré, sans indice de lames ; celle de l'antimoine est très sensiblement lamelleuse. Le fer arsenical étincelle par le choc du briquet, en répandant une odeur d'ail ; l'antimoine, beaucoup plus fragile, saute en éclats par l'effet du même choc. 3°. Entre le même et l'argent antimonial. Celui-ci se réduit facilement au chalumeau ; l'antimoine s'y évapore en fumée.

Formes indéterminables.

1. Antimoine natif *laminaire*. A Allemont, avec antimoine oxidé grisâtre.

2. *Lamellaire*. En petites lames brillantes disposées confusément.

APPENDICE.

Antimoine natif *arsenifère*.

a. Ondulé. Formant des espèces de croûtes dont la surface est relevée par de légères ondulations, ce qui semble provenir de la présence de l'arsenic, qui, en général, tend à prendre la forme mamelonnée.

b. Lamellaire. On trouve ces deux variétés à Allemont. Suivant les expériences de M. Sage, l'arsenic y est quelquefois dans le rapport de 16 sur 100; mais Mongez le jeune en a examiné des morceaux dans lesquels l'arsenic entrait à peine pour deux ou trois centièmes de la masse.

Annotations.

L'antimoine natif a été découvert par Swab, à Saalberg en Suède, dans une chaux carbonatée laminaire; et depuis, M. Schreiber, inspecteur des mines de France, a trouvé le même minéral près d'Allemont, où il est associé à l'antimoine oxidé d'un blanc-grisâtre.

On a cité aussi de l'antimoine natif au Harz, mais en petite quantité, et à Cuencamé dans le Mexique.

La structure de l'antimoine natif est une des plus compliquées que j'aie observées ; mais cette complication n'empêche pas la molécule intégrante d'être d'une simplicité à laquelle il semble qu'on n'aurait pas eu lieu de s'attendre. Pour en déterminer la forme, j'ai employé des masses d'antimoine épuré par des fusions réitérées. Quoique les joints naturels fussent très sensibles, comme il y en avait dans vingt directions différentes, ainsi que nous le verrons bientôt, la percussion, qui n'en mettait jamais à découvert qu'une partie sur un même fragment, faisait naître des combinaisons qui variaient sans cesse, d'où résultaient différens solides plus ou moins irréguliers ; en sorte qu'il n'était pas facile d'apercevoir le terme où devait aboutir la division mécanique, dans le cas où elle eût présenté l'ensemble de toutes les faces cachées dans l'intérieur de la masse. Il a fallu beaucoup de tâtonnemens pour reconnaître que le métal était divisible parallèlement aux faces d'un octaèdre régulier, et en même temps d'un dodécaèdre rhomboïdal.

Cette première recherche finie, il s'en présentait une seconde, pour savoir quelle forme de molécule intégrante devait être adoptée de préférence ; car dans ces sortes de cas, que l'on peut assimiler aux problèmes indéterminés de la Géométrie, on est réduit à faire une hypothèse, qui aura en sa faveur un grand degré de probabilité, si elle est d'une simplicité remarquable. Voici le résultat auquel je me suis arrêté.

Supposons d'abord que l'on se borne aux huit coupes qui produisent l'octaèdre régulier AG (fig. 293, pl. 115). En raisonnant de cet octaèdre comme de celui de la chaux fluatée, du spinelle, etc. (*), on pourra le concevoir comme uniquement composé d'une infinité de petits tétraèdres réguliers, réunis par leurs bords. Mais, pour plus de simplicité, ne considérons l'octaèdre que comme formé de huit tétraèdres, dont deux sont représentés sur la figure, et choisissons, comme exemple, celui qui a pour face extérieure le triangle *abd*, et dont les faces intérieures sont les triangles *abc*, *adc*, *bdc*, qui ont leurs sommets situés au centre de l'octaèdre. On voit séparément ce tétraèdre, figure 294.

Remarquons, avant d'aller plus loin, que pour transformer l'octaèdre en dodécaèdre rhomboïdal, on pourrait supposer des plans coupans qui, en partant des douze arêtes, s'avançassent parallèlement à eux-mêmes jusqu'à ce que toutes les faces de l'octaèdre eussent disparu. Il faudrait, de plus, que chaque plan fût perpendiculaire au carré, dont l'arête de départ serait un des côtés; ainsi, le plan qui serait parti de l'arête AD, devrait être perpendiculaire au carré ADGB.

(*) Voyez Traité de Cristallographie, t. II, p. 211 et suiv.

Imaginons que ces différens plans, au lieu de s'arrêter au terme qui donnerait le dodécaèdre, continuent de s'avancer jusqu'à ce qu'ils soient arrivés au centre de l'octaèdre. Dans cette position, il y en aura toujours quelques-uns qui passeront par chaque tétraèdre, et il s'agit de déterminer la manière dont ils sous-diviseront ce tétraèdre.

Or, il est visible d'abord que comme il y a toujours deux plans parallèles l'un à l'autre, tels que ceux qui ont les arêtes AD, BG pour lignes de départ, ces deux plans se confondent au centre; et ainsi, au lieu de douze plans, nous n'en avons que six à considérer. Nous choisirons ceux qui sont censés être partis des six arêtes AD, DM, GM, AB, BM, AM.

Or, le plan qui est parti de AD, et qui passe maintenant par le centre c, doit en même temps passer par la ligne acs, qui coupe AB, GD en deux parties égales, et qui est parallèle à AD. De plus, il doit être perpendiculaire sur le carré ABGD, d'où l'on conclura qu'il doit passer par le point M. Donc sa section dans le tétraèdre $abcd$ coïncidera, 1°. avec l'arête ac de ce tétraèdre, 2°. avec la ligne an menée de l'angle a sur le milieu de bd, 3°. avec la ligne cn qui joint les deux précédentes, d'où il suit que cette section sera le triangle acn.

En appliquant le même raisonnement au plan qui est parti de l'arête DM, on concevra qu'il doit passer par l'arête bc du tétraèdre, par la ligne bz

menée de l'angle *b* sur le milieu de *ad*, et par la ligne *cz* qui joint les deux précédentes, c'est-à-dire que la section est le triangle *bcz*.

Enfin, il sera facile de voir que le plan qui est parti de l'arête GM doit passer par l'arête *cd* du tétraèdre, par la ligne *do* menée de l'angle *d* sur le milieu de *ab*, et par la ligne *co* qui joint les deux précédentes, en sorte que la section est le triangle *dco*.

Les trois plans que nous venons de considérer sous-divisent la face *abd* du tétraèdre en six triangles rectangles égaux et semblables, au moyen des sections *an*, *do*, *bz*. De plus, ils passent par les trois arêtes *ac*, *bc*, *dc*, contiguës d'une part aux trois sections, et de l'autre à l'angle solide *c*, opposé au triangle *abd*. Donc ils sous-divisent le tétraèdre en six autres tétraèdres égaux et semblables entre eux. Il sera aisé aux géomètres de déterminer les quatre triangles rectangles qui composent la surface de chaque tétraèdre partiel.

Le tétraèdre *sfcg* ayant sa base *gsf* opposée et parallèle à celle du tétraède *abcd*, et son sommet pareillement situé au centre de l'octaèdre, les mêmes plans qui sous-divisent le premier opèrent nécessairement dans le second des divisions semblables.

A l'égard des trois autres plans, qui partent des arêtes AB, BM, AM, ils n'entament point le tétraèdre *abcd*. Par exemple, il est évident que celui qui a l'arête AB pour ligne de départ, passant nécessairement par le point M et par les milieux des lignes BG, AD, ne fait que toucher l'angle solide *c* du tétraèdre, et il en est de même des deux autres plans.

En général, chacun des six plans dont nous avons parlé, passe nécessairement par quatre tétraèdres. Ainsi, le plan qui est parti de AD, et qui passe par le tétraèdre *abcd*, ainsi que nous l'avons vu, sous-divise de même le tétraèdre opposé *sfeg*, et, de plus, les deux tétraèdres qui ont leurs faces extérieures situées l'une sur le triangle DGM, l'autre sur le triangle ABI. Or, il y a six plans et huit tétraèdres, dont chacun subit trois sections, ce qui fait en tout vingt-quatre sections. Donc, divisant le nombre des sections par le nombre des plans coupans, on a quatre sections pour chaque plan, ou, ce qui revient au même, chaque plan sous-divise quatre tétraèdres.

Si nous supposons maintenant que l'octaèdre AG soit composé d'un nombre presque infini de petits tétraèdres réguliers réunis par leurs bords, dont chacun soit l'assemblage de six tétraèdres plus petits réunis par leurs faces, il y aura dans le cristal un nombre presque infini de joints parallèles les uns aux faces des tétraèdres réguliers, les autres aux faces des tétraèdres qui composent ceux-ci; et comme les premiers joints seront en même temps parallèles aux faces de l'octaèdre total, et les seconds à celles d'un dodécaèdre rhomboïdal, on voit comment la division mécanique peut conduire ici au double résultat que nous avons annoncé.

La fonte de l'antimoine natif a une forte tendance vers la cristallisation, au point que sa surface même, après un refroidissement lent et gradué, se trouve ornée d'une espèce d'étoile très apparente, à rayons branchus, surtout si cette surface a une certaine convexité. Mais lorsqu'elle n'a qu'une courbure insensible, on remarque, au lieu d'une étoile, des empreintes qui ont quelque rapport avec les feuilles de fougère. La surface des autres métaux présente bien quelque chose de semblable, mais avec un dessin beaucoup plus léger.

Au reste, ces étoiles et ces dendrites superficielles qui ont paru si merveilleuses dans un temps où l'on ne connaissait rien de mieux, n'étaient qu'une faible ébauche du travail de la cristallisation, lorsqu'on fait fondre l'antimoine dans un creuset que l'on survide ensuite, pour mettre à nu les cristaux qui se sont formés sous la croûte du métal. Ces cristaux, suivant les circonstances, sont ou des cubes, ou des parallélépipèdes rectangles alongés, ou des ramifications composées de petits octaèdres implantés l'un dans l'autre, et qui, par leur ensemble, imitent une pyramide triangulaire, dont les faces seraient creusées en gouttière.

M. Gillet a trouvé que l'antimoine natif, traité au chalumeau, produisait un effet semblable à celui d'une jolie expérience que l'on avait déjà faite avec l'étain.

On saisit le moment où le globule d'antimoine étant en pleine fusion sur le charbon, l'éclat de sa surface n'est offusqué par aucune particule oxidée, et on le jette aussitôt à terre. Le globule s'enflamme, en s'emparant de l'oxigène de l'air qu'il traverse, et se sous-divise, au moment de sa chute, en une multitude d'autres globules de métal enflammé, qui s'élancent de tous les côtés, comme autant de petites étoiles d'artifice.

L'antimoine est employé dans la fonte des caractères d'imprimerie, et dans la composition des miroirs métalliques. On le mêle à l'étain pour lui donner de la dureté. Ce qu'on a appelé *métal de prince* et aussi *étain de Cornouailles*, était un alliage d'antimoine et d'étain, dans le rapport d'environ 18 à 100. Les couverts fabriqués avec cet alliage furent d'abord recherchés de toutes parts, et l'on en chargea des vaisseaux entiers pour l'Espagne, l'Amérique et les Indes. Mais il paraît qu'une des principales raisons qui en ont fait tomber l'usage, est le déchet considérable de matière occasionné par l'antimoine, lorsqu'on est obligé de les refondre (*).

Aucun métal n'a plus exercé que celui-ci l'art des alchimistes, qui fondaient principalement sur lui l'espérance de parvenir à la découverte de la pierre

---

(*) Voyez l'Art du Potier d'étain, par Salmon, faisant partie de la suite des Arts et Métiers, publiés par l'Académie des Sciences.

philosophale. Par une espèce de bonheur, dont on pourrait citer d'autres exemples dans des genres différens, il est arrivé qu'en poursuivant une chimère, ils ont trouvé sur la route des réalités ; et c'est à la constance avec laquelle ils ont, pour ainsi dire, tourmenté ce métal de toutes les manières, que l'art de guérir est redevable d'une multitude de préparations qui forment une partie de ses plus puissantes ressources.

Les préparations antimoniales (*) ont sur l'économie animale une action dont les effets sont plus ou moins évidens. L'une est celle qui est caractérisée par la propriété émétique, ou vomitive, et purgative ; l'autre se fait reconnaître par une augmentation dans l'action de certains organes dépendans du système lymphatique, tels que l'organe de la peau et l'organe pulmonaire ; ce qui fait qu'on les emploie dans les affections catarrhales du poumon, et dans les maladies cutanées de la nature de la gale et des dartres.

Les différens états de l'antimoine et ses diverses combinaisons jouissent plus ou moins de l'une ou de l'autre de ces propriétés, souvent de toutes les deux.

1°. Les oxides incomplets, le métal pur, appelé autrefois *régule*, et presque toutes les combinaisons salines, sont émétiques et purgatives. Parmi

---

(*) Article communiqué par M. Hallé.

celles-ci, on se sert spécialement du tartrite de potasse et d'antimoine, connu sous le nom *d'émétique*. Les verres d'antimoine ou oxides d'antimoine vitreux étaient employés jadis, ainsi que le régule, qu'on prenait en un bol qui, par son seul passage dans les intestins, produisait un effet purgatif.

2°. Les combinaisons de l'antimoine, dans l'état d'oxide, avec le soufre, sont également émétiques. La plus employée est l'oxide d'antimoine sulfuré brun, ou le *kermès minéral*. Il est employé, soit comme émétique, soit dans les affections catarrhales de la poitrine, pour accélérer l'expectoration, quand on ne craint pas de porter un certain degré d'irritation sur cet organe.

3°. Les combinaisons de l'antimoine pur avec le soufre, n'ont aucun effet émétique. On les croit diaphorétiques, c'est-à-dire déterminant en plus grande abondance la transpiration insensible, et favorisant la sortie des éruptions cutanées. Le sulfure d'antimoine ou l'antimoine cru a été souvent employé dans cette intention, ainsi que les préparations dans lesquelles il se forme des sulfures de potasse et d'antimoine.

4°. Enfin, les oxides saturés d'antimoine paraissent avoir perdu toute propriété émétique, par cette saturation ; mais l'opinion vulgaire, parmi les médecins, est qu'ils conservent la propriété diaphorétique. Tel est l'oxide blanc d'antimoine traité par le nitre, connu sous le nom d'*antimoine diaphorétique*.

SECONDE ESPÈCE.

ANTIMOINE SULFURÉ.

(*Grauspiesglaserz*, W. *Grauspiessglanzerz*, K.)

Caractères spécifiques.

Caract. géométr. Forme primitive : octaèdre rhomboïdal (fig. 297, pl. 116), dans lequel l'incidence de P sur P′ est de 109ᵈ 24′; celle de P sur P, de 107ᵈ 56′; et celle de P sur la face de retour, de 110ᵈ 58′. L'inclinaison de l'arête D sur l'arête D′ est de 87ᵈ 52′. L'octaèdre se sous-divise suivant des plans dont les uns sont parallèles aux trois rhombes *mdht*, *dftp*, *mphf* (fig. 296) , et les autres parallèles aux arêtes latérales *dh*, *mt*, *dm*, *ht*, et en même temps à l'axe (*). Il est aisé de voir que cette sous-division permet de transformer à volonté l'octaèdre primitif, soit en un prisme rhomboïdal (fig. 298), soit en un prisme droit rectangulaire (fig. 303), dont les faces latérales M, T correspondront aux deux rhombes *dftp*, *mphf* (fig. 296), et la base P

(*) Si, du centre de l'octaèdre primitif (fig. 297), on mène une droite à l'angle I, une seconde à l'angle E, une troisième à l'angle A, ces trois lignes seront entre elles comme les nombres $\sqrt{25}$, $\sqrt{26}$ et $\sqrt{27}$. Les côtés C, B, G du noyau hypothétique (fig. 298), sont entre eux dans le rapport des mêmes quantités.

au troisième rhombe *mdht*. Ces prismes peuvent être substitués à l'octaèdre, comme noyaux hypothétiques des cristaux d'antimoine sulfuré.

Molécule intégrante : tétraèdre irrégulier.

Caract. phys. Pesant. spécif., 4,516.

Dureté Fragile, par la simple pression de l'ongle.

Couleur. Tirant sur le gris d'acier.

Tachure. Tachant le papier en noir par le frottement.

Odeur. Le frottement en dégage une sulfureuse.

Caract. chim. Fusible à la simple flamme d'une bougie, même sans avoir besoin d'être réduit en fragmens très minces.

Analyse par Bergman (Karst., Minéral. Tabel., p. 73) :

Antimoine	74
Soufre	26
	100.

Caractères distinctifs. 1°. Entre l'antimoine sulfuré en aiguilles et le manganèse oxidé de la même forme. Celui-ci n'est pas fusible comme l'autre à la flamme d'une bougie. Si l'on fait passer successivement l'un et l'autre avec frottement sur une pierre d'une couleur foncée, telle qu'une ardoise, et qu'ensuite on essuie légèrement avec le doigt l'endroit frotté, pour enlever les particules grossières de métal qui se sont détachées, la tache de l'antimoine sera d'un gris clair métalloïde, et celle du manganèse d'un gris obscur, tirant quelquefois au noir de fer. 2°. Entre le même et l'antimoine natif. Celui-ci présente dans ses fractures des joints naturels très apparens, diversement inclinés ; l'autre ne se divise très nettement que dans un seul sens. La couleur de l'antimoine natif est le blanc d'étain, et celle de l'antimoine sulfuré le gris tirant sur celui de l'acier. Le premier ne tache point le papier et ne donne point d'odeur sulfureuse par le frottement ou par la chaleur, comme l'autre.

VARIÉTÉS.

FORMES DÉTERMINABLES.

Quantités composantes des signes représentatifs.

$$P\,A\,A(_{1}A\,C^{3}B^{2})\,^{1}E^{1}\,^{1}T\,^{4}D.$$

Combinaisons deux à deux.

1. Antimoine sulfuré *quadrioctonal.* $\overset{\cdot}{D}P$ (fig. 299, pl. 116).

Signe relatif au noyau hypothétique, $M\overset{\cdot}{B}$ (fig. 298).

Trois à trois.

2. *Sexoctonal.* $\overset{\cdot}{D}^{1}T^{1}P$ (fig. 300).

Signe relatif au noyau hypothétique, $M^{1}H^{2}B.$

3. *Périhexaèdre.* $'\overset{.}{P}{}'DA$ (fig. 301).
${}_{n\ x\ x}$

Quatre à quatre.

4. *Dioctaèdre.* $'\overset{.}{E}\overset{.}{D}{}'I{}'P$ (fig. 302).
${}_{t\ s\ n\ P}$

Signe hypothétique, $'G{}'M{}'H{}'P$.
${}_{t\ s\ n\ P}$

5. *Binotriunitaire.* $'\overset{.}{E}\overset{.}{D}{}'I{}'A$.
${}_{t\ s\ n\ \overset{2}{u}}$

Cette variété diffère de la précédente en ce que les faces primitives se trouvent remplacées par d'autres faces qui appartiennent à une pyramide plus surbaissée.

6. *Sexbisoctonal.* $\overset{.}{D}{}'I{}'{}^4I(\tfrac{1}{2}AC^aB^a)$.
${}_{s\ n\ r\ \ \ \ o}$

Signe hypothétique, $M{}'H{}'(AB^aH{}')(\tfrac{a}{b}AB^aH{}')$.
${}_{s\ n\ \ r\ \ \ \ \ \ o}$

Prisme hexaèdre terminé par des sommets à huit faces, dont quatre se réunissent en pyramides très obtuses, et les quatre autres remplacent les arêtes à la jonction des précédentes et des pans du prisme.

Formes indéterminables.

Antimoine sulfuré *cylindroïde.*

Aciculaire. En aiguilles divergentes plus ou moins longues, tantôt épaisses et tantôt déliées. Ordinairement associé à la baryte sulfatée.

Capillaire. Federerz, W. Haarförmiges grauspiessglanzerz, K. En filamens soyeux et élastiques, d'un gris sombre. On croit que cette variété d'antimoine est mêlée d'arsenic, d'argent et de fer.

Granulaire.

Compacte. Dichtes grauspiessglanzerz, K.

Sous-variété dépendante des accidens de lumière.

Antimoine sulfuré *irisé*. Ce sont surtout les cristaux aciculaires et capillaires qui ont assez souvent leur surface ornée des plus belles couleurs d'iris.

APPENDICE.

1. Antimoine sulfuré *argentifère*. Schwarz-spiesglaserz, W. Antimoine noir. Il diffère de l'antimoine sulfuré ordinaire, par sa couleur d'un gris métallique obscur. Mais ses formes paraissent avoir beaucoup d'analogie avec celles que j'ai décrites plus haut. On le trouve, entre autres endroits, à Himmelsfürst, près de Freyberg, où il est accompagné de fer carbonaté et de fer sulfuré.

2. Antimoine sulfuré *plumbo-cuprifère*. Triple sulfure d'antimoine, plomb et cuivre : de Bournon, Catal., p. 409. *Bournonite* de Thomson, Syst. de Chimie, 1809, t. VII, p. 455.

C'est à M. le comte de Bournon que l'on est redevable des seules observations qui aient été publiées jusqu'ici sur les formes cristallines de cette substance minérale. Les nombreux services que ce savant célèbre a rendus à la Minéralogie sollicitaient une place pour son nom dans la nomenclature de cette science, et l'on a profité, pour lui décerner cet hommage, d'une occasion qui s'offrait ici comme d'elle-même, en appelant *bournonite* une substance qui n'avait encore été décrite que par lui.

M. Hattchett, qui a fait l'analyse de cette même substance, en a retiré les élémens de trois sulfures, l'un de plomb, le second d'antimoine et le troisième de cuivre. Voici le résultat de cette analyse : plomb, 42,62 ; antimoine, 24,23 ; cuivre, 12,8 ; soufre, 17 ; fer, 1,2 ; perte, 2,15. M. Hatchett n'avait pas réparti la quantité totale de soufre entre les trois métaux, d'après la loi des proportions définies ; mais cette répartition est donnée par la formule représentative de la bournonite, dans le Nouveau Système minéralogique de M. Berzelius, laquelle est composée de trois termes, dont chacun exprime le rapport entre la quantité de soufre et celle de métal contenues dans le sulfure qui lui correspond (*). Sa forme primitive, suivant M. le comte de Bournon, est un prisme droit à base carrée, dans lequel le côté de la base est à la hauteur comme 5 : 3. Les cristaux de forme secondaire qui existent dans la Collection minéralogique du Roi, dont il est le directeur, lui ont offert les résultats de seize lois de décroissemens, les uns sur les bords, les autres sur

------

(*) Nouveau Système minéralog., p. 199.

les angles de la forme primitive ; et dans la description qu'il a donnée de ces résultats, il indique les angles que font les facettes qui en dépendent, soit avec la base, soit avec les pans de la forme primitive. Ces cristaux proviennent de cinq localités différentes, savoir, le comté de Cornwall en Angleterre, le Pérou, le Brésil, la Sibérie et les environs de Freyberg.

J'ai entrepris récemment d'examiner des cristaux de bournonite qui sont depuis plusieurs années dans ma collection ; et quoiqu'ils soient en petit nombre, ils m'ont suffi pour fixer mon opinion sur la forme à laquelle ils se rapportent. Ceux du comté de Cornouailles qui en font partie, sont groupés confusément et n'offrent que quelques facettes situées à angle droit les unes sur les autres ; mais leur tissu est très lamelleux, et ils se prêtent facilement à la division mécanique. D'autres qui viennent des environs de Freyberg ont des formes très prononcées ; mais ce qui m'a surtout guidé dans mes recherches, c'est l'observation d'un cristal trouvé aux environs de Servoz en Piémont, qui a environ 12 millimètres de diamètre, et auquel j'attache d'autant plus de prix, qu'indépendamment de ce qu'il est le plus beau que j'aie vu, j'en suis redevable à l'amitié de M. Regley, aide-naturaliste au Jardin du Roi, également distingué par son zèle et par ses connaissances dans l'exercice des fonctions qui l'attachent à la partie géologique.

Voici maintenant la marche que j'ai suivie pour

arriver à mon but. D'après le résultat de l'analyse de la bournonite, tel que je l'ai exposé plus haut, il fallait de deux choses l'une : ou bien que les morceaux de cette substance fussent un assemblage de trois sulfures qui existaient solitairement dans la nature, l'un de plomb, l'autre d'antimoine, et le troisième de cuivre ; ou bien que les élémens des trois sulfures eussent concouru comme de concert à une même combinaison. Dans le premier cas, l'un des composans devait imprimer sa propre forme à l'ensemble ; dans le second, la forme comparée à celle de chacun des trois sulfures devait en être distinguée par ses caractères géométriques ; ce qui conduisait à admettre l'opinion généralement reçue, savoir que la bournonite constituait une espèce particulière.

Or, parmi les cristaux de cette substance, on en trouve qui présentent la forme d'un prisme droit octogone ; et dans l'hypothèse d'un simple mélange, cette forme, abstraction faite de ses angles, était incompatible avec celle du plomb sulfuré, qui est le cube, et avec celle du cuivre sulfuré, qui est un prisme hexaèdre régulier. C'est ce que concevront aisément ceux qui ont étudié la manière d'agir de la loi de symétrie, dont les indications sont seules décisives dans ces sortes de cas. Effectivement, dans l'hypothèse d'un noyau cubique, quatre des bords situés latéralement subiraient un décroissement dont l'effet serait nul sur les bords des deux faces qui feraient la fonction de bases ; et en supposant que le noyau fût un prisme hexaèdre régulier, le résultat des décroissemens sortirait de la série relative à cette espèce de forme, dont tous les termes doivent être des multiples du nombre 6.

Restait à comparer sous le même point de vue la bournonite avec l'antimoine sulfuré. Or, cette comparaison m'a fait reconnaître une analogie si marquée entre les résultats de la cristallisation des deux substances, qu'elle m'a paru décisive en faveur de l'opinion que la bournonite n'est autre chose qu'un antimoine sulfuré mêlé de deux autres sulfures : c'est ce dont on pourra juger, d'après les détails dans lesquels je vais entrer.

La forme primitive de l'antimoine sulfuré, telle que je l'ai décrite plus haut, est un octaèdre à triangles scalènes, qui se rapproche beaucoup de l'octaèdre régulier.

Dans ce qui va suivre, je substituerai à cet octaèdre, comme noyau hypothétique, le prisme rectangulaire, fig. 303, parce que cette substitution me fournira un moyen facile de comparer mes résultats avec ceux de M. le comte de Bournon.

Si l'on suppose que le même prisme subisse un décroissement exprimé par 'G', qui n'atteigne pas sa limite, il deviendra octogone, ainsi que le représente la fig. 304. L'incidence de M sur r sera de $133^d 57'$, et celle de T sur r sera de $136^d 3'$. J'ai dans ma collection un cristal d'antimoine sulfuré pur, qui présente cette variété de forme, à laquelle je donne le nom d'*antimoine sulfuré périoc-togone*.

Maintenant, parmi les cristaux de bournonite des environs de Freyberg, on en trouve qui ont été cités par M. le comte de Bournon comme étant des prismes octogones dont tous les pans font entre eux des angles de 135^d. Les observations que j'exposerai dans un instant me semblent prouver que dans ces prismes comme dans celui d'antimoine, les incidences mutuelles des pans sont réellement les unes de 136^d et les autres de 134^d, au lieu d'être toutes de 135^d. En supposant que les cristaux observés par M. de Bournon se prêtassent à des mesures rigoureuses, on conçoit que ce savant célèbre ait cédé au penchant que nous avons naturellement pour rapporter les résultats de nos observations aux limites qu'elles touchent de si près, que la légère différence qui les en sépare nous échappe, sans que nous nous en apercevions. Pour la saisir, il faut être averti, par des considérations théoriques, de la chercher, comme cela a lieu dans le cas présent.

Avant d'aller plus loin, je citerai un résultat d'observation qui doit compter pour beaucoup dans le rapprochement des deux substances sous le rapport de la cristallisation. Il consiste en ce que cette triple structure que présente la division des cristaux d'antimoine sulfuré, se retrouve dans ceux de bournonite. J'ai fixé sur un socle un petit morceau de cette substance, détaché d'un échantillon qui ve-

naît du comté de Cornouailles, et je l'ai mis en rapport de position avec un cristal d'antimoine sulfuré
ordinaire, qui offrait la combinaison des faces de l'octaèdre primitif avec celles du prisme octogone représenté fig. 3o4. La division du morceau de bournonite ne donnait pas de joints continus ; mais, en
le faisant mouvoir à la lumière d'une bougie, après
avoir mis son intérieur à découvert par des percus-
sions bien ménagées, je voyais paraître successivement, à différens endroits des fractures, de petites
lames, d'où partaient des reflets dont la coïncidence
avec ceux que renvoyaient en même temps les faces
du cristal d'antimoine qui servait de terme de comparaison, était sensible. A l'égard de la base qui ne
se trouvait pas sur le cristal d'antimoine, les reflets
qui en partaient suffisaient pour avertir l'œil de son
existence et lui donner la mesure de l'angle droit
qu'elle faisait avec l'axe. Quoique ce moyen ne fût
pas rigoureux, la relation qu'il indiquait entre deux
structures compliquées, dont je ne connais aucun
analogue parmi les minéraux que j'ai observés jusqu'ici, offrait déjà une forte présomption en faveur
de l'identité des deux substances qui s'unissaient par
des rapports si intimes et si nombreux.

Je vais maintenant comparer les dimensions respectives du prisme d'antimoine sulfuré représenté
fig. 3o3, avec celles du prisme qui lui correspond
dans la bournonite. Pour prouver qu'elles sont les
mêmes de part et d'autre, il me suffira de consi-

dérer successivement deux rapports, savoir, celui qui existe entre le côté C du prisme (fig. 303) et la hauteur G, et celui qui a lieu entre les deux côtés B, C du même prisme.

Dans plusieurs des cristaux de Freyberg que j'ai examinés, et dans celui de Servoz, les deux arêtes ng, $n'g'$ (fig. 304), sont remplacées chacune par une facette, qui évidemment provient d'un décroissement sur les bords B, B, de la base du noyau. M. de Monteiro, qui, avant que ce décroissement eût été déterminé par la théorie, avait mesuré avec beaucoup de soin, en se servant de mon cristal de Servoz, où cette facette est extrêmement nette, ses incidences sur le pan M, et sur la base P, avait trouvé l'une un peu plus forte que 123^d, et l'autre un peu moindre que 147^d. Or, si l'on adopte comme forme primitive de la bournonite le prisme dont les dimensions se déduisent de celles que j'ai indiquées relativement à l'octaèdre de l'antimoine sulfuré, et si l'on suppose

que le décroissement dont il s'agit ait pour signe $B^{\frac{2}{1}}$, la théorie indique $123^d\ 12'$ pour la première incidence, et pour la seconde $146^d\ 48'$; ce qui démontre que le rapport entre le côté C de la base du prisme (fig. 303) et la hauteur G, est exactement le même dans la bournonite que dans l'antimoine sulfuré. Je remarquerai de plus que dans une variété de cette dernière substance, que j'ai nommée *sexbisoctonale*, le sommet pyramidal de l'octaèdre primitif est remplacé par un autre beaucoup plus surbaissé. La théorie donne le même angle de 123^d 12′ pour l'incidence des deux arêtes qui répondent à *fh* et *fm* (fig. 296) sur le pan adjacent, analogue à M. Il en résulte que, dans l'hypothèse très admissible où ces arêtes seraient remplacées à leur tour par des facettes qui leur fussent parallèles, il en résulterait un nouveau lien commun entre les formes cristallines des deux substances.

Si l'incidence de M ou de T sur *r* avait pu être mesurée avec la même précision que celle à laquelle se prêtent les facettes qui remplacent les bords B, B, il est extrêmement probable que la première eût été trouvée sensiblement de 134^d et la seconde de 136^d. Mais les deux faces *r*, *r*, situées sur mon cristal de Servoz, qui est le plus déterminable de tous ceux que j'ai en ma disposition, ont subi une légère altération de niveau, qui peut jeter de l'incertitude sur le résultat de la mesure mécanique à laquelle on les a employées. Mais d'abord, il est évident que les deux incidences ne peuvent être égales, ou, ce qui revient au même, que les deux côtés C, B (fig. 3o3) de la base de la forme primitive ont des longueurs différentes et ne sont pas identiques. C'est une suite de ce que, dans certains cristaux, l'un de ces bords subit un décroissement qui ne se répète pas sur l'autre, ainsi que l'exigerait la loi de symétrie, dans le cas de l'égalité. De plus, l'altération de niveau dont j'ai parlé est trop légère pour ne pas permettre de distinguer, au moins à l'aide du goniomètre, celle des deux incidences qui est plus grande ou plus petite que l'autre. Or, il m'a toujours paru que celle de M sur *r*, que j'ai choisie de préférence, approchait plus de 134^d que de 136^d, ce qui devait être, d'après ce que j'ai dit précédemment.

J'ajoute que la valeur exacte des deux incidences, telle que l'indique la théorie, sort si visiblement de l'ensemble des observations, que sa vérification, à l'aide de la mesure mécanique, semble devoir être regardée comme étant de surabondance. Si elle n'était pas rigoureusement égale à celle que donne le calcul, la bournonite ne serait plus simplement un mélange, mais elle appartiendrait à une espèce toute particulière ; or, une pareille supposition a contre elle l'exemple de l'argent antimonié sulfuré et celui de la craïtonite, dont les formes primitives contrastent si fortement avec celles des composans, entre lesquels leurs élémens se seraient partagés, dans le cas d'un mélange. Si donc ce dernier cas était celui de la bournonite, on ne pourrait concevoir que la différence entre les angles de ses cristaux et de ceux de l'antimoine sulfuré, fût si peu appréciable, qu'il fallût y regarder de très près pour la saisir, et qu'elle ne fût pas plutôt si frappante, que l'observateur n'eût en quelque sorte besoin que d'ouvrir les yeux pour l'apercevoir.

3. Antimoine sulfuré *cuprifère*. Il est d'un gris métallique qui tire sur celui du fer ; sa cassure est

vitreuse, lisse et très brillante. Il est fragile et s'éclate par la pression de l'ongle. Il se fond avec une grande facilité à la flamme d'une bougie, en répandant une vapeur sulfureuse, en même temps que l'extrémité de la pince se colore en blanc, ce qui est l'effet de l'oxide d'antimoine. Mis dans l'acide nitrique, il se couvre d'un enduit d'une couleur blanche, qui de même est de l'oxide d'antimoine; et l'acide prend une couleur bleue par l'addition de quelques gouttes d'ammoniaque, ce qui indique la présence du cuivre.

4. Antimoine sulfuré *nickélifère*. Composé en partie de lames éclatantes d'un blanc d'étain, et en partie d'une matière compacte légèrement luisante, d'une couleur qui tire sur le gris de plomb.

Les fragmens des lames se fondent comme l'antimoine sulfuré, à la flamme d'une bougie, en répandant une vapeur qui colore en blanc l'extrémité de la pince; les parties compactes résistent à la fusion et répandent seulement une fumée épaisse. Dans l'acide nitrique, elles laissent un dépôt d'un blanc-grisâtre, et l'acide se colore en verdâtre. Le tout est entremêlé de fer oxidé terreux d'un brunjaunâtre, et quelquefois de fer sulfuré. Pesanteur spécifique d'un morceau dégagé de fer le plus qu'il a été possible, 5,65.

Ce minéral est un mélange d'antimoine sulfuré et de nickel arsenical. Le premier domine dans les parties lamelleuses, et l'autre dans celles qui sont compactes. On l'a découvert dans une mine située

20

près de Freüsbourg, dans le comté de Sayn Alten-kirchen, au pays de Nassau.

5. Antimoine oxidé *épigène*. C'est l'antimoine sulfuré qui a passé à l'état d'oxide jaune. Je reviendrai dans un instant sur cette variété.

6. Antimoine oxidé sulfuré *épigène*. Ici l'antimoine a conservé son soufre, en même temps qu'il s'est oxidé et a pris une couleur qui approche du rouge de cochenille. Je me contente de même d'indiquer ici cette variété, sur laquelle j'entrerai bientôt dans de plus grands détails.

Annotations.

L'antimoine sulfuré est une des substances métalliques les plus remarquables par la diversité des lieux où on le trouve. Il abonde surtout dans la Hongrie et dans la Transylvanie, où, suivant M. Jameson, il accompagne l'or natif, dont nous avons vu que la gangue était un psammite à grain fin (grauwacke des minéralogistes allemands).

Du reste, on n'a que très peu d'indications sur les relations des mines d'antimoine que l'on trouve dans différens pays, avec les roches environnantes. Je puis seulement citer quelques-unes des substances métalliques et pierreuses auxquelles il est associé. En Sibérie, à Nertschinsk, c'est le fer sulfuré ; à Himmelsfürst près de Freyberg, le fer spathique avec l'antimoine sulfuré argentifère ; en Hongrie, la baryte sulfatée primitive. La même réunion a lieu par rapport à l'antimoine sulfuré du département du Puy-de-Dôme, où ses cristaux, en longues aiguilles, sont les plus volumineux que j'aie observés. Au département de l'Isère, on trouve l'antimoine sulfuré aciculaire et quelquefois presque capillaire, dans les cavités d'un feldspath granulaire, avec feldspath quadridécimal et quarz hyalin prismé. Le quarz est une des substances auxquelles l'antimoine sulfuré adhère le plus communément.

La variété capillaire se trouve à Freyberg et à Braunsdorf en Saxe, et à Stolberg au Harz. Dans un échantillon de ma collection, qui vient de Freyberg, elle repose sur la chaux carbonatée manganésifère mêlée de quarz.

Ce qu'on appelle dans le commerce *antimoine cru*, est de l'antimoine sulfuré, qui a été simplement fondu, après avoir été débarrassé de sa gangue. Dans cet état, il forme des groupes d'aiguilles que l'on fait quelquefois passer pour de l'antimoine sulfuré naturel ; mais ces groupes ont ordinairement une face par laquelle ils adhéraient au creuset, et qui porte des indices de fusion, par les aspérités dont elle est chargée, et quelquefois par les cavités dont elle est criblée. D'ailleurs ces aiguilles factices sont plus serrées et forment des groupes pour ainsi dire plus touffus que celles d'antimoine sulfuré naturel. Il serait plus facile de se laisser tromper par certains morceaux d'antimoine fondu, à l'état de pureté, qui ressemblent beaucoup à l'antimoine natif lamellaire. La feuille de fougère, dont elles présentent une imitation, suffit pour éviter la méprise.

Les cristaux d'antimoine sulfuré aciculaire ont quelquefois un décimètre et demi de longueur, et au-delà. Parmi ceux qui sont plus décidément prismatiques, quelques-uns ont plus d'un centimètre d'épaisseur ; et lorsque ces prismes sont fracturés, leurs lames, mises à découvert, font la fonction de miroirs. La beauté de leur poli paraît avoir fait illusion à plusieurs naturalistes, lorsqu'ils ont donné les fragmens dont il s'agit pour une variété particulière, sous le nom d'*antimoine spéculaire*.

TROISIÈME ESPÈCE.

ANTIMOINE OXIDÉ.

(*Weiss-spiesglazerz*, W. *Weisspiessglanzerz*, K.)

Caractères spécifiques.

Caractère essentiel. D'un blanc nacré ; fusible à la simple flamme d'une bougie.

Dureté. Très facile à entamer avec le couteau.

Structure. Lamelleuse dans un seul sens.

Couleur. Le blanc nacré.

Caract. chim. Fusible à la simple flamme d'une bougie.

Décrépitant sur un charbon ardent.

Évaporable en fumée au chalumeau.

Analyse de l'antimoine oxidé d'Allemont, par Vauquelin :

Oxide d'antimoine................ 86
Oxide d'antim. mêlé d'oxide de fer. 3
Silice....................... 8
Perte....................... 3
————
100.

Caractères distinctifs. On ne pourrait guère confondre l'antimoine oxidé qu'avec la stilbite et la mésotype ; mais il en diffère très sensiblement, en ce qu'il se fond à la simple flamme d'une bougie, sans boursoufflement, tandis que les deux autres substances ne sont fusibles qu'à l'aide du chalumeau, en se boursoufflant.

VARIÉTÉS.

1. Antimoine oxidé *laminaire*. En lames rectangles.

2. *Aciculaire.* En aiguilles divergentes.

Quelquefois l'antimoine oxidé prend à sa surface une couleur jaune, qui est due probablement à la présence de quelque principe étranger. De Born, qui soupçonne que ce principe est le plomb, admet ici une nouvelle espèce, sous le nom d'*oxide d'antimoine et de plomb combiné avec l'acide muriatique* (*).

————

(*) Catal., t. II, p. 149.

3. *Terreux*. L'antimoine oxidé blanc se montre quelquefois dans cet état. Il ne doit pas être confondu avec l'antimoine oxidé produit par épigénie.

Annotations.

M. Mongez le jeune (l'un des naturalistes dont nous avons à regretter la perte, en même temps que celle de tous les savans et artistes qui avaient suivi l'infortuné La Peyrouse) est le premier qui ait parlé de l'antimoine oxidé. Il en avait fait la découverte aux Chalances, près d'Allemont, dans le département de l'Isère. Il présente la variété aciculaire, et accompagne l'antimoine natif. On a trouvé depuis la variété laminaire à Przibram en Bohême, et à Braunsdorf en Saxe, sur du plomb sulfuré.

M. Mongez avait désigné l'antimoine blanc d'Allemont sous le nom de *chaux d'antimoine native*; mais, depuis, M. Klaproth et d'autres chimistes indiquèrent l'antimoine et l'acide muriatique comme étant les véritables principes de l'antimoine blanc. Cependant, M. Vauquelin, ayant analysé celui d'Allemont avec l'intention d'y chercher l'acide muriatique, n'a pu en reconnaître la moindre trace; et enfin M. Klaproth, ayant examiné avec un nouveau soin l'antimoine blanc de Bohême, a trouvé qu'il n'était qu'un simple oxide d'antimoine, et a consigné ce résultat définitif dans le deuxième volume de ses Additions à la connaissance des minéraux.

Je reviens à l'antimoine oxidé épigène d'une couleur jaune. Il n'est pas douteux que, dans un échantillon qui m'a été envoyé d'Espagne par M. Angulo, minéralogiste d'un mérite très distingué, il ne provienne d'une altération de l'antimoine sulfuré, dont on voit encore des aiguilles intactes sur le même morceau; et il est de même visible que dans un autre morceau l'antimoine terreux jaune est originaire de l'antimoine oxidé aciculaire qu'il recouvre. Dans le passage à l'épigénie, l'antimoine s'est dépouillé de son soufre, et s'est oxidé. Je suis bien tenté de croire qu'il n'existe pas d'autre oxide jaune d'antimoine que celui qui a la même origine. L'observation décidera si ma conjecture est fondée.

QUATRIÈME ESPÈCE.

ANTIMOINE OXIDÉ SULFURÉ.

KERMÈS NATIF.

(*Roth-spiesglaserz*, W. *Roth-spiessglänzerz*, K.)

Caractères spécifiques.

Caractère essent. Couleur d'un rouge mordoré. Mis dans l'acide nitrique, il se couvre d'un enduit blanchâtre. Si une conjecture que j'émettrai bientôt était fondée, ce minéral serait caractérisé d'avance par sa forme cristalline.

Caract. phys. Couleur, le rouge sombre tirant sur le mordoré.

Poussière obtenue par la trituration ; même couleur.

Caract. chim. Dans l'acide nitrique, il se couvre d'un enduit blanchâtre.

Évaporable en fumée par le chalumeau.

Caractères distinctifs. 1°. Entre l'antimoine oxidé sulfuré en aiguilles et le cuivre oxidulé soyeux. Celui-ci est d'un rouge vif qui n'a rien de sombre ; il se dissout avec effervescence dans l'acide nitrique, en y répandant un nuage verdâtre ; l'antimoine s'y couvre d'un dépôt blanchâtre. 2°. Entre le même et le cobalt arseniaté aciculaire. Celui-ci est d'un rouge lilas, et l'antimoine d'un rouge sombre ; le cobalt colore en bleu le verre de borax, ce que ne fait pas l'antimoine.

VARIÉTÉS.

1. Antimoine oxidé sulfuré *aciculaire.* Mine d'antimoine en plumes rouges ; *soufre doré natif strié,* De l'Isle, t. III, p. 58 ; var. 2. En aiguilles ordinairement luisantes, plus ou moins déliées, qui divergent en partant d'un centre commun.

2. Antimoine oxidé sulfuré *amorphe.* Mine d'antimoine rouge granuleuse ; *kermès minéral natif,* De l'Isle, t. III, p. 60 ; esp. 6. En masses granulaires d'un rouge mat.

Annotations.

On trouve l'antimoine oxidé sulfuré à Braunsdorf en Saxe, à Felsobanya en Hongrie, à Kapnick en

Transylvanie, et en Toscane. Il accompagne souvent d'autres mines d'antimoine.

Lorsque j'ai placé cette substance dans mon Traité, sous le nom d'*antimoine hydro-sulfuré*, je me fondais sur l'opinion d'un illustre chimiste qui avait annoncé que le kermès, soit naturel, soit artificiel, était une combinaison d'oxide d'antimoine, de soufre et d'hydrogène. Mais depuis, M. Klaproth a fait voir que le kermès natif ne contenait pas d'hydrogène, et que celui qu'on avait cru en retirer avait été fourni par les réactifs employés à l'analyse. Ce résultat a réveillé mon attention sur une conjecture que j'avais émise dans mon Traité, savoir que le kermès naturel n'avait pas été produit d'un premier jet, au moins dans certains cas, puisqu'on suit de l'œil les différens passages de l'antimoine sulfuré à un état où sa couleur est d'un rouge mordoré.

Or, cette transformation s'accorde bien mieux avec l'opinion qu'il n'existe ici que de l'oxide d'antimoine et du soufre, qu'avec celle qui y supposait de l'hydrogène, parce que, dans la première opinion, la substance métallique, pendant l'altération qu'elle a subie, a seulement passé à l'état d'oxide, sans rien acquérir de nouveau. J'ai donc cru devoir placer à la suite de l'antimoine sulfuré les morceaux qui conserveraient des traces de leur origine, et j'avoue même que j'ai été bien tenté de franchir le pas, et de regarder tous les morceaux d'antimoine rouge comme des épigénies, ce qui aurait simplifié la

classification ; mais il eût fallu supprimer une espèce généralement admise, et j'ai cru qu'il valait
mieux ne pas se presser. Si l'on trouve dans la suite
qu'en général les endroits qui renferment de l'antimoine oxidé sulfuré, offrent en même temps des
morceaux où le passage à l'épigénie s'annonce comme
dans ceux de ma collection, ce sera une raison pour
supprimer cette espèce, que je laisse encore subsister, par une sorte de tolérance.

La surface de l'antimoine oxidé sulfuré de Toscane, qui occupe les interstices de l'antimoine sulfuré, est couverte d'une multitude de petits octaèdres
de soufre. Or comme, d'après l'analyse, l'antimoine
oxidé sulfuré renferme moins de soufre que l'antimoine sulfuré ordinaire, on conçoit, dans mon
hypothèse, que pendant l'altération qu'a subie ce
dernier, une partie du soufre a pu se dégager et
se déposer à la surface, sous la forme de petits
cristaux, ce qui semble achever de prouver que
l'antimoine oxidé sulfuré est le résultat d'une épigénie.

On a donné à la substance que je viens de décrire le nom de *kermès minéral*. Le kermès proprement dit, ou kermès végétal, est une excroissance
produite sur l'écorce et sur les feuilles du chêne
vert, par la piqûre d'un insecte. Cette origine est
analogue à celle de la noix de galle. L'excroissance,
en mûrissant, prend une couleur d'un rouge vif,
dont on fait le sirop de kermès, et que les teintu-

riers emploient sous le nom de *pastel d'écarlate*.
Ainsi les deux kermès n'ont de commun que la
couleur.

DOUZIÈME GENRE.

URANE.

(*Uran*, W.)

Uranium de Klaproth, dérivé d'un mot grec qui signifie *ciel*.

Caractères de l'urane pur.

Caract. phys. Pesant. spécif., 6,44.
Couleur. Gris foncé un peu éclatant.
Dureté. Assez tendre pour être entamé par le
couteau.
Caract. chim. Soluble dans l'acide nitrique.

Ce métal a été découvert, en 1789, par le célèbre Klaproth, dans une substance que l'on regardait comme une variété de la blende, et qui forme
la première espèce de ce genre. Il l'a retrouvé depuis dans un minéral en petites lames vertes, qui
sera notre seconde espèce, et dont la plupart des
minéralogistes faisaient un muriate de cuivre. Rien
n'honore davantage la Chimie, que ce pouvoir de
lier dans une même espèce des minéraux que leurs
caractères extérieurs semblaient placer si loin l'un
de l'autre; et ces réunions ont un double intérêt,
lorsqu'elles enrichissent d'un nouvel être la science
qu'elles éclairent.

PREMIÈRE ESPÈCE.

URANE OXIDULÉ.

(*Pecherz*, W.)

Caractères spécifiques.

Caract. essent. Pesanteur spécifique, au moins de 6; couleur de la masse et de la poussière, le brun-noirâtre. Soluble dans l'acide nitrique.

Caractères phys. Pesant. spécif., 6,3785..... 6,5304...7,5 (*).

Dureté. Assez difficile à entamer avec le couteau.

Couleur. Le brun-noirâtre, avec un luisant qui tire un peu sur le métallique, à certains endroits.

Poussière obtenue par la trituration; même couleur que celle de la masse.

Structure. Quelquefois un peu feuilletée dans un sens; feuillets à surface inégale, un peu ondulée.

Électricité. Étincelles sensibles à l'approche d'un excitateur, lorsque le minéral communique avec un conducteur électrisé.

Caract. chimiq. Soluble dans l'acide nitrique en commençant par y faire effervescence. Il décompose l'acide, pour s'oxider davantage.

(*) Le premier résultat est de Guyton; j'ai obtenu le second; le troisième est de Klaproth.

Analyse de l'urane oxidulé de Joachimsthal, par Klaproth. (Beyt., t. II, p. 221.)

Urane....................	86,5
Plomb sulfuré.........	6,0
Fer oxidé.............	2,5
Silice.................	5,0
	100,0.

Caract. distinctifs. 1°. Entre l'urane oxidulé et le zinc sulfuré brun. La pesanteur de celui-ci est plus faible, au moins dans le rapport de 2 à 3; sa poussière est grise; celle de l'urane oxidulé est noirâtre. Le zinc sulfuré présente des lames situées en différens sens; l'urane oxidulé est feuilleté dans un seul sens. 2°. Entre le même et le schéelin ferruginé. La poussière de celui-ci est d'un brun tirant sur le violet; celle de l'urane oxidulé est noirâtre. Le premier présente des coupes nettes dans deux sens perpendiculaires entre eux; l'autre n'a qu'un tissu feuilleté, dans un sens unique. 3°. Entre le même et le fer chromaté. Celui-ci a une pesanteur spécifique plus petite, au moins dans le rapport de 2 à 3. L'urane oxidulé n'a point comme lui la propriété de communiquer une belle couleur verte au borax, avec lequel on le fond au chalumeau.

VARIÉTÉS.

1. Urane oxidulé *sublaminaire.*
2. *Massif.*

Annotations.

L'urane oxidulé ne se trouve que dans les terrains primitifs, où ses filons, qui sont peu considérables, traversent des gneiss (Jameson, p. 263). Il y accompagne d'autres substances métalliques, telles que le fer oxidé, l'argent sulfuré, et le cobalt arsenical (Brochant, t. II, p. 462). Les environs de Joachimstahl en Bohême, et de Johann-Georgenstadt et Freyberg en Saxe, sont les principaux endroits qui en fournissent.

Ce minéral a été pris d'abord pour une variété de zinc sulfuré, que l'on nommait *pech-blende* ou *blende de poix,* à cause de sa couleur noire jointe à un certain luisant. Werner l'ayant examiné de plus près, remarqua très bien qu'il ne pouvait appartenir à la blende; mais il le considéra d'abord comme une mine de fer, et ensuite comme un wolfram. Klaproth fixa enfin l'opinion des minéralogistes sur ce minéral, en découvrant le nouveau métal dont il était composé. On crut, pendant quelque temps, que c'était une combinaison d'urane et de soufre; mais le même chimiste, en ayant répété l'analyse, a fini par regarder le soufre comme appartenant au plomb sulfuré, qui se trouvait uni accidentellement à la substance principale. Il a pensé de plus que l'urane n'était combiné ici qu'avec une très petite portion d'oxigène; et c'est ce que confirme une observation faite par Vauquelin sur de l'urane oxidé jaune appartenant à l'espèce suivante, dont la couleur passait au brun à mesure qu'il perdait de l'oxigène. L'effervescence que l'urane oxidulé produit d'abord dans l'acide nitrique est due au gaz nitreux qui se dégage, tandis que le métal s'oxide davantage, en enlevant de l'oxigène à l'acide.

SECONDE ESPÈCE.

URANE OXIDÉ.

(*Uranglimmer*, W.)

Caractères spécifiques.

Caract. géomét. Forme primitive : Prisme droit symétrique (fig. 305, pl. 116), dans lequel le rapport entre le côté B de la base et la hauteur, est à peu près celui de 5 à 16 (*). Les divisions parallèles aux bases sont assez nettes ; les autres, qui ont le même genre d'éclat, ne s'aperçoivent qu'à une vive lumière.

Caract. phys. Pesant. spécif. 3,12 (**).

Dureté. Très fragile et cédant à la pression de l'ongle.

Caract. chim. Soluble sans effervescence dans

(*) Dans la forme primitive (fig. 305), le côté B de la base est à la hauteur comme 1 est à $\sqrt{10}$.

(**) Cette pesanteur a été déterminée, avec soin, par M. Champeaux, ingénieur des mines.

l'acide nitrique, auquel il communique une couleur d'un jaune citrin.

La couleur naturelle paraît être aussi le jaune citrin. M. Klaproth (Dict. , t. IV. p. 462) a dit que quand l'urane oxidé était vert, c'est qu'il contenait peu de cuivre. Cependant, on voit dans l'urane oxidé des environs de Limoges, le passage du jaune au vert dans une même lame, c'est-à-dire d'une couleur à celle qui en est voisine dans le spectre solaire; et l'on ne peut guère douter que ce passage, au moins dans le cas présent, ne dépende d'un léger changement dans le degré de ténuité des particules réfléchissantes.

Caract. distinct. 1°. Entre l'urane oxidé et le mica. Les lames de celui-ci sont élastiques, et résistent à la percussion sans se diviser; celles de l'urane oxidé n'ont aucune souplesse et sont très fragiles. Le mica n'est pas soluble dans l'acide nitrique, comme l'urane oxidé. 2°. Entre le même d'une couleur verte et le cuivre muriaté. Celui-ci, projeté sur la flamme, lui communique une couleur en partie bleue et en partie verte, ce que ne fait pas l'urane oxidé.

VARIÉTÉS.

Formes déterminables.

1. Urane oxidé *primitif.* En prismes courts qui se présentent sous la forme de lames rectangulaires.

2. *Octaèdre*. Dolomieu avait, dans sa collection, un morceau où les octaèdres étaient très prononcés, mais si petits, qu'il a été impossible d'en déterminer les angles.

3. *Sexoctonal*. PMB.

La forme primitive, dont chaque base est entourée de quatre trapèzes, qui résultent d'un décroissement sur les bords.

Formes indéterminables.

Urane oxidé *flabelliforme*. Composé de lames divergentes en manière d'éventail.

Lamelliforme. En petites lames irrégulières, disséminées sur la gangue. En Angleterre; à Autun en France.

Terreux. Zerreiblicher Uranocher, W. Il recouvre assez souvent la surface de l'urane oxidulé.

Accidens de lumière.

Couleurs.

1. Urane oxidé *jaune*. Lorsqu'on l'humecte, il prend une nuance de *vert*.

2. Urane oxidé *vert*. On a attribué sa couleur au cuivre.

Transparence.

Urane oxidé *translucide*.

Annotations.

L'urane oxidé a ses gissemens les plus ordinaires

dans les granites et autres roches primitives. Celui de Johann-Georgenstadt en Saxe repose tantôt sur un fer oxidé brun, tantôt sur un quarz-agate grossier. On connaissait ici, depuis quelques années, des morceaux de ce minéral, que l'on disait avoir été trouvés en France, mais sans en indiquer le gissement. M. Champeaux, ingénieur des mines, d'après quelques renseignemens qui lui firent présumer que cette découverte avait été faite à Saint-Symphorien en France, près d'Autun, entreprit d'y chercher l'urane oxidé. Il visita toutes les parties du sol indiqué, avec une constance soutenue par l'espoir du succès; et enfin, une fouille faite à huit décimètres de profondeur, lui procura une récolte abondante. Une partie de l'urane formait des groupes de cristaux de la variété primitive; l'autre présentait la variété flabelliforme. La couleur était en général d'un jaune citrin; cependant quelques lames étaient d'un beau vert. Le minéral avait pour gangue un granite altéré, à base de feldspath rougeâtre, avec du quarz gris, et du mica blanc et noir. Des expériences que M. Champeaux a faites sur cette substance, à son retour, ont prouvé que l'urane n'y était combiné qu'avec l'oxigène. M. Alluaud a retrouvé la même substance près de Limoges, en lames qui ont l'apparence de petites écailles, adhérentes à une roche qui ressemble à une argile ferrugineuse, mais qui paraît provenir également d'un granite altéré. La gangue de la variété lamelliforme de Carrarach, au comté de Cornouailles, est composée en grande partie de quarz hyalin noirci par des matières étrangères.

On trouve à Wessendorf, dans le Haut-Palatinat, l'urane oxidé lamelliforme sur la chaux fluatée fétide d'un violet-noirâtre. L'urane oxidulé accompagne aussi quelquefois l'urane oxidé, comme à Johann-Georgenstadt en Saxe.

Cette espèce diffère totalement de la précédente, par sa couleur qui est une des plus éclatantes, tandis que l'autre absorbe presque tous les rayons de la lumière; par sa pesanteur spécifique moindre que la moitié de celle de l'urane oxidulé, et par tous les caractères qui composent ce qu'on appelle le *facies*. Et c'est une simple différence dans la quantité d'oxigène qui met un intervalle, pour ainsi dire, immense entre ces deux minéraux, tandis qu'ailleurs des substances dont les principes n'ont rien de commun, exigent qu'on y regarde de très près pour ne pas les confondre l'une avec l'autre. On ne sait lequel est plus propre à exciter la surprise, ou des contrastes ou des ressemblances.

Les fausses idées que l'on s'était faites de l'urane oxidé, n'avaient rien de commun avec celles que l'on avait conçues de l'urane oxidulé. Bergmann le regardait comme un cuivre mêlé d'argile, minéralisé par l'acide muriatique (*). Werner l'avait appelé *calcholithe*, et les minéralogistes français la désignaient

------

(*) Sciagr., t. II, p. 133.

par le nom de *cuivre corné*, suivant l'usage où l'on était ici d'appeler *mines cornées* celles où le métal était combiné avec l'acide muriatique. On apporta depuis en France différens morceaux d'urane oxidé, sous la dénomination de *glimmer vert* ou *mica vert*, suggérée sans doute par l'aspect lamelliforme des cristaux. Ce sont de ces mêmes lames, d'un vert-jaunâtre, que de Born paraît avoir prises pour du bismuth oxidé. Enfin, comme les cristaux trapéziens se rapprochaient, par cette configuration, de la variété de baryte sulfatée, nommée *spath pesant en table*, Sage, en réunissant ce rapport avec le résultat de quelques expériences chimiques, présuma que le cuivre corné de Bergmann n'était autre chose qu'un spath pesant, coloré par une chaux de cuivre (*). Klaproth, en analysant, dans la suite, la même substance, a donné une extension à la découverte qu'il avait déjà faite de l'urane dans la pech-blende.

TROISIÈME ESPÈCE.

URANE SULFATÉ.

SULFATE D'URANE DES CHIMISTES.

Caractères.

Ce minéral, récemment découvert, et dont on doit la description à M. John, célèbre chimiste de

---

(*) Mémoires de l'Acad. des Sciences, 1785, p. 238.

Berlin, cristallise sous la forme de prismes rhomboïdaux, qui paraissent obliques. Ces cristaux aciculaires sont groupés autour d'un centre, en rayons divergens. Ils sont translucides; leur couleur est le vert d'herbe, et leur éclat est vitreux. On n'a pas encore été à portée d'éprouver leur dureté, ni leur pesanteur spécifique. Ils sont solubles dans l'eau : la dissolution est précipitée en poudre brune par l'infusion de noix de galle. On les trouve à Joachimsthal en Bohême, dans un filon appelé *Rothengang*, sur le mica schistoïde, et le thonschiefer passant au premier; ils sont associés à l'urane oxidé terreux, que M. John regarde comme un sous-sulfalte d'urane, et à des aiguilles de chaux sulfatée.

TREIZIÈME GENRE.

MOLYBDÈNE.

(*Molibdän*, W.)

Caractères du molybdène pur.

Couleur. Le gris métallique bleuâtre.

Très réfractaire.

Réductible en oxide blanc, soit par l'acide nitrique, soit par l'action de la chaleur à l'air libre.

Schéele et Bergmann, qui ont fait des recherches sur le molybdène, n'avaient pu réduire en métal l'acide qu'ils appelaient *molybdique* (*); seulement,

---

(*) Journal de Physique, 1782, p. 342.

ils l'avaient dépouillé d'une partie de son oxigène.
C'est Hielm, disciple de Bergmann, qui a fait le dernier pas, en mettant l'acide molybdique sous une
forme métallique.

Jusqu'ici on n'a pu obtenir le molybdène qu'en
petits grains détachés. On ne connaît pas la pesanteur spécifique de ce métal. Bergmann indique 3,460
pour celle de son acide.

ESPÈCE UNIQUE.

MOLYBDÈNE SULFURÉ.

SULFURE DE MOLYBDÈNE DES CHIMISTES.

(*Wasserbley*, W. *Molybdänglanz*, K.)

Caract. géomét. Forme primitive : prisme hexaèdre
régulier, dont les dimensions sont inconnues.

Caract. auxil. Gris de plomb ; communiquant à
la cire d'Espagne ou à la résine l'électricité vitrée
par le frottement.

Caract. phys. Pesant. spécif., 4,7385.

Consistance. Facile à gratter avec le couteau ;
composé de lames séparables ; flexible sans élasticité.

Couleur. Gris de plomb, avec une teinte plus
claire.

Action sur le tact. Surface onctueuse au toucher.

Tachure. Tachant le papier en gris métallique. Il
forme des traits verdâtres sur la porcelaine.

Électricité. Corps conducteur, acquérant une électricité résineuse très sensible, lorsqu'on le frotte étant isolé ; communiquant à la résine ou à la cire d'Espagne l'électricité vitrée, par le frottement, en même temps qu'il y laisse son empreinte métallique.

Caract. chim. Volatile en fumée blanche, par l'action du chalumeau, avec une odeur sulfureuse.

Analyse par Bucholz (Journal de Gehlen , t. IV, p. 603) :

Molybdène.......... 60
Soufre.............. 40
                    ———
                    100.

Caract. distinct. 1°. Entre le molybdène sulfuré et le fer carburé. Le premier a ordinairement le tissu feuilleté ; il se réduit par la trituration en lames très minces ; le fer carburé a, presque toujours, le tissu granuleux, et se pulvérise lorsqu'on le broie. Les traits que forme le molybdène sulfuré sur la porcelaine sont verdâtres ; ceux du fer carburé conservent la couleur propre à ce minéral. Le molybdène sulfuré communique à la résine et à la cire d'Espagne l'électricité vitrée par le frottement ; le fer carburé ne lui en communique aucune. Celui-ci est d'ailleurs, en général, d'une couleur plus sombre, et sa surface a moins d'éclat. 2°. Entre le même et le fer oligiste écailleux, dit *fer micacé*. Celui-ci ne tache point le papier, si ce n'est lorsqu'il est mêlé de particules à l'état d'hématite, qui forment des traits rouges : au

lieu que ceux du molybdène sont d'un gris métallique.
Le fer micacé, fortement trituré, se réduit en poussière rouge ; le molybdène sulfuré couvre de son enduit métallique la substance sur laquelle on le broie.
Le fer micacé, exposé à l'action du chalumeau, s'y
convertit en aimant ; le molybdène sulfuré s'y dis-
sipe en fumée. A l'égard des rapports que l'on a cru
apercevoir entre le molybdène sulfuré et les substances talqueuses, il ne peut y avoir lieu à aucune
méprise, d'après le brillant métallique, l'opacité et
la propriété tachante du premier.

VARIÉTÉS.

Formes déterminables.

1. Molybdène sulfuré *primitif* (fig. 3o6, pl. 116).
En prisme ordinairement très court et semblable à
une lame hexagonale. Pelletier, Mém. et observ. de
Chimie, t. 1, p. 194.

2. Molybdène sulfuré *trihexaèdre* (fig. 3o7).
Schmeisser, a system of mineralogy, t. II, p. 258.
Ce savant définit les cristaux de cette variété, *des
prismes à six pans terminés en pyramides à six
faces, par double troncature* (*). Nous supposons
qu'il a voulu dire que ces cristaux étaient des prismes
hexaèdres, tronqués sur les arêtes des deux bases, de

(*) *In sex sided prisms, terminating in sex sided pyra-
mids, by double truncation. Ibid.*

manière à faire disparaître ces bases. Il dit en avoir vu un échantillon chez M. Raspe.

Formes indéterminables.

Molybdène sulfuré *laminaire.*
Lamelliforme.

Annotations.

Le molybdène sulfuré a été placé par les géologues en tête de la liste des métaux rangés par ordre d'ancienneté. On le trouve disséminé en petites masses, dans les granites de première formation. Tel est celui qui est engagé dans un granite observé par M. Cordier, dans les environs du Mont-Blanc, au pied du rocher qu'on appelle le *Talèfre.* Il est disséminé en très petites lames, dans le graïsen qui sert de gangue à l'étain oxidé, dans les montagnes de Blon aux environs de Limoges, et c'est une preuve de l'ancienneté de cette roche. La substance faisant partie des roches primitives qui sert le plus ordinairement de gangue immédiate au molybdène sulfuré, est le quarz hyalin, quelquefois ferrugineux. C'est ce que prouvent divers échantillons de ma collection, qui viennent du Valais, sur la rive gauche du Rhin ; de Nertschinsk en Sibérie ; d'Altenberg en Saxe ; de la Hongrie ; d'OEdelfors en Suède, et de Spanistown, l'une des îles Vierges, dans l'Amérique septentrionale.

Le molybdène étant pour ainsi dire le doyen d'âge parmi les métaux, ceux dont il est voisin dans la nature, sont du nombre des plus anciens après lui, tels que l'étain, le schéelin ferruginé et le schéelin calcaire, ainsi qu'on l'observe en Saxe et en Bohême.

Le molybdène sulfuré est quelquefois recouvert ou entremêlé d'une matière pulvérulente, d'une couleur jaunâtre, que l'on a regardée comme un oxide du même métal. M. Karsten paraît être jusqu'ici le seul qui l'ait classée comme espèce particulière.

Cependant cette substance diffère par sa couleur, de l'oxide qui semblerait devoir offrir son analogue, parmi les produits des opérations chimiques faites sur le molybdène, ce dernier étant d'une couleur blanche. Lorsque la substance dont il s'agit aura été mieux étudiée, on saura si elle doit être placée dans la méthode, comme seconde espèce du genre dont le molybdène est la base.

Klaproth rapporte (Dict., t. III, p. 157.) que M. Ilsemann a retiré du molybdène sulfuré une matière bleue, dont plusieurs peintres font usage pour l'exécution de leurs tableaux.

Le molybdène sulfuré, confondu pendant long-temps avec le fer carburé, tantôt sous le nom commun de *plombagine*, tantôt sous celui de *molybdène*, l'a suivi dans tous ses écarts, et a été regardé, ainsi que lui, successivement comme une mine de zinc, un fer micacé, une variété du mica ou du talc.

Romé de l'Isle, en le comparant à ces deux dernières substances, auxquelles il l'associait, remarque qu'il cristallise comme elles en lames hexagonales, et qu'il a l'onctuosité du talc. Il pensait que les traces luisantes que laisse le molybdène sur le papier, étaient l'effet d'un principe ferrugineux, ou peut-être d'une légère portion d'étain qui s'y rencontrait (*). Il persista dans son opinion, même après que le célèbre Schéele eut publié ses recherches sur la composition du molybdène sulfuré (**). Mais quoique aujourd'hui cette substance, mise à sa véritable place, se trouve à une grande distance du talc, il n'est peut-être pas inutile de remarquer les nouvelles ressemblances que des recherches postérieures m'ont fait connaître entre l'un et l'autre, au moins comme un exemple de ces analogies inattendues, par lesquelles la nature lie quelquefois des êtres qui, à d'autres égards, présentent des contrastes frappans. Non-seulement le molybdène cristallise comme le talc, mais il paraît qu'il se divise dans le même sens, en rhombes de 120^d et 60^d. L'observation et le calcul prouveront, sans doute, un jour, que le rapport entre les dimensions de la molécule intégrante n'est pas le même de part

---

(*) De l'Isle, t. II. p. 500.
(**) *Id.* t. III, p. 3, note 3.

et d'autre. De plus, le talc partage avec le molybdène la propriété de communiquer à la résine l'électricité vitrée, à l'aide du frottement. Enfin, tous
les deux, étant isolés et frottés, acquièrent l'électricité résineuse dans un degré très marqué (*). Ordinairement, c'est la première vue qui en impose,
lorsque l'on confond deux substances différentes,
et les recherches qui tiennent de plus près à la
science, servent à rectifier l'erreur. Ici, au contraire,
elles tendraient plutôt à inspirer des doutes, et les
caractères qui décident l'observateur sont ceux qui
parlent à l'œil; je veux dire, d'une part, une couleur blanchâtre ou légèrement verdâtre à la surface d'un corps translucide, et de l'autre, un luisant
métallique réfléchi par un corps opaque.

QUATORZIÈME GENRE.

TITANE.

(*Ménac*, W. *Titan*, K.)

Titanium de Klaproth, nom emprunté de celui des Titans.

Les premiers indices du nouveau métal qui va
nous occuper remontent aux expériences faites, il
y a un certain nombre d'années, par Gregor, sur
une substance granuliforme, découverte dans la

(*) Cette propriété existe aussi dans les autres métaux
à l'état métallique, mais d'une manière beaucoup moins
sensible.

vallée de Menacan, au comté de Cornouailles, et composée de l'oxide du métal dont il s'agit, avec un mélange d'une certaine quantité de fer (*). Gregor avait soupçonné qu'elle renfermait une matière métallique toute particulière; mais il y avait loin de cet aperçu aux résultats à l'aide desquels le célèbre Klaproth a mis depuis dans un plus grand jour l'existence et les propriétés du même métal, en opérant sur des substances rangées alors parmi les pierres, et qui ne paraissaient avoir aucun rapport avec le minéral de la vallée de Menacan. Ce métal, qu'il a nommé *titanium*, et sur lequel Vauquelin a fait, de son côté, différentes recherches, n'a pu encore être amené, de l'état d'oxide sous lequel il se présente toujours, à l'état vraiment métallique. Mais tout concourt à confirmer son existence, et à lui assigner d'avance une place parmi les métaux cassans et oxidables immédiatement (**).

PREMIÈRE ESPÈCE.

TITANE OXIDÉ.

(*Rutil*, W.)

Caractères spécifiques.

Caract. géométr. Forme primitive : prisme droit symétrique (fig. 3o8, pl. 116), dans lequel le côté B

(*) Voyez l'appendice placé à la suite de cette espèce.
(**) Journal des Mines, n° 15, p. 26.

de la base est à la hauteur G à peu près comme
11 est à 5 (*). Les joints parallèles à l'axe ont beaucoup de netteté ; la position des bases n'est que
présumée. Le prisme se sous-divise dans le sens des
deux diagonales de sa coupe transversale.

Molécule intégrante : prisme triangulaire rectangle
isocèle.

Caractères phys. Pesant. spécif., 4,1025.....
4,2469.

Dureté. Rayant le verre et quelquefois même le
quarz. Une partie des cristaux étincellent sous le
briquet ; d'autres se réduisent facilement en petits
fragmens ; mais on reconnaît leur dureté, à ce
que ces fragmens raient le verre et sont difficiles à
broyer.

Couleur. Rouge-brunâtre, tirant quelquefois sur
le rouge auroré.

Transparence. Opaque, en général ; les fragmens
minces, et les cristaux aciculaires sont quelquefois
translucides.

Electricité. Résineuse à l'aide du frottement.

Cassure. Transversale, raboteuse.

Caract. chim. Infusible sans addition ; fondu avec
le borax, il se dissout, en formant beaucoup de bulles,
et produit un verre jaunâtre.

(*) Le véritable rapport est celui de $\sqrt{21} : \sqrt{5}$; la
moitié de la diagonale de la base est à la hauteur comme
$\sqrt{12} : \sqrt{5}$.

Caract. distinctifs. 1°. Entre le titane oxidé et le titane calcaréo-siliceux ; le premier raie le verre, ce que l'autre ne fait pas. La division mécanique du titane oxidé donne un prisme rectangulaire qui se sous-divise sur les diagonales de ses bases; celle du titane calcaréo-siliceux, beaucoup moins nette, donne un octaèdre rhomboïdal. 2°. Entre le même et l'étain oxidé brun. Celui-ci a une pesanteur spécifique plus grande dans le rapport de 3 à 2. Son tissu est beaucoup moins sensiblement lamel-leux.

VARIÉTÉS.

FORMES DÉTERMINABLES.

Quantités composantes des signes représentatifs.

$$PM\ ^{1}G^{1}\ ^{3}G^{2}\ ^{3}G^{2}B\overset{\frac{1}{2}}{B}\overset{1}{A}.$$
$$PM\quad l\quad f\quad s\quad o\quad r\quad u$$

CRISTAUX SOLITAIRES.

Combinaisons une à une.

1. Titane oxidé *octaèdre*. $\overset{\frac{1}{2}}{B}$.

En octaèdre symétrique, que l'on peut se représenter à l'aide de la figure 310, en imaginant que les faces *r* se prolongent jusqu'au point de masquer toutes les autres.

Deux à deux.

2. *Dioctaèdre.* $\overset{\scriptscriptstyle 1}{B}{}^2 G^a$ (fig. 309).

Prisme octogone terminé par des sommets à quatre faces trapézoïdales.

Cinq à cinq.

3. *Bissexdécimal.* $M^3 G^{31} G^1 \overset{\scriptscriptstyle 2}{B}\overset{\scriptscriptstyle 1}{A}$ (fig. 310).

Prisme à seize pans, terminé par des pyramides à huit faces. (Traité de Cristallographie, t. II, p. 316.)

CRISTAUX GROUPÉS.

Les cristaux de titane oxidé ont une tendance générale à s'accoler deux à deux par un plan de jonction oblique à leur axe. La réunion des deux cristaux se fait de manière qu'ils paraissent engagés l'un dans l'autre par leurs sommets, et que leurs axes font entre eux un angle obtus de $114^d\ 18'$. Le plan de jonction est parallèle à une face qui serait produite en vertu de la loi $\overset{\scriptscriptstyle 1}{A}$.

1. Titane oxidé *géniculé.* Les deux prismes subissent dans leurs contours différentes lois de décroissement, qui donnent les sous-variétés suivantes :

a. *Unitaire.* $M^1 G^1$ (fig. 311).

b. *Ternaire.* ^{s}G^3 (fig. 312).

c. *Soustractif.* ^{l}G^{13}G^3 (fig. 313).

Dans les deux dernières, la loi de symétrie n'est point observée. Pour qu'elle le fût, il faudrait que les faces désignées par *s* se répétassent des deux côtés de chaque arête G, comme cela a lieu pour les faces *f* de la variété dioctaèdre, tandis qu'au contraire on n'en voit qu'une seule. Mais ces sortes d'anomalies ont lieu quelquefois dans les groupemens.

2. Titane oxidé *bigéniculé.* Dans cette variété, la jonction se répète, soit du même côté, soit latéralement, par l'intervention d'un troisième prisme. (Traité de Cristallographie, t. II p. 314.)

Formes indéterminables.

Titane oxidé *laminaire.* En Norwège, où il est recouvert de fer oligiste.

Grano-lamellaire. A New-Jersey.

Cylindroïde. En Hongrie; au Brésil.

Aciculaire. En aiguilles, qui ont quelquefois plusieurs centimètres de longueur. Elles sont souvent engagées dans le quarz.

Réticulé. Sagénite de Saussure. (Voyage dans les Alpes, n° 1894.) Assemblage d'aiguilles qui se croisent de manière à imiter un réseau par leur assortiment.

Pulvérulent. On le trouve ordinairement à la surface de la chaux carbonatée.

Mínér. T. IV.

22

Accidens de lumière.

Titane oxidé. *Rouge-brunâtre. Brun-noirâtre. Jaune-brunâtre. Jaune-cuivreux. Orangé. Jaune-pâle.*

Transparent.

Opaque.

APPENDICE.

1. Titane oxidé *chromifère.* (Annales du Muséum, t. VI, p. 93.) D'un gris demi-métallique noirâtre, qui approche du gris de fer. Se trouve en Suède, dans la paroisse de Fernebo, près de Sala. Il y est enveloppé de mica métalloïde d'un brun-verdâtre.

2. Titane oxidé *ferrifère. Nigrin,* K. D'un gris de fer. Action plus ou moins marquée sur l'aiguille aimantée.

a. Laminaire. De Norwége. De Hof-Gastein, pays de Salzbourg.

b. Granuliforme. Ménakan, W. Vulgairement *Ménakanite;* ainsi nommé parce qu'on le trouve dans la vallée de Ménakan, au comté de Cornouailles.

Relations géologiques.

Le titane oxidé paraît ne le céder qu'au molybdène, relativement à l'ancienneté d'origine. On en a cité des cristaux engagés dans le granite et dans le gneiss, et c'est à cette dernière espèce de roche qu'appartient le titane oxidé des monts Carpaths en Hongrie. Sa gangue immédiate est un quarz. On attribue le même gissement au titane d'Espagne. Une autre roche que l'on regarde comme étant d'une formation postérieure à celle du gneiss, qui renferme aussi le titane oxidé, est celle qui est composée d'amphibole lamellaire, et qu'on a observée au val Sésia, dans les Alpes piémontaises; le titane oxidé y est accompagné de titane calcaréo-siliceux, blanc-jaunâtre.

Le quarz est, de toutes les substances pierreuses, celle qui sert le plus communément de support ou d'enveloppe au titane oxidé. La variété géniculée se trouve dans une multitude de pays différens : aux environs de Limoges en France; au Simplon, dans la chaîne des Alpes; aux monts Carpaths en Hongrie; en Espagne, dans la Nouvelle-Castille; près de Rauris, dans le pays de Salzbourg; à Arendal en Norwège; à New-York, dans les Etats-Unis, etc. On rencontre aussi la même substance dans plusieurs endroits, sous la forme aciculaire. Elle perd alors, au moins en grande partie, sa tendance vers le mode de jonction qui a lieu dans la variété géniculée. La sagénite de Saussure a été observée dans la vallée de Rauris; elle y tapisse les interstices d'un assemblage de cristaux prismatiques de mica, verdâtres à l'intérieur, d'un brun-noirâtre à la surface, disposés par groupes qui imitent des mamelons. Au Saint-Gothard, le titane forme aussi des espèces de réseaux qui s'étendent sur la surface du talc, et quelquefois du feldspath. Ses cristaux aciculaires, tantôt libres, tantôt réunis en gerbe, tantôt comme entrelacés les uns dans les autres, garnissent l'intérieur du quarz hyalin transparent à Madagascar, au Brésil et en Sibérie. M. Beauvois a trouvé beaucoup de titane oxidé amorphe dans la caroline du Sud, principalement au comté de Pendleton, en-deçà des montagnes bleues. Il paraissait avoir été entraîné par des courans d'eau qui l'avaient déposé dans une terre ferrugineuse, mêlée de mica jaune.

Parmi les substances métalliques, je ne connais que le fer auquel le titane oxidé soit associé. Indépendamment du titane oxidé ferrifère où il est engagé par voie de mélange, on trouve souvent ces deux minéraux juxta-posés et simplement adhérens l'un à l'autre.

J'ai déjà cité le titane oxidé de Norwége recouvert de fer oligiste ; on y voit séparément les deux substances qui sont unies étroitement dans la variété ferrifère. Je possède un morceau du Saint-Gothard qui présente de petits cristaux de titane avec des cristaux de fer spathique, sur un quarz hyalin. Les cristaux de titane sont terminés par des facettes obliques qui paraissent appartenir en propre à chacun d'eux, et sont étrangères au groupement. Mais rien n'est comparable à ces cristaux du Saint-Gothard, rangés parallélement les uns aux autres, à peu près comme des tuyaux d'orgue, sur le fer oligiste, auquel ils semblent le disputer par leur éclat. Si l'on incline l'œil, le titane paraît d'un rouge mordoré, à l'aide des rayons qui se sont réfractés en le pénétrant. C'est un effet analogue à celui que produit le fer oligiste lui-même, dans certains cristaux qui ont des parties transparentes. Mais le rouge mordoré que présentent ces parties est la couleur complémentaire de la teinte bleuâtre produite par les rayons réfléchis, au lieu que le titane oxidé rentre dans l'analogie des substances transparentes ordinaires, dans lesquelles la couleur vue par réfraction est la même que celle qui est vue par réflexion. C'est une suite de ce que le titane oxidé, quand il est pur, a sa surface d'un rouge-brunâtre, dont le rouge mordoré n'est qu'une nuance.

Annotations.

Le titane oxidé a été regardé pendant long-temps comme une substance pierreuse, que l'on désignait sous différens noms. Celui de Hongrie était appelé *schorl rouge*, dénomination suffisamment motivée dans les principes de l'ancienne Minéralogie, par le caractère que de Born lui assigne, et qui consiste dans sa cristallisation en prisme chargé de cannelures longitudinales. Klaproth remarque que l'on avait aussi rangé le titane parmi les grenats, d'après sa cassure et sa couleur (*). Saussure regardait la variété réti-

***

(*) Journal des Mines, n° 15, p. 2.

culée, qu'il avait observée au Saint-Gothard, comme une espèce particulière de pierre, qu'il appelait *sagénite*, dérivé de *sagena*, qui signifie un filet.

Quant au titane de France, il y en avait depuis long-temps des morceaux entre les mains de plusieurs naturalistes; et le fils du célèbre Wedgwood, à qui M. Guyton en fit voir un, qu'il avait trouvé à Pont-James ou les Noyers, crut y reconnaître les caractères du spath adamantin ou corindon (*). C'est d'après cette opinion que plusieurs auteurs ont cité le Poitou parmi les gissemens du spath adamantin (**).

Enfin, Klaproth, dont les recherches chimiques ont eu, plus d'une fois, le double mérite de dissiper une erreur par la découverte d'une vérité, reconnut dans le prétendu schorl rouge de Hongrie, la présence d'un métal particulier, auquel il donna le nom de *titanium*. Quelque temps après, l'examen des propriétés physiques et de la structure d'un cristal rapporté de Saint-Yriex, me fit conjecturer qu'il pourrait bien être de la même nature que le schorl rouge de Hongrie, dont le célèbre chimiste de Berlin venait de dévoiler la véritable composition (***); et cette conjecture fut bientôt vérifiée, d'après l'ana-

---

(*) Annales de Chimie, t. I, p. 189.

(**) Kirwan, t. I, p. 336; Gmelin, nouvelle édition de Linnæus, t. III, p. 213. M. Emmerling indique la même localité avec un point de doute, t. I, p. 11.

(***) Journal des Mines, n° 12, p. 46, note 2.

lyse faite de la même substance par Vauquelin et Hecht (*).

A l'époque où je publiai mon Traité, je n'avais encore vu aucun cristal simple de titane oxidé qui fût régulièrement terminé. Les facettes qu'on aurait pu prendre pour celles d'un sommet, semblaient être plutôt l'effet d'un groupement semblable à celui que représentent les fig. 311 et suiv., dans lequel un des cristaux était surmonté par les pans d'un second cristal ou même de plusieurs entés sur lui. Cette disposition des cristaux de titane à se réunir ordinairement deux à deux, en forme de genou, est presque générale dans ceux des différens pays. Je m'en suis servi, au défaut d'observations directes, pour déterminer, au moins d'une manière vraisemblable, le rapport entre les dimensions de la molécule intégrante, d'après le principe que dans tous les cristaux qui paraissent se pénétrer mutuellement, le plan de jonction est dans le sens d'une face qui résulterait d'une loi de décroissement, que j'ai supposée ici être la plus simple.

(*) Journal des Mines, n° 15, p. 10 et suiv.

SECONDE ESPÈCE.

TITANE ANATASE.

(*Oktaëdrit*, W. *Anatas*, K.)

Anatase, Traité, première édition, t. III, p. 129.

Caractères spécifiques.

Caract. géomét. Forme primitive : octaèdre symétrique (fig. 314, pl. 117) dans lequel l'incidence de P sur P est de 137^d 10′ (*). Cet octaèdre se sous-divise dans le sens de la base commune des deux pyramides dont il est l'assemblage. Ces divisions, ainsi que celles qui ont lieu parallèlement aux faces P, sont nettes et assez éclatantes.

Molécule intégrante : tétraèdre symétrique.

Caract. phys. Pesant. spécif. , 3,857.

Dureté. Rayant le verre.

Électricité. Résineuse par le frottement.

Poussière. Blanchâtre.

Couleur vue par transparence. La couleur du titane anatase paraît être le bleu, dans l'état de pureté. Mais le plus ordinairement elle est d'un gris d'acier, joint à un éclat demi-métallique.

Caract. chim. Infusible au chalumeau ; chauffé fortement avec une partie égale de borax, il se fond

____

(*) La hauteur de chaque pyramide est à la moitié du côté de la base comme $\sqrt{13} : \sqrt{2}$.

en un verre d'une couleur vert d'émeraude, et qui par le refroidissement se cristallise en aiguilles. Fondu avec une plus grande quantité de borax, il communique au verre une couleur d'un brun d'hyacinthe, et si l'on expose ce verre à une médiocre chaleur, en le plaçant à la pointe du dard de flamme, le brun se change en bleu foncé, et le verre perd sa transparence. Si l'on continue de chauffer, le bleu fait place au blanc. Enfin, à une chaleur plus active, la couleur d'hyacinthe et la transparence reviennent, et l'on peut réitérer, à volonté, les changemens de couleur, en faisant varier l'intensité de la chaleur. (Expérience d'Esmark.)

Caract. distinct. La substance avec laquelle on serait le plus tenté de confondre l'anatase au premier coup d'œil, est le zinc sulfuré en petits cristaux ayant l'aspect métallique. Mais, outre que la structure et les formes sont très différentes de part et d'autre, le zinc sulfuré ne raie pas le verre, comme le fait l'anatase; et il donne une odeur hépathique par l'acide sulfurique, ce qui n'a pas lieu pour l'anatase.

VARIÉTÉS.

Formes déterminables.

1. Titane anatase *primitif.* P (fig. 314). Incidence de P sur P, 97ᵈ 38′; de P sur P′, 137ᵈ 10′. Angle plan au sommet de chaque triangle, 40ᵈ 8′; angles latéraux, 69ᵈ 56′.

2. *Base.* $\mathop{\mathrm{P\,A}}\limits_{\mathrm{P}\,\overset{\centerdot}{o}}$ (fig. 315).

3. *Dioctaèdre.* $\mathop{\mathrm{P\,A}}\limits_{\mathrm{P}\,\overset{\frac{4}{3}}{r}}$ (fig. 316).

4. *Prominule.* $\mathop{\mathrm{P}}\limits_{\mathrm{P}}\left(\mathrm{A}\,\mathrm{B}^5\,\mathrm{B}^6 \atop {\tfrac{3}{3}}\quad s\right)$ (fig. 317).

La forme primitive modifiée à chaque sommet par huit petits triangles scalènes très inclinés aux endroits des arêtes z, ce qui rend celles-ci très peu saillantes.

La position des facettes et la légère saillie qu'elles forment à leur rencontre, indiquent seules qu'elles dépendent d'une loi composée. Celle que j'ai adoptée, après divers tâtonnemens, m'a paru satisfaire à l'observation ; mais je n'oserais en garantir l'existence, vu la petitesse des cristaux que j'avais entre les mains.

Accidens de lumière.

Couleurs.

1. Titane anatase *brun-noirâtre*. Ce ton de couleur n'a lieu que sur les parties tournées du côté opposé à celui d'où vient la lumière. Celles qui sont dans une position favorable aux reflets, paraissent d'un gris métallique éclatant.

2. *Jaune-brunâtre.*

3. *Bleu.*

Transparence.

1. Titane anatase *translucide*. Il ne l'est que dans

certaines parties, et lorsqu'on le place entre l'œil et
une vive lumière. Les endroits translucides sont
d'un jaune-verdâtre ou brunâtre.

2. *Opaque.*

Annotations.

Le titane anatase, beaucoup plus rare que les
autres espèces du même métal, se trouve dans les
montagnes voisines du bourg d'Oisans, département
de l'Isère. Ses cristaux, qui sont petits en général, et
dont plusieurs sont presque imperceptibles, ont pour
gangue la même roche sur laquelle on trouve aussi
l'axinite, la prehnite, l'épidote, etc., et qui est
proprement un diorite dans lequel tantôt le feldspath et tantôt l'amphibole prédomine à certains
endroits.

Les auteurs de Traités de Minéralogie n'ont cité
jusqu'ici l'anatase que dans la localité dont je viens
de parler; mais il existe aussi en Espagne, dans un
mica, et on l'a retrouvé en France près de Moustiers,
ancien département du Mont-Blanc, où il a pour
gangue une roche qui paraît être de la même nature
que celle du département de l'Isère. Le titane anatase
y est associé au feldspath quadridécimal et au
quarz hyalin prismé.

Nos premières connaissances sur le titane anatase
sont dues au célèbre Bournon, qui, en 1783, envoya
à Romé de Lisle une notice sur un cristal bleu de
cette substance, qu'il appelait *schorl d'une couleur*

bleue indigo. Ayant acquis depuis divers autres cristaux du même minéral, il en mesura les angles; et il indiqua 140^d pour la valeur de celui que forment entre elles les faces P, P'. Il cita une autre variété de la même substance, en octaèdre moins alongé que le primitif, qui lui parut provenir de la loi de décroissement dont l'expression serait $\overset{1}{B}$. Mais cet octaèdre ne s'est point encore rencontré parmi les différentes formes de titane anatase qui se sont offertes à mes observations.

Saussure a décrit aussi la même substance, à laquelle il donne le nom d'*octaédrite*. N'ayant point alors de goniomètre, il avait employé, au défaut de cet instrument, une méthode qu'il recommande, comme susceptible d'une plus grande exactitude. Elle consistait à mesurer, avec le micromètre, les trois côtés d'un des triangles P (fig. 314), et à en déduire trigonométriquement les angles. Il avait trouvé, par ce procédé, $53^d\,\tfrac{1}{3}$ pour la valeur de l'angle au sommet de chaque triangle, d'où il s'ensuivrait que l'incidence de P sur P' ne serait que de $119^d\,28'$. J'ai suivi la méthode inverse, c'est-à-dire que j'ai mesuré immédiatement cette dernière incidence, qui m'a donné environ $137^d\,\tfrac{1}{4}$, et j'en ai conclu l'angle au sommet de chaque triangle, qui est d'environ 40^d; ce qui fait une différence de près de 18^d d'une part, et de 13^d de l'autre. J'ai répété mes observations sur plusieurs cristaux, et j'ai obtenu constamment le même résultat. Il est probable que celui de Saussure ne s'en écarte si sensiblement que par l'effet de quelque inadvertance. Mais en m'abstenant d'imputer l'erreur au procédé employé par ce célèbre naturaliste, je ne balance pas à préférer le goniomètre, comme beaucoup plus sûr, et d'ailleurs d'un usage plus facile et plus expéditif.

A l'égard du nom d'*octaèdrite* donné par le même naturaliste à la substance dont il s'agit, il m'avait paru trop vague pour être adopté, et je l'avais remplacé dans la première édition de ce Traité par un autre qui, emprunté aussi de la forme, portait sur le caractère particulier qu'elle présente dans cette substance, où les pyramides qui composent l'octaèdre sont beaucoup plus alongées que dans tous les autres minéraux qui ont cette même forme pour noyau.

Ayant conjecturé, d'après quelques indices, que les cristaux d'anatase devaient avoir la propriété de conduire très sensiblement le fluide électrique, je m'y suis pris de la manière suivante pour vérifier ce soupçon : j'ai fait entrer de petits cristaux de cette substance dans un tube de verre, de manière qu'ils y étaient rangés à la file, sur une longueur d'environ quatre centimètres. J'ai inséré ensuite, par les deux orifices, deux verges de cuivre, dont chacune se trouvait en contact avec une extrémité de la file de cristaux, et dont l'une était droite, et l'autre recourbée en anneau par sa partie saillante. Ayant fait communiquer la première avec un conducteur qu'on électri-

sait modérément, j'ai obtenu des étincelles assez
vives, en approchant le doigt de la partie recourbée
de l'autre verge ; et lorsque je faisais l'expérience
dans l'obscurité, je voyais des points lumineux très
éclatans à tous les endroits où les petits octaèdres
laissaient entre eux de légères séparations. L'expérience, faite comparativement avec des grains de
chaux fluatée, ne produisait aucune transmission
bien sensible du fluide électrique.

Cette propriété qu'a le minéral dont il s'agit ici,
de transmettre très sensiblement l'électricité, m'avait
fait présumer qu'il contenait une substance métallique (Traité, première édition, t. III, p. 135). Ainsi,
ayant déterminé l'espèce, d'après ses caractères géométriques, qui la distinguaient de toutes les autres
espèces connues, ce qui était le point essentiel, j'avais
comme entrevu la classe à laquelle il appartenait.
M. Vauquelin y a reconnu depuis la présence du titane, et une expérience ultérieure, dans laquelle il
a comparé ce minéral avec le titane oxidé ordinaire,
a indiqué de part et d'autre le même degré d'oxidation, et les mêmes propriétés chimiques (Journal des
Mines, n° 114, p. 478 et suiv.). De mon côté, j'ai essayé
de ramener au même type les cristaux des deux substances, à l'aide de la théorie, et je n'ai pu y parvenir.
A la vérité, l'octaèdre du titane anatase étant symétrique, en sorte que la base commune des deux pyramides dont il est l'assemblage est un carré, et la
forme primitive du titane oxidé étant un prisme droit

dont les bases sont des carrés, ces deux formes considérées en général ne sont pas incompatibles. Mais en partant de l'une de ces formes, par exemple de celle du titane oxidé, je n'ai pu en faire dériver, par des lois admissibles de décroissement, l'octaèdre de l'anatase, non plus que les variétés qui naissent de celui-ci. Ce sont deux systèmes tout différens de cristallisation.

La division mécanique présente de même des diversités très sensibles; on n'observe dans le titane oxidé aucun des joints obliques qui conduisent à l'octaèdre de l'anatase, et celui-ci n'offre aucun indice des joints parallèles à l'axe qui sont si apparens dans le titane oxidé.

Une autre différence qui est moins importante, mais qui n'est pourtant pas à négliger, c'est cette tendance presque générale des cristaux de titane oxidé pour s'alonger en prismes ou en aiguilles qui s'entrecroisent, tandis que le titane anatase, dont la forme élancée semblerait annoncer une disposition à produire des variétés aciculaires, conserve constamment l'empreinte de l'octaèdre, et se présente le plus ordinairement en cristaux solitaires.

Enfin, le titane anatase n'offre aucun indice de cette disposition presque générale au groupement qu'affecte le titane oxidé, et dont j'ai retrouvé l'empreinte dans ces petits cristaux cylindroïdes du Brésil. On dira que c'est un accident; et c'est peut-être l'effet de quelque loi à laquelle est soumise la substance par une suite de sa nature, et dont la cause nous échappe. Les cristaux d'étain ont de même une grande habitude de se grouper deux à deux. Le mot d'*accident*, qui nous est si familier, a quelquefois l'air d'un expédient pour nous débarrasser d'un fait dont l'explication nous gêne.

Les couleurs, qui dans les métaux sont caractéristiques, paraissent également s'opposer à l'idée d'un rapprochement entre les deux substances. On sait que les cristaux de plusieurs espèces de cette classe, tels que le cuivre oxidulé, l'argent antimonié sulfuré, le mercure sulfuré, ont assez souvent leur surface douée d'un éclat métallique, qui semble être l'effet d'une modification accidentelle, en sorte que le véritable état de ces substances, celui qui offre comme la limite de tous les autres, est caractérisé par la couleur rouge jointe à un certain degré de transparence. S'il en est de même des deux espèces de titane que nous comparons ici, la limite du titane oxidé ordinaire répondra au rouge mordoré, et celle de l'anatase à une couleur très différente qui est le bleu-indigo. Jusqu'à ce que de nouvelles recherches nous aient dévoilé la cause du défaut d'accord qui existe ici entre la Chimie et la Cristallographie, j'ai cru devoir placer séparément l'anatase à la suite du titane oxidé, en lui conservant comme épithète le nom que je lui avais anciennement donné.

TROISIÈME ESPÈCE.

TITANE CALCARÉO-SILICEUX.

(*Menac*, W. *Sphen*, K. *Titanit*, R.)

Cristaux du Saint-Gothard. *Sphène*, Traité, première édition, t. III, p. 114.

Très petits cristaux dont la couleur varie entre le jaune
citrin et l'orangé, disséminés dans le sable d'Andernach,
ou engagés dans des roches du même pays. *Séméline*,
Fleuriau de Bellevue, Journal de Physique, t. LI, p. 443.
Cordier, Journal des Mines, n° 124, p. 250, note 1.

Grains irréguliers ou petits cristaux orangé-brunâtres, d'une
forme analogue à celle de la variété mégalogone, engagés
dans une roche composée principalement de feldspath à
tissu vitreux, des bords du lac de Laach, département
de Rhin-et-Moselle. *Spinelline*, Nose, Études minéral.
sur les montagnes du Bas-Rhin.

Caractères spécifiques.

Caract. géomét. Forme primitive : octaèdre rhomboïdal (fig. 318, pl. 117), dans lequel l'incidence de
l'arête D sur l'arête D' est de $103^d\ 20'$, et celle de P
sur P' de $131^d\ 16'$ (*).

Caract. phys. Pesant. spécif., 3,51.

Consistance. Fragile, mais assez difficile à broyer.

(*) Dans la forme primitive (fig. 318), les trois lignes
menées du centre aux angles E, I, A, sont entre elles dans
le rapport des nombres $\sqrt{8}$, $\sqrt{5}$ et $\sqrt{15}$.

Électricité. Une partie des cristaux est électrique par la chaleur.

Caract. chimique. Infusible par l'action du chalumeau.

Analyse du titane calcaréo-siliceux de Passau, par Klaproth (Beyt., t. I, p. 251) :

Oxide de titane........ 33
Silice.................. 35
Chaux. 33
——
101.

De celui du Saint-Gothard, par Cordier (Journal des Mines, n° 73, p. 70).

Oxide de titane....... 33,3
Silice................. 28
Chaux................ 32,2
Perte................ 6,5
——
100,0.

Caractère d'élimination. Ses indications, 1°. dans le titane oxidé comparé au titane calcaréo-siliceux brunâtre : il raye le verre, ce que ne fait pas l'autre. Il est divisible par des coupes parallèles aux pans d'un prisme rectangulaire qui se sous-divise diagonalement ; le titane calcaréo-siliceux n'offre que des joints obliques, ou seulement des coupes parallèles aux pans d'un prisme rhomboïdal. 2°. Dans l'étain oxidé comparé à la même variété : il raye le verre et étincelle sous le briquet ; le titane n'est susceptible ni de l'un ni de l'autre. La pesanteur spécifique de l'étain est presque double de celle du titane. 3°. Dans l'épidote, et l'amphibole dit *actinote*, comparés au titane du Saint-Gothard, nommé *Sphène* : ils se divisent par des coupes parallèles à l'axe des cristaux ; le sphène ne présente communément que des coupes obliques ; il a d'ailleurs un aspect plus vitreux que l'amphibole.

VARIÉTÉS.

FORMES DÉTERMINABLES.

Quantités composantes des signes représentatifs.

$$\underset{P}{P^{a}}\,\underset{h}{B^{a}}\,\underset{n}{C}\overset{1}{\underset{r}{D}}\!\left(\!{}^{a}\underset{r}{I^{a}}D^{a}C^{a}\right)\!\left(I\overset{4}{\underset{\frac{5}{2}}{D}}C^{a}D^{a}\right)\!\left(\underset{\frac{a}{2}}{{}_{a}}ID^{a}C^{a}\right)\underset{t}{{}^{a}E^{a}}\left(\underset{l}{E}\overset{3}{D^{a}}D^{a}\right).$$

Combinaisons deux à deux.

1. Titane calcaréo-siliceux *émoussé.* $\underset{P}{P^{a}}\,\underset{h}{B^{a}}$ (fig. 319).

Se trouve au Saint-Gothard. Je suppose la forme symétrique, quoiqu'elle puisse ne pas l'être, puisque les cristaux de titane calcaréo-siliceux sont électriques par la chaleur. J'ai même aperçu de très petites facettes additionnelles qui paraissaient troubler la symétrie ; mais l'impossibilité de les déterminer m'a forcé d'en faire abstraction.

2. *Ditétraèdre.* $\underset{h}{C}\!\left({}^{a}\underset{r}{I}D^{a}C^{a}\right)$ (fig. 320).

A Arendal en Norwège; et en France, près de Nantes.

3. *Plagièdre.* ($'I'D^aC'$)($1^{\frac{4}{3}}C^aD'$) (fig. 321).

La variété précédente dans laquelle les facettes n sont remplacées par d'autres, également triangulaires, mais situées de biais : au Saint-Gothard.

Trois à trois.

4. *Dioctaèdre.* ($'I'D^aC'$)CP (fig. 322).

A Arendal, dans une siénite.

5. *Alterne.* $'E'PP^a(\dot{E}D^aD'^t)(\dot{E}'D^aD'^t)^a$.

La symétrie est troublée, et les cristaux sont très sensiblement électriques par la chaleur.

Quatre à quatre.

6. *Mégalogone.*

$\dot{D}('I'D^aC')(_{\frac{1}{3}}ID^tC^a)(1^{\frac{4}{3}}C^aD')$ (fig. 323).

Dérogeant à la symétrie des cristaux ordinaires, les faces t et y, n'étant pas répétées dans les parties opposées : électrique par la chaleur. Au Saint-Gothard.

J'ai observé d'autres formes beaucoup plus composées, et dont quelques-unes ont été décrites à l'article *sphène* de mon Traité (première édition, t. III,

p. 115). Mais leur détermination est très difficile, et laisse encore quelque chose à désirer.

Formes indéterminables.

Titane calcaréo-siliceux *canaliculé*. Sphène canaliculé, Traité, première édition, tome III, page 117. Rayonnante en gouttière, Saussure, Voyage, n° 1921.

En cristaux qui se réunissent deux à deux parallèlement à leurs axes, de manière que leur jonction offre d'un côté une espèce de sillon. Assez souvent deux groupes sont adossés l'un à l'autre par leur arête saillante, en sorte que l'assemblage est doublement canaliculé.

Ces sortes d'accolades sont très communes dans les cristaux du Saint-Gothard ; ceux d'Arendal présentent aussi quelquefois le même mode de groupement.

Cruciforme. En cristaux lamelliformes réunis de manière que leurs axes se confondent, et que les grandes faces de l'un font un angle droit avec celles de l'autre. Il y a quelquefois trois cristaux qui se croisent de telle sorte que deux ont leurs grandes faces perpendiculaires sur celles du troisième, et ne sont saillans chacun que d'un côté, comme si dans la variété cruciforme une moitié d'un cristal s'était déplacée, en se mouvant parallèlement à elle-même. Toutes ces variétés sont électriques par la chaleur. Au Saint-Gothard.

Polyédrique. Je désigne ainsi en général, faute

d'une détermination précise, des groupes de petits cristaux très éclatans, dont la forme parait dériver de la variété émoussée, avec des facettes additionnelles diversement situées. Leur éclat se rapproche de celui qu'on a nommé *éclat adamantin*; ils sont électriques par la chaleur.

Laminaire. D'un blanc-jaunâtre. A Arendal.

Sous-variétés dépendantes des accidens de lumière.

Titane calcaréo-siliceux *blanc-jaunâtre.* Gelb Menakerz, W. Schaaliger Sphen, K.

Verdâtre. Au Saint-Gothard.

Violâtre.

Brun. Braun Menakerz, W. Gemeiner Sphen, K. Il a le fer pour principe colorant.

Brunâtre par réflexion. Orangé-brunâtre par transparence.

APPENDICE.

Titane calcaréo-siliceux *ferrifère* massif. D'un brun noirâtre; quelques-unes de ses parties agissent sur l'aiguille aimantée; on le trouve en Norwège, engagé par petites masses dans la siénite qui sert de gangue au zircon. Suivant l'analyse que M. John en a faite, il contient les mêmes principes que le titane calcaréo-siliceux ordinaire, avec une certaine quantité de fer, et un excès dans la quantité de silice,

Relations géologiques.

Le titane calcaréo-siliceux, dans l'état actuel de nos connaissances, semble vouloir rivaliser avec le titane oxidé par l'étendue de son domaine. Sa formation paraît cependant être plus récente que celle de l'autre substance, les roches qui le renferment, et dont il n'est non plus que partie accessoire, ayant une origine que l'on regarde comme postérieure à celle des granites et des gneiss. Ces roches sont en général de deux espèces, savoir : la siénite et le diorite.

Le titane calcaréo-siliceux s'associe à la première aux environs d'Arendal, et dans l'île de Mull, en Écosse. Le même gissement a lieu aux environs de New-Yorck, dans les États-Unis. On trouve le titane silicéo-calcaire, dans le diorite, en France, aux environs de Nantes (c'est le diorite schistoïde), et aux environs d'Uzerche, département de la Corrèze. Celui de Passau est de même dans un diorite, suivant Jameson.

Dans le département de l'Isère, le titane calcaréo-siliceux en petits cristaux jaunâtres, repose sur ce même diorite qui a déjà reparu tant de fois comme gangue de diverses substances; telles que l'épidote, l'axinite, le feldspath quadridécimal, l'amianthoïde, la prehnite, le fer oligiste et le titane anatase.

On trouve aussi le titane calcaréo-siliceux dans un talc chlorite schistoïde, au pays des Grisons. On prendrait ses cristaux pour des axinites, si l'on n'y regardait de près. Il est disséminé dans un talc verdâtre, sur les bords de la Stura en Ligurie.

Le même minéral s'associe à la formation accidentelle des filons de fer oxidulé, près d'Arendal, où ses cristaux d'un gris-jaunâtre accompagnent l'épidote. Je possède un morceau qui le présente engagé en partie dans l'épidote, et en partie dans le paranthine laminaire.

Le titane calcaréo-siliceux se mêle surtout au Saint-Gothard, avec diverses substances qui se groupent à la surface des roches primitives. Ces substances sont particulièrement le feldspath, et le talc chlorite, et quelquefois le quarz. Enfin, le titane calcaréo-siliceux existe en très petits cristaux dans les terrains où les volcanistes ont cru reconnaître l'empreinte de l'action du feu. M. Fleuriau de Bellevue, qui a trouvé de ces cristaux disséminés dans les sables voisins d'Andernach, et dans les roches du même pays, les a considérés comme une substance particulière qu'il a nommée *séméline* (graine de lin), d'après l'aspect général de leur forme. M. Nose qui a observé de ces mêmes cristaux dans une roche des bords du lac de Laach, composée en grande partie de feldspath vitreux, leur a donné le nom de *spinelline*, qui est un diminutif de spinelle.

Annotations.

Pour bien juger de l'accroissement qu'a pris la méthode minéralogique, par les découvertes modernes dont les différentes espèces de titane ont été le sujet, et combien elle gagne à la comparaison avec elle-même, il faut se reporter par la pensée au temps

où l'on n'avait rencontré qu'un petit nombre d'individus, dans un ou deux gissemens; et encore peut-on
dire qu'on les avait vus sans les regarder, puisqu'on
les confondait avec des substances étrangères; et,
depuis que leur forme et leur composition ont été
exactement déterminées, on les trouve partout,
comme s'ils avaient attendu, pour se montrer, le moment où l'on cesserait de les prendre pour ce qu'ils
n'étaient pas.

La seule variété de titane calcaréo-siliceux qui ait
été connue pendant long-temps, était celle du Dis-
sentis que Saussure avait associée à l'actinote ou
amphibole vert (Strahlstein), sous le nom de *rayonnante en gouttière*, et dont j'avais fait une espèce
séparée, que j'avais nommée *sphène*, parce qu'il me
paraissait évident qu'ils ne pouvaient être rapportés
à l'amphibole.

Les cristaux soumis à mes observations étaient si
peu déterminables, que je n'avais présenté mon travail que comme le résultat d'un tâtonnement, pour
arriver à quelque chose de mieux dans des circonstances plus favorables. Mais lorsque dans la suite,
m'étant procuré des cristaux d'une forme mieux prononcée, je voulus essayer de la ramener à celle du
titane siliceo-calcaire d'Arendal, avec lequel une
analyse faite par M. Cordier les avait déjà réunis, je
me trouvai arrêté par un autre genre de difficulté,
qui provenait de ce que ces cristaux offraient d'un
côté des facettes qui ne se répétaient pas du côté op-

posé, tandis que les cristaux d'Arendal étaient symétriques.

Je me rappelai alors que les corps électriques par la chaleur, offraient des anomalies du même genre, et l'expérience prouva que ceux dont il s'agit partageaient cette même propriété. En général, l'électricité qu'ils acquièrent lorsqu'on les chauffe est faible; il fallait avoir envie de la trouver pour l'apercevoir; mais son existence est incontestable. Il en est du titane calcaréo-siliceux comme de l'axinite, où la propriété de devenir électrique par la chaleur est particulière à certains cristaux. Nous avons ici une nouvelle preuve de ce qu'on a dit tant de fois, que toutes nos connaissances s'entr'aident et s'éclairent mutuellement. Une propriété physique, étrangère en apparence à la Cristallographie et à l'analyse chimique, vient se placer entre elles, comme moyen de conciliation, et sauve l'espèce de contradiction que leurs résultats semblaient offrir au premier abord.

QUINZIÈME GENRE.

SCHÉELIN.

(*Scheel*, W. *et* K.)

TUNGSTÈNE DES CHIMISTES MODERNES.

C'est encore à Schéele que la chimie est redevable des premiers résultats qui ont frayé la route vers la découverte de ce métal. L'analyse que fit ce célèbre chimiste de la substance connue jusqu'alors sous ce nom de *tungstène*, et que l'on prenait pour de l'étain blanc, lui prouva qu'elle était composée de chaux et d'un autre principe d'une couleur jaunâtre, qu'il regarda comme un acide particulier. Bergmann conjectura que cet acide était dû à un métal, et ce soupçon a été vérifié par les deux frères d'Elhuyar, chimistes espagnols, qui, en traitant la substance appelée *wolfram*, en ont retiré le même principe que Schéele avait découvert dans la prétendue mine d'étain blanc, et ont obtenu la réduction du métal renfermé dans ce principe. Les expériences entreprises depuis, sur le même sujet, par MM. Vauquelin et Hecht, avaient fait d'abord conjecturer à ces savans que la matière jaunâtre, connue jusqu'alors sous le nom d'*acide tungstique* (*), ne devait être regardée que comme un oxide de tungstène. On peut lire dans leur mémoire les raisons plausibles sur lesquelles ils se fondaient (**).

Si, à l'époque où je m'occupais de la rédaction de mon Traité, la première opinion eût prévalu, comme cela paraît avoir lieu aujourd'hui, la marche de notre méthode semblait exiger que la pierre pesante de l'ancienne chimie fût placée, parmi les substances

---

(*) D'après la nouvelle dénomination que nous avons donnée au tungstène, et qui sera motivée plus bas, l'acide dont il s'agit doit être appelé *acide schéelique*.

(**) Journal des Mines, n° 19, p. 19 et 20.

acidifères, dans le genre calcaire, sous le nom de *chaux schéelatée*; et le wolfram eût appartenu au genre du fer, sous le nom de *fer schéelaté*. Mais j'ai adopté d'autant plus volontiers le mode de classification que m'indiquaient les résultats de MM. Vauquelin et Hecht que, sans cela, la place du schéelin serait restée vide, dans la série des genres; et peut-être même cette seule considération était-elle un motif suffisant pour établir ici une division provisoire, en attendant que la nature nous offrît le schéelin sous une modification à laquelle ce métal imprimât un caractère vraiment générique. Au reste, j'ai laissé un sens un peu lâche aux dénominations des espèces comprises dans cette division, en me bornant au simple nom de *schéelin*, comme nom de genre, sans prétendre indiquer la fonction qu'exerce ce métal dans les mines qui le renferment.

J'observerai ici que le nom de *tungstène*, qui signifie *pierre pesante*, était devenu doublement vicieux, soit en lui-même, parce qu'on l'appliquait à un métal, soit par son association avec les mots d'*oxide* et d'*acide*. Aussi le célèbre Werner, qui professait la Minéralogie dans un pays où ce nom, tiré de l'idiome que l'on y parle, devait choquer davantage, lui avait-il substitué le nom de *schéel*, comme un hommage rendu au savant qui a fait disparaître l'erreur attachée à l'ancien nom. M. Karsten a suivi cet exemple, et je me suis permis, à mon tour, d'effacer du langage minéralogique, destiné à peindre tout ce qu'il désigne, un nom qui présente une si fausse image, et qu'on serait fâché d'être obligé de traduire en faveur de ceux qui aiment à voir partout l'étymologie à côté du mot.

La pesanteur spécifique que MM. d'Elhuyar ont attribuée au tungstène, et qui est 17,6, ne le céde qu'à celle du platine et de l'or; mais on doit regarder ce résultat comme équivoque, puisque MM. Vauquelin et Hecht, en opérant sur le wolfram avec tout l'avantage que leur donnaient les progrès qu'a faits l'analyse, depuis le travail des deux chimistes espagnols, n'ont pu amener le métal renfermé dans cette substance à un état qui permit de le peser spécifiquement (*). Ils l'ont seulement obtenu sous la forme d'une masse spongieuse, parsemée de petits grains métalliques, d'un blanc-grisâtre, très durs et très cassans. Mais il leur a été impossible de rapprocher ces grains de manière à en former un bouton métallique; et si MM. d'Elhuyar ont cru y être parvenus, c'est peut-être qu'il s'est glissé dans la matière du bouton quelque substance additionnelle, qui aura servi de lien aux grains de tungstène.

(*) Journal des Mines, n° 19, p. 25.

PREMIÈRE ESPÈCE.

SCHÉELIN FERRUGINÉ.

(*Wolfram*, W. *et* K.)

Caractères spécifiques.

Caract. géomét. Forme primitive : Prisme droit rectangulaire (fig. 324, pl. 118), dans lequel les arêtes G, B, C sont entre elles à peu près dans le rapport des nombres 12, 6 et 7. Les coupes parallèles à T sont très nettes; celles qui répondent à M le sont moins, et s'obtiennent plus difficilement. La position des bases n'est que présumée d'après de légers indices.

Molécule intégrante : *idem* (*).

Cassure. Transversale, raboteuse.

Caract. phys. Pesant spécif. 7,3333.

Dureté. Cédant aisément à la lime.

Couleur. Le noirâtre ou le noir-brunâtre avec un éclat qui, sous certains aspects, approche du métallique.

Poussière. Elle est d'un violet sombre ou d'un brun légèrement rougeâtre.

Electricité. Isolé et frotté, il n'acquiert qu'une faible électricité.

(*) Les côtés G, B, C (fig. 1) sont entre eux dans le rapport des trois nombres $2\sqrt{3}$, $\sqrt{3}$ et 2.

Caract. chim. Infusible au chalumeau, même avec addition de borax.

Analyse par Vauquelin et Hecht (Journal des Mines, n° 19, p. 18) :

Acide schéelique......	67
Oxide de fer.........	18
Oxide de manganèse...	6,25
Silice..............	1,50
Perte..............	7,25
	100,00.

Caractères distinctifs: 1°. Entre le schéelin ferruginé et l'étain oxidé. Celui-ci étincelle sous le briquet et résiste beaucoup plus à la lime. Les taches qu'il laisse sur cet instrument sont d'un blanc-grisâtre ; celles du schéelin ferruginé sont d'un violet sombre. L'étain oxidé a le tissu beaucoup moins sensiblement lamelleux. 2°. Entre le même et les mines de fer oxidulé ou oligiste. La pesanteur spécifique de celles-ci est inférieure, au moins dans le rapport de 5 à 7. Elles font mouvoir le barreau aimanté ; le schéelin ferruginé n'a aucune action sur lui. Elles ont un éclat métallique beaucoup plus décidé que celui du schéelin ferruginé.

VARIÉTÉS.

FORMES DÉTERMINABLES.

Quantités composantes des signes représentatifs.

$$\text{PMT}{}^{\iota}\text{G}^{\iota}\text{BA}^{\frac{11}{24}}\text{AG}^{a}{}^{a}\text{GÁĆ.}$$
$$\text{PMT} \quad r \quad u \quad s \quad n \quad t \, o$$

Combinaisons trois à trois.

1. Schéelin ferruginé *primitif*. PMT (fig. 324).

2. *Progressif.* ${}^{\iota}\text{G}^{\iota}\text{A}^{\frac{11}{24}}\text{AB}$ (fig. 325).
$$\qquad\qquad r \quad s \quad u$$

Quatre à quatre.

3. *Épointé.* MTA$^{\frac{11}{24}}$AP (fig. 326).
$$\text{MT} \quad s \quad \text{P}$$

Cinq à cinq.

4. *Unibinaire.* M${}^{\iota}$G${}^{\iota}$TA$^{\frac{11}{24}}$AP (fig. 327).
$$\text{M} \quad r \quad \text{T} \quad s \quad \text{P}$$

De Saint-Léonhard, Haute-Vienne.

Sept à sept.

5. *Triplant.* ${}^{\iota}\text{G}^{\iota}\text{G}^{a}{}^{a}\text{GMĆBÅA}^{\frac{11}{24}}\text{A.}$
$$\qquad\qquad r \quad n \quad \text{M} \, o \, u \, t \quad s$$

Prisme à dix pans terminé par des sommets à douze faces. De Zinnwald en Bohême.

Formes indéterminables.

1. Schéelin ferruginé *laminaire*. En lames quelquefois tellement serrées les unes contre les autres,

que leur ensemble, vu de côté, présente l'aspect d'un tissu strié.

2. *Lamellaire.*

Annotations.

L'origine du schéelin ferruginé est, suivant les géologues, de la même date que celle de l'étain, auquel ce minéral est associé dans les mines de plusieurs pays, surtout dans celles de la Bohême et de la Saxe, celle de Poldice en Angleterre, et celle des montagnes de Blon en France. Le schéelin ferruginé se trouve aussi en Sibérie, à la montagne d'Odontchelon et près du lac Achtaragda. Il y accompagne les émeraudes dites *béryls*, situés dans des filons qui traversent la roche nommée vulgairement *granite graphique*, et que j'ai appelée *pegmatite*. Il est quelquefois engagé dans le fer oxidé qui renferme aussi des béryls. J'ai observé la variété primitive dans un morceau de mine d'étain de Saxe. Les cristaux qui m'ont servi à déterminer les variétés suivantes venaient de Saint-Léonard, et m'ont été donnés par M. Cordier.

Le schéelin ferruginé est un de ces minéraux qu'un aspect équivoque a fait associer successivement à différentes espèces avec lesquelles on leur trouvait de la ressemblance, et qui ont été comme balancés pendant long-temps, avant de parvenir à une position fixe et durable. Henckel remarque que les Allemands appelaient *wolfram* une espèce de substance ferrugineuse striée et d'une vraie couleur de fer, qui se trouvait à Altenberg en Misnie, où elle portait le nom très impropre d'*antimoine* (*). On sait que ce métal était le *loup métallique* des alchimistes, et peut-être sont-ce les prétendus rapports du schéelin ferruginé avec l'antimoine qui ont valu au premier la dénomination de *spuma lupi* (écume de loup), que plusieurs naturalistes lui ont donnée (**).

Il paraît que ce nom de *wolfram* a été appliqué anciennement à plusieurs substances différentes, et, en particulier, à l'une de celles qu'on appelait *schorls*. Par une erreur en sens inverse, le vrai wolfram, à son tour, a porté quelquefois le nom de *schorl*; et pour concilier cette opinion avec la grande densité de la substance, on en faisait un schorl abondant en fer (***).

(*) Henckel, Pyrit., traduct. franç., p. 64. Suivant Romé de l'Isle, la substance désignée ici par Henckel était le molybdène, dont on trouve effectivement des morceaux à Altenberg. Mais de Born cite, comme provenant de ce même endroit, une variété lamelleuse de schéelin ferruginé, dont la cassure paraît fibreuse.

(**) *Wolf* est un mot allemand qui signifie *loup*. *Ram*, ou plutôt *rahm*, veut dire, dans la même langue, de la *suie*, et aussi, suivant Adelung, toute substance spongieuse ou feuilletée. Les mineurs allemands ont nommé ce même minéral *eisenrahm*, *eisenschwärze*, *wolfarth* et *wolfert*. (Note de M. Coquebert.)

(***) De l'Isle, Crist., t. II, p. 311, note 12; Demeste,

Le wolfram, selon d'autres, était une mine de fer
arsenicale, intraitable, et dont on ne pouvait tirer
aucun parti. Tel avait été d'abord le sentiment de
Wallerius, qui a regardé dans la suite le wolfram
comme une espèce de manganèse, en même temps
qu'il rangeait cette dernière substance dans la classe
des pierres.

Les expériences de MM. d'Elhuyar ont mis fin à
toutes ces variations, en prouvant que le wolfram
renfermait un métal d'une nature particulière, qui
est le schéelin. MM. Vauquelin et Hecht ont entrepris un nouveau travail sur le wolfram (*) dont ils
ont fait connaître les principales propriétés.

La substance d'un blanc-jaunâtre que l'on obtient
par l'analyse de ce minéral, et que MM. d'Elhuyar
avaient regardée les premiers comme l'acide du tungstène, s'est convertie, par la réduction, en une masse
d'un blanc-grisâtre, cellulaire, parsemée de petits
grains métalliques très brillans, et non pas en un
bouton solide métallique, ainsi que l'avaient annoncé
MM. d'Elhuyar. Il serait possible, comme nous
l'avons dit, que, dans l'expérience faite par ces chimistes, les grains de tungstène, liés entre eux et
cimentés au moyen de quelque matière additionnelle, eussent présenté l'aspect d'une masse continue.

Lettres, t. II, p. 331. De l'Isle avait déjà changé d'opinion lors de l'impression de son 3ᵉ volume. Voyez p. 262.

(*) Journal des Mines, nᵒ 19, p. 10 et suiv.

SECONDE ESPÈCE.

SCHÉELIN CALCAIRE.

TUNGSTÈNE DES ANCIENS MINÉRALOGISTES.

(*Schwerstein*, W. *Scheelerz*, K.)

Caractères spécifiques.

Caract. géomét. Forme primitive : l'octaèdre symétrique (fig. 328, pl. 118), dans lequel l'incidence de P sur P′ est de 130ᵈ 20′ (*).

Molécule intégrante : tétraèdre symétrique.

Caract. phys. Pesant. spécif. 6,0665.

Dureté. Assez facile à gratter avec un couteau.

Surface. Un peu grasse à l'œil et au toucher.

Couleur. Dans l'état ordinaire, blanchâtre.

Éclat. Assez vif, dans le sens des joints parallèles aux faces primitives.

Caract. chim. Poussière jaunissante dans l'acide nitrique chauffé.

Analyse du schéelin calcaire, par Klaproth (Beyt, t. III, p. 42) :

Oxide jaune de schéelin	77,75
Chaux......................	17,6
Silice......................	3
Perte......................	1,65
	100,00.

(*) Les deux lignes menées du centre, l'une à l'angle A, l'autre à l'angle E, sont entre elles comme $\sqrt{7} : \sqrt{3}$

Caract. distinct. 1°. Entre le schéelin calcaire et l'étain oxidé blanchâtre. La poussière du schéelin calcaire jaunit dans l'acide nitrique ; celle de l'étain y conserve sa couleur. 2°. Entre le même et le plomb carbonaté. Celui-ci se dissout avec effervescence dans l'acide nitrique concentré ou étendu d'eau ; il noircit par la vapeur du sulfure ammoniacal, deux propriétés qui manquent au schéelin calcaire. 3°. Entre le même et la baryte sulfatée. La pesanteur de celle-ci est plus faible, environ dans le rapport de 2 à 3 ; elle se divise en prisme droit rhomboïdal de $101^d\frac{1}{2}$ et $78^d\frac{1}{2}$, et le schéelin en octaèdre ; la poussière de la baryte sulfatée ne jaunit point dans l'acide nitrique, comme celle du schéelin calcaire.

VARIÉTÉS.

Formes déterminables.

1. Schéelin calcaire *unitaire.* ^{g}B (fig. 329).

2. *Dioctaèdre.* $^{g}B^{g}P$ (fig. 330).

Accidens de lumière.

Couleurs.

1. Schéelin calcaire *blanchâtre.*
2. Schéelin calcaire *jaunâtre.*
3. Schéelin calcaire *brunâtre.*

Transparence.

Schéelin calcaire *translucide.*

Annotations.

Le schéelin calcaire accompagne l'espèce précédente dans les mines d'étain de Schönfeld et de Zinnwald en Bohême, de Marienberg et d'Altenberg en Saxe, de Cornouailles en Angleterre, et de Puy-les-Vignes en France, dans le département de la Haute-Vienne. On le trouve aussi dans les terrains de gneiss, à Bispberg en Suède, et dans quelques autres endroits.

L'octaèdre que présentent ordinairement les cristaux de cette espèce, et que j'ai désigné sous le nom d'*unitaire*, n'est point le régulier comme je l'avais annoncé d'après Romé de l'Isle. M. de Bournon s'est aperçu depuis que les faces de cet octaèdre étaient des triangles isocèles (*). D'après ses mesures, l'incidence de deux faces adjacentes g, g (fig. 329), sur une même pyramide, serait de 106^d $28'$, et celle de chacune des mêmes faces sur la face g' qui lui est adjacente dans l'autre pyramide, serait de 115^d $58'$. J'ai mesuré de mon côté les incidences analogues sur des cristaux d'un volume considérable qui existent dans la collection du muséum d'Histoire naturelle, et qui ne laissent rien à désirer pour la netteté des faces, et mes résultats m'ont donné constamment des valeurs qui diffèrent de celles qu'indique M. de Bournon; l'une est de 107^d $26'$, au lieu de 106^d $28'$,

____

(*) Journal des Mines, n° 75, p. 162 et suiv.

et l'autre de 113ᵈ 36′, au lieu de 115ᵈ 38′. La première se trouve ainsi de 2ᵈ plus faible, et la seconde de 3ᵈ plus forte que dans l'octaèdre régulier.

Plusieurs des mêmes cristaux offrent des joints naturels situés parallèlement à leurs faces, et d'autres qui interceptent les angles solides latéraux, et que j'avais pris d'abord pour des indices de la forme cubique qui se combinait avec celle de l'octaèdre régulier. Mais ces nouveaux joints, ainsi que l'a très bien vu M. de Bournon, correspondent deux à deux à ces mêmes angles solides, en sorte qu'ils composent la surface d'un nouvel octaèdre beaucoup plus aigu, produit par des plans qui, en partant des sommets du premier, tomberaient sur le milieu des bords latéraux. J'avais d'abord penché à considérer le premier octaèdre comme la forme primitive du schéelin calcaire, parce que c'est celui que la cristallisation de cette substance présente le plus ordinairement. Mais les joints qui donnent le second, étant sensiblement plus nets que ceux qui appartiennent à l'autre, j'ai fini par adopter celui-là de préférence comme primitif, ainsi que l'a fait M. de Bournon. J'ajoute avec ce célèbre naturaliste, que la correction faite aux angles de schéelin calcaire a cela d'heureux, qu'elle diminue le nombre des formes communes à des espèces différentes, et imprime à l'octaèdre de ce minéral un caractère particulier, qui le fait ressortir à côté de toutes les autres formes du même genre.

Le schéelin ferruginé avait été pris par d'anciens

minéralogistes, et en particulier par Henckel, pour une mine d'étain ferrugineuse et arsenicale ; et plus récemment on a confondu le schéelin calcaire avec l'étain d'un blanc-jaunâtre. Ordinairement les substances que l'on confond ont leurs gissemens dans des lieux séparés ; mais ici leur rapprochement dans un même terrain conspirait avec la ressemblance d'aspect à favoriser l'illusion ; on trouvait parmi les cristaux d'étain des cristaux de schéelin ferruginé qui étaient comme eux d'un noir-brunâtre ; et le schéelin calcaire qui est assez souvent d'un blanc-jaunâtre, était voisin par sa position de certains cristaux d'étain qui ont la même teinte. Romé de l'Isle lui-même regardait la forme octaèdre du schéelin calcaire, comme n'étant pas étrangère à l'étain. Les analyses qui ont été faites des deux espèces de schéelin, ont prouvé le peu de fondement de ces réunions ; les résultats de la Cristallographie s'y opposent également, et les substances que l'on confondait ont d'ailleurs des caractères distinctifs trop prononcés, pour qu'il ne soit pas facile d'éviter la méprise, même indépendamment de la mesure des angles. J'avais insisté sur ce sujet dans mon Traité ; mais aujourd'hui c'est une de ces vieilles erreurs contre lesquelles on n'a plus besoin de se prémunir, parce qu'elles sont usées.

Je me suis permis plusieurs fois des observations sur les noms impropres que les minéralogistes étrangers ont donnés à divers minéraux. Mais je suis dispensé d'en faire sur celui de *schwerstein*, que porte dans la méthode de Werner l'espèce qui nous occupe, et qui signifie *pierre pesante*. Il me suffit de le traduire pour faire regretter que le célèbre professeur de Freyberg ne l'ait pas banni de sa nomenclature.

A l'égard du nom générique, Werner a adopté celui de *schéel*, qui rappelle l'auteur des premières découvertes sur la véritable nature du minéral dont il s'agit ici, et je remarque que ce savant est le seul dont le nom ait été donné à une substance métallique, au lieu que les noms de toutes les autres ont été tirés de la mythologie ou de quelque propriété chimique. J'ajoute que jamais prérogative ne fut mieux méritée. Ce Schéele qui a fait faire de si grands pas à la science, était un homme simple et modeste, qui a vécu dans une sorte d'obscurité, et n'a été trahi que par ses importantes découvertes.

Dans le temps où, jeune encore et presque inconnu, il était à Upsal où se trouvait en même temps l'illustre Bergmann, ses amis lui disaient : «Vous devriez vous présenter à M. Bergmann.» Mais il hésitait, et n'osait paraître devant un homme dont il redoutait le jugement. Bergmann, qui est informé de son embarras, va le voir ; Schéele, les yeux baissés, et dans la contenance d'un homme qui demanderait grâce, lui fait part, en tremblant, des résultats de ses travaux. Il craint d'apprendre qu'il s'est égaré. Bergmann, après l'avoir écouté dans un profond silence, se jette à son cou, et l'embrasse tendrement, en l'appelant son maître. On pourrait douter lequel des deux aurait dû paraître plus grand à quelqu'un qui aurait été le témoin d'une scène aussi intéressante.

SEIZIÈME GENRE.

TELLURE.

Silvan, W. *Tellur*, K.

PREMIÈRE ESPÈCE.

TELLURE NATIF.

Caractères spécifiques.

Caract. géomét. Forme primitive : l'octaèdre régulier.

Caract. auxiliaire. Volatile par l'action du feu en fumée blanchâtre qui répand une odeur de rave.

Caract. physiques. Pesant. spécif. du tellure pur : 6,115.

Consistance. Très fragile.

Couleur. Le blanc d'étain, tirant un peu sur le gris de plomb.

Eclat. Métallique, ayant beaucoup d'intensité.

Structure. Lamelleuse.

Caract. chim. Au chalumeau, il brûle avec une flamme assez vive, d'une couleur bleue, qui verdit un peu vers les bords ; ensuite il se volatilise en fumée blanchâtre, en répandant une odeur de rave. Si l'on cesse de le chauffer avant qu'il soit entièrement volatilisé, le bouton conserve assez long-temps sa liquidité, et devient radié à sa surface, en se refroidissant.

Soluble dans l'acide nitrique, sans que la couleur de cet acide cesse d'être claire (Klaproth).

Il se rapproche de l'antimoine par ses caractères ; mais il en est distingué en ce que celui-ci le précipite de ses dissolutions.

VARIÉTÉS.

Quoique le tellure existe dans le sein de la terre à l'état de métal natif, il a toujours été trouvé jusqu'ici uni à l'or et à d'autres substances métalliques par une de ces associations, qui paraissent accidentelles ; en sorte que si l'on en connaissait des variétés où il jouît de sa pureté, les mélanges que je vais décrire formeraient un appendice placé à la suite de ces mêmes variétés.

1. Tellure natif *auro-ferrifère*. Gediegen-Silvan, W. Gediegen Tellur, K.

Caract. phys. Pesant. spécif. 5,723.

Couleur. Tirant sur le blanc d'étain, mais plus sombre ; elle a quelquefois une teinte de jaunâtre.

Consistance. Tendre et fragile.

Tachuré. Passé avec frottement sur le papier, il le tache légèrement en noirâtre.

Caract. chimique. Au chalumeau, il décrépite, puis se fond comme le plomb, et brûle avec une flamme vive et brunâtre, en répandant une odeur âcre ; il finit par se dissiper en fumée blanche, et laisse un résidu qui ressemble à de la silice. *De Born*.

Analyse par Klaproth (Beyt., t. III, p. 8):

Tellure............... 92,55
Fer................. 7,20
Or................. 0,25
                      ————
                      100,00.

Sous-variété.

a. *Lamelliforme*. Vulgairement *or blanc*. En petites lames groupées confusément, d'un éclat vif dans le sens de leurs grandes faces, et faible dans le sens latéral. On pourrait confondre cette variété avec l'antimoine natif en petites lames ; mais l'antimoine se fond à la chaleur d'une bougie allumée, au lieu que le tellure y brûle avec flamme.

2. Tellure natif *auro-argentifère*. Mêmes caractères que le n° 1.

Analyse par Klaproth (Beyt., t. III, p. 20):

Tellure................. 60
Or................... 30
Argent............... 10
                      ————
                      100.

Sous-variété.

a. *Graphique*. Schrifterz, W. et K. Vulgairement *or graphique*.

Composé de prismes plus ou moins déliés qui paraissent rectangulaires, modifiés par des facettes qui remplacent les bords latéraux, et ordinairement terminés par des pyramides droites à quatre faces. Ces prismes en se groupant, laissent souvent entre eux des espèces d'excavations, qui donnent à leur assemblage un aspect analogue à celui des trémies de soude muriatée.

Dans quelques morceaux, les prismes se réunissent deux à deux, par une de leurs extrémités, sous un angle droit, et l'on voit quelquefois plusieurs de ces doubles cristaux rangés à la file, en sorte qu'on les a comparés à des lettres persannes, ce qui a fait donner à cette variété le nom d'*or graphique*.

3. Tellure natif *auro-plombifère*. Blatter-tellur, Léonh.

Caract. phys. Pesant spécif., 8,919.

Couleur. Le gris de plomb, quelquefois avec une teinte de jaunâtre.

Consistance. Tendre, flexible sans élasticité.

Tachure. Il tache légèrement le papier en noir.

Electricité. Résineuse à l'aide du frottement, lorsque le fragment est isolé.

Caract. chim. Lorsqu'on l'expose au feu, l'or suinte à travers la masse, et sort sous la forme de gouttelettes.

Analyse de la variété laminaire, par Klaproth (Beyt., t. III, p. 32).

Tellure 32,2
Plomb. 54
Or 9
Argent. 0,5
Cuivre. 1,3
Soufre 3
____
100,0.

Analyse de la variété jaunâtre (gelberz), par Klaproth (Beyt., t. III, p. 25) :

Tellure. 44,75
Or. 26,75
Plomb. 19,5
Argent. 8,5
Soufre 0,5
____
100,00.

Sous-variétés.

a. *Hexagonal.* Ce n'est probablement qu'un segment d'octaèdre primitif, analogue à celui que présentent le spinelle et d'autres minéraux.

b. *Laminaire.* Nagyager-erz, W. Blättererz, K. Vulgairement *or de Nagyag.*

En masses composées de lames qui se séparent assez facilement dans le sens de leurs grandes faces, lesquelles sont éclatantes et un peu raboteuses.

c. *Lamelliforme.* Même synonymie. En lames engagées en parties dans la gangue.

d. *Compacte.*

Annotations.

Le tellure natif auro-ferrifère (dit *or blanc*), se trouve en Transylvanie, à Facebay, près de Zalathna, dans une montagne composée de chaux carbonatée compacte quelquefois colorée par le manganèse, et de cette espèce de roche que les Allemands ont appelée *Grauwacke*. En général, la quantité d'or que renferme cette mine est très variable, et quelquefois elle est nulle ; c'est delà qu'est venu, à la variété dont il s'agit ici, le nom d'*or problématique*, parce que c'était en quelque sorte un problème de savoir, si on en retirerait de l'or.

Le tellure natif auro-argentifère (or graphique), se trouve à Offenbanya en Transylvanie, dans la mine dite de *Franziskus*. Ses cristaux y reposent sur le quarz ; ils sont accompagnés quelquefois de petits tétraèdres de cuivre gris.

Le tellure natif auro-plombifère (or de Nagyag), se trouve à Nagyag dans le même pays. Il a souvent pour gangue le manganèse carbonaté d'un rouge de chair. Il est quelquefois entremêlé de zinc sulfuré, de plomb sulfuré, d'arsenic natif, etc.

L'origine de la découverte du tellure remonte aux recherches faites en 1782 par Müller de Reichenstein sur la variété nommée *or blanc*. Il crut reconnaître dans un des produits qu'elle lui donna, l'existence d'un métal particulier, et déjà Kirwan avait classé ce métal dans sa méthode, sous le nom de *sylvanite*, dérivé de celui de *Transylvanie*, lorsque Klaproth, ayant répété les expériences de Müller, mit sa découverte dans un plus grand jour, et lui donna une extension, en retrouvant le même métal dans l'or de Nagyag. Le nom de *tellure*, qu'il a substitué à celui de *sylvanite*, a fait oublier que Müller avait pris ici l'initiative.

Le tellure n'est jusqu'ici d'aucun usage par lui-même. Mais on l'exploite avec avantage, pour l'or qu'il renferme, et dont la quantité va quelquefois jusqu'à 30 pour 100. Lorsqu'on le fait griller, l'or en suinte sous la forme de gouttelettes. Aussi a-t-il conservé le nom de *mine d'or*, dans la langue des mineurs qui attachent bien plus d'importance aux résultats lucratifs de leurs opérations qu'aux découvertes scientifiques des chimistes.

Ce sont les indices de cristallisation que j'ai cru apercevoir sur une petite lame hexagonale de la variété auro-plombifère, qui m'ont fait présumer que la forme primitive du tellure pourrait bien être l'octaèdre régulier.

Il m'a semblé que cette lame avait des facettes latérales, alternativement inclinées en sens contraire, et voici comme j'ai raisonné :

Toutes les substances métalliques trouvées jusqu'ici dans l'état de métal natif, ont pour forme primitive, soit le cube, soit l'octaèdre régulier. Or, si l'on suppose que le tellure rentre dans l'analogie des autres métaux, il est évident que sa forme primitive ne pourra être le cube, parce que cette forme est incompatible avec celle d'une lame hexagonale. Mais elle pourra être l'octaèdre régulier, et alors il faudra assimiler cette lame aux segmens d'octaèdre que présentent certaines substances, et en particulier le spinelle.

Maintenant, pour apprécier ma conjecture, dans l'hypothèse où la lame hexagonale aurait la forme que je viens d'indiquer, il faudrait pouvoir mesurer les incidences des faces latérales sur la base; si elles étaient de $109^{d}\frac{1}{2}$, cette mesure serait en faveur du rapprochement avec le spinelle. Si les incidences différaient de $109^{d}\frac{1}{2}$, il faudrait renoncer à l'idée de l'octaèdre régulier, et alors l'aspect de la lame hexagonale indiquerait un rhomboïde comme forme primitive.

Si, par de nouvelles observations faites sur des cristaux mieux prononcés, on venait à reconnaître que les faces latérales se répètent des deux côtés, les cristaux, dans ce cas, pourraient dériver d'un prisme hexaèdre régulier, et dans cette hypothèse, comme dans la précédente, le tellure dérogerait à l'analogie avec tous les métaux connus.

Nous ne pouvons prévoir quel serait le résultat auquel nous conduirait l'observation, si nous avions entre les mains quelques-uns des cristaux déterminables dont ces ébauches semblent être les avant-coureurs. Mais je viens d'exposer les principes qui devraient alors diriger les observateurs, pour reconnaître, d'après le seul aspect de la forme, le type auquel elle se rapporterait, en sorte qu'il ne resterait plus qu'à en déterminer les dimensions, dans le

cas où elles ne seraient pas données *à priori*. Lorsqu'on a une théorie qui repose sur des bases solides,
ce n'est jamais elle qui manque à l'observation, mais
il peut arriver que l'observation manque à la théorie,
et dans ce cas, c'est à celle seule qu'on doit s'en
prendre, si la science se trouve en retard.

SECONDE ESPÈCE.

TELLURE SÉLÉNIÉ BISMUTHIFÈRE.

(*Tellure natif* d'Esmarck.)

Cette substance a été découverte en 1814, à Telle-
mark en Norwége, dans la mine de Mosnapomdal,
par M. Esmarck, célèbre minéralogiste danois, qui
l'a décrite comme étant du tellure natif; mais, depuis, M. Berzelius y a reconnu la présence du sélé-
nium. En effet, si on l'expose sur du charbon, à
l'action du chalumeau, le petit fragment d'essai se
transforme par la fusion en un bouton métallique,
qui colore la flamme en bleu, et dégage une forte
odeur de rave. Dans les échantillons que je possède,
et que je dois à M. Esmarck lui-même, le tellure
sélénié bismuthifère est sous la forme de petites
lames, accompagnées de cuivre pyriteux, de cuivre
carbonaté vert, et de mica verdâtre par transparence; cette dernière propriété du mica le distingue
du tellure, avec lequel son éclat demi-métallique,
lorsqu'on le regarde par réflexion, lui donne une

analogie d'aspect qui semble tendre un piége à l'œil de l'observateur.

DIX-SEPTIÈME GENRE.

TANTALE.

(*Tantal*, K.)

Caractères du métal réduit par les opérations chimiques.

Caract. phys. Pes. spécif. 6,5.

Cassure. D'un gris-noirâtre peu éclatant.

Insoluble dans tous les acides; ils ramènent seulement le tantale métallique à l'état d'oxide blanc.

L'oxide exposé à l'action du chalumeau avec du borax, s'y dissout sans colorer le verre.

ESPÈCE UNIQUE.

TANTALE OXIDÉ.

Je la divise en deux sous-espèces, d'après les substances étrangères qui lui sont associées.

PREMIÈRE SOUS-ESPÈCE.

Tantale oxidé ferro-manganésifère.

(*Tantalit*, K.)

Caractères spécifiques.

Ce minéral a été trouvé sous des formes cristallines, qui paraissent tendre au prisme droit rectangulaire.

25..

En attendant que ses caractères géométriques soient mieux connus, je me bornerai à des indications purement physiques, dont le vague fait sentir le besoin que l'on aurait ici du secours de la Cristallographie.

Couleur d'un brun-noirâtre. Poussière d'un gris-brunâtre. Pesant. spécif. d'environ 8. Étincelant par le choc du briquet. Cassure inégale, offrant des indices de lames, lorsqu'on l'expose à une vive lumière. Il présente tantôt un gris-métallique assez apparent, semblable à celui du fer, tantôt un aspect légèrement métallique, qui n'est guères sensible que quand le corps est fortement éclairé.

Fondu avec la potasse, il lui communique une couleur d'un vert-foncé.

Analyse du tantalite de Suède, par Vauquelin :

Oxide de tantale...... 83

Oxide de fer.......... 12

Oxide de manganèse...   8
——
103.

Du tantalite de Broddbo, par Berzelius :

Oxide de tantale...... 68,22

Oxide de fer.......... 9,58

Oxide de manganèse... 7,15

Oxide de zinc........ 8,26

Acide tungstique...... 6,19

Chaux................ 1,19
——
100,59

Analyse du tantalite de Kimito, par Berzelius :

Oxide de tantale	83,2
Oxide de fer	7,2
Oxide de manganèse	7,4
Oxide de zinc	0,6
	98,4

VARIÉTÉS.

1. *Cristallisé*. Un léger aperçu, pris sur des cristaux incomplets, semble indiquer la forme d'un prisme oblique rhomboïdal, modifié par des facettes additionnelles.

J'ai un échantillon du tantalite de Bodemnaïs en Bavière, sur lequel on voit quatre faces exactement perpendiculaires entre elles, dont deux opposées sont striées ; les autres parties, qui ont été fracturées, présentent les indices de deux joints naturels qui, étant réunis aux quatre faces dont je viens de parler, complètent la forme d'un parallélépipède rectangle.

2. *Massif*.

SECONDE SOUS-ESPÈCE.

Tantale oxidé yttrifère.

(*Yttro-tantalit*, K.)

Caractères.

Couleur d'un brun-noirâtre ou jaunâtre. Poussière d'un gris-cendré. Pesanteur spécifique d'environ 5.

Sa dureté est moindre que celle de la première sous-espèce ; il est susceptible d'être râclé, quoiqu'un peu difficilement, avec une lame de couteau.

Sa cassure est plus inégale que celle de l'autre. Elle n'a qu'un léger éclat demi-métallique à certains endroits.

Fondu avec la potasse, il ne lui communique aucune couleur sensible.

L'yttro-tantalite diffère du tantalite, au moins jusqu'ici, surtout par la couleur de sa poussière, qui est d'un gris-cendré verdâtre, tandis que celle du tantalite est d'un noir-brunâtre.

Analyse de l'yttro-tantalite d'un brun foncé, par Berzelius (Dunkler yttro-tantalit) :

Oxide de tantale.........	51,815
Yttria...................	38,515
Chaux	3,260
Acide tungstique.........	2,592
Oxide de fer............	0,555
Oxide d'urane...........	1,111
	97,848.

VARIÉTÉ.

1. Tantale oxidé yttrifère *massif.*

Annotations.

La variété de cette espèce, nommée *tantalite*, était connue depuis long-temps, mais on l'avait confondue avec l'étain oxidé. On la trouve en Finlande, principalement dans la paroisse de Kimito; elle y est disséminée dans une roche composée de quarz blanc micacé, et coupée par des veines de feldspath laminaire rougeâtre, qui sert immédiatement de gangue au tantalite. Elle existe aussi à Finbo et à Broddbo, non loin de Fahlun en Suède. On l'a découverte plus récemment à Bodenmaïs en Bavière, dans un granite qui renferme aussi des bérils, de la cordiérite et de l'urane oxidé.

L'yttro-tantalite se trouve à Ytterby, dans le même gissement que la gadolinite, avec laquelle elle a un principe commun, qui est l'yttria, mais qui ne paraît être uni qu'accidentellement au tantale. Cette variété a aussi pour gangue un feldspath, qui est accompagné de mica et de quarz; mais, suivant les observations des géologues, ces trois substances, au lieu de former un granite par leur réunion, constituent des masses plus considérables que dans cette espèce de roche, et plutôt juxta-posées qu'ayant les unes avec les autres cette liaison par entrelacement qui caractérise le granite.

Depuis la découverte de l'yttro-tantalite à Ytterby, on a retrouvé ce minéral dans le Groenland, où il a aussi pour gangue un feldspath qui est d'un rouge de chair.

C'est à M. Ekeberg que nous devons la connaissance du nouveau métal que je viens de décrire, et que M. Wollaston regarde comme identique avec le

Colombium de Hatchett. Il lui a donné le nom de *tantale*, parce qu'il refuse de se laisser dissoudre par tous les acides.

On sait que le Tantale de la fable, en punition de ses forfaits, était plongé jusqu'au menton dans un fleuve dont l'eau fuyait ses lèvres, lorsqu'il voulait la boire. L'allégorie n'est pas tout-à-fait juste, car les acides vont au contraire chercher le tantale de M. Ekeberg, et c'est lui qui refuse de boire. Mais quand il s'agit de ces noms qui ne peuvent tromper personne, on n'y regarde pas de si près. Si la Mythologie a ici quelque droit de se plaindre, la Minéralogie est satisfaite, parce que le mot de *tantale* n'est pour elle que le signe représentatif d'une découverte.

DIX-HUITIÈME GENRE.

CÉRIUM

(*Cererium*, K.)

D'après les observations de M. Vauquelin, qui a obtenu ce métal sous la forme de petits globules, il est blanc, lamelleux et fragile. L'acide nitrique et l'acide muriatique n'agissent sur lui, pour le dissoudre, que quand ils sont réunis. Il est volatil à une haute température, et susceptible de deux degrés d'oxidation, distingués par la diversité des phénomènes qu'ils présentent.

PREMIÈRE ESPÈCE.

CÉRIUM OXIDÉ SILICEUX.

Comme nous n'avons encore aucun caractère qui soit général relativement aux deux variétés qui sous-divisent cette espèce, si toutefois ce ne sont que des variétés, je vais les décrire séparément, en commençant par celle qui a été connue la première.

PREMIÈRE SOUS-ESPÈCE.

Cérium oxidé siliceux rouge.

(*Cererit*, K. *Cerit*, Hisinger et Berzelius.)

Caractères.

Couleur d'un brun-rougeâtre. Pesanteur spécifique d'environ 5. Poussière grise, qui devient rouge par la calcination. Rayant légèrement le verre; assez facile à broyer. Isolé et frotté, il acquiert l'électricité résineuse. Infusible au chalumeau, sans addition. Fusible en verre incolore, à l'aide du borax.

Analyse par Vauquelin (Annales du Muséum, t. V, p. 412) :

Oxide de cérium......	67
Silice..............	17
Oxide de fer.........	2
Chaux..............	2
Eau et acide carboniq..	12

100.

Analyse par Hisinger et Berzelius (Afhandl. i Fysik, etc., t. I, p. 58) :

$$
\begin{array}{ll}
\text{Oxide de cérium} & 50 \\
\text{Silice} & 23 \\
\text{Oxide de fer} & 22 \\
\text{Chaux} & 5 \\
\hline
& 100.
\end{array}
$$

VARIÉTÉS.

1. *Massif.*

APPENDICE.

Cérium oxidé rouge *yttrifère*. (Yttro-cerit).

Annotations.

Le cérium oxidé rouge n'a encore été observé qu'à l'état amorphe.

On trouve ce minéral à Ryddarhyttan en Suède, dans la mine de Bastnaés. Il est accompagné d'amphibole aciculaire verdâtre, de cuivre pyriteux, de molybdène sulfuré, et de bismuth sulfuré.

Le cérium oxidé rouge avait déjà été découvert du temps de Cronstedt, qui le rangeait parmi les variétés de tungstène, aujourd'hui *schéelin calcaire.*

C'est principalement aux travaux entrepris, dans les temps modernes, par MM. Hisinger et Berzelius, que nous devons l'avantage d'avoir maintenant des connaissances précises sur la nature de la substance qui nous occupe.

Klaproth, qui avait eu antérieurement des morceaux de la substance de Bastnaès, en avait retiré une poudre d'un jaune d'ocre, qu'il avait nommée *ochroïte*, et qu'il regardait comme formant la nuance entre les terres déjà connues et les oxides métalliques. MM. Hisinger et Berzelius, sans passer par cette nuance, sont arrivés directement, à l'aide de leurs expériences, à cette conclusion, que la substance de Bastnaès, renferme l'oxide d'un véritable métal inconnu jusqu'alors, auquel ils ont donné le nom de *cérium*, emprunté de celui de *Cérès*, que porte la planète découverte en 1802 par le célèbre astronome Piazzi. D'autres l'appellent *cérérium*.

Il est un minéral que l'on pourrait confondre au premier coup-d'œil avec le cérium oxidé rouge : c'est le corindon granuleux ou l'émeril d'un brun-rougeâtre. Mais la facilité avec laquelle il raie le quarz, et son action sur l'aiguille aimantée, suffisent pour lever l'équivoque.

SECONDE SOUS-ESPÈCE.

Cérium oxidé siliceux noir.

(*Allanit*, Thomson. *Cerin*, Hisinger.)

Caractères.

Pesanteur spécifique, environ 4. Rayant le verre. Couleur d'un noir-brunâtre, jointe à l'opacité. Eclat vitreux, tirant au demi-métallique, sous certains aspects. Acquérant l'électricité résineuse par le frottement, lorsque le morceau est isolé. Sans action sensible sur l'aiguille aimantée. Cassure inégale. Poussière d'un gris-verdâtre foncé.

Si l'on met une pincée de cette poussière dans l'acide nitrique, et que l'on fasse ensuite chauffer la liqueur, celle-ci prend une teinte de jaune-verdâtre. La poussière conserve sa couleur noirâtre, et ne se résout point en gelée, soit qu'on employe l'acide pur ou étendu d'eau. Cette épreuve peut servir à faire distinguer l'allanite de la gadolinite, à laquelle elle ressemble beaucoup par son aspect.

Analyse de l'allanit du Groenland, par Thomson (Journal des Mines, n° 178, p. 281) :

$$
\begin{array}{lr}
\text{Oxide de cérium} & 33,9 \\
\text{Silice} & 35,4 \\
\text{Oxide de fer} & 25,4 \\
\text{Alumine} & 4,1 \\
\text{Chaux} & 9,2 \\
\hline
& 108,0.
\end{array}
$$

De l'allanite de Riddarhyttan, par Hisinger (Afhandling. i Fysik, etc., t. IV, p. 327) :

$$
\begin{array}{lr}
\text{Oxide de cérium} & 28,19 \\
\text{Silice} & 30,17 \\
\text{Oxide de fer} & 20,72 \\
\text{Alumine} & 11,31 \\
\text{Chaux} & 9,12 \\
\text{Cuivre} & 0,87 \\
\hline
& 100,38.
\end{array}
$$

VARIÉTÉS.

1. *Cristallisé.* M. Thomson, dans le Mémoire qu'il a publié sur cette substance, en cite diverses formes, dont l'une est celle d'un prisme droit rhomboïdal de 117^d et 63^d. Il ajoute que quelquefois l'arête la plus saillante est remplacée par un nouveau pan, ce qui rend le prisme hexaèdre.

2. *Massif.*

APPENDICE.

Cérium oxidé noir *hydro-alumineux.*

a. Orthite (Berzelius), à Finbo en Suède.

b. Pyrorthite, idem. Engagé dans le feldspath d'un granite; à Kararf, près de Fahlun. Cette variété de mélange contient à peu près le tiers de son poids en charbon et un quart en eau.

Annotations.

Les premiers morceaux de cérium oxidé noir qui aient été connus, se sont trouvés dans une petite collection acquise par M. Allan, sans indication de leur localité; mais comme cette collection renfermait en même temps de la cryolite, substance qui n'a été rencontrée jusqu'ici que dans le Groenland, on a présumé que le minéral dont il s'agit venait de ce même pays, ce qui a été confirmé depuis par des renseignemens positifs. Sa gangue est un feldspath. On prit d'abord en Angleterre l'allanite pour une variété de la gadolinite. Mais M. Thomson, en ayant fait l'analyse, y a trouvé l'oxide de cérium, et il a donné à ce minéral le nom d'*allanite*, comme hommage rendu au savant distingué qui lui avait fait présent des morceaux soumis à l'expérience.

On a trouvé depuis, à Riddarhyttan, en Westermanie, un minéral d'une couleur noire que M. Hisinger, a nommé *cérin*, et dont il a déterminé la composition et les caractères. J'en possède un morceau qui a pour gangue un asbeste roide, d'une couleur verdâtre.

Les résultats du travail de M. Hisinger ont été exposés par M. Neergaard dans un Mémoire que ce savant minéralogiste a publié dans le tome 75° du Journal de Physique, p. 239. Or, en rapprochant ce Mémoire de celui de M. Thomson (Jour. des Min., t. XXX, p. 281), et en comparant les résultats des analyses faites par les deux chimistes, et les caractères qu'ils assignent aux substances analysées, on voit évidemment que celle de Riddarhyttan n'est qu'une variété de l'allanite du Groenland.

La gadolinite a des rapports séduisans avec l'allanite, au point qu'on a cru d'abord que celui-ci appartenait à la même espèce. Mais il en est distingué en ce qu'il ne perd pas sa couleur dans l'acide nitrique, et ne s'y résout pas en gelée. M. Thomson dit cependant le contraire ; mais il est possible qu'il ait considéré comme une gelée un dépôt blanchâtre qu'il a vu dans la dissolution poussée, par l'évaporation, à un haut degré de concentration. Si l'on se borne à faire chauffer l'acide jusqu'à ce qu'il entre en ébullition, il n'y a point de gelée, tandis que, dans le même cas, la gadolinite en produit une très-épaisse.

TROISIÈME ESPÈCE.

CÉRIUM FLUATÉ.

FLUATE DE CÉRIUM DES CHIMISTES.

Caractères.

Ce minéral, à cause de son extrême rareté, a été peu étudié jusqu'à présent. Ses cristaux d'une teinte brunâtre paraissent tendre vers la forme d'un prisme hexaèdre régulier, dont les arêtes situées au contour des bases sont remplacées par de légères facettes. Cette substance est infusible sur le charbon, seulement sa couleur y devient plus sombre. On la trouve en Suède à Bastnaès, à Broddbo, et à Finbo. Dans cette dernière localité, elle a pour gangue un quarz qui renferme aussi du tantale oxidé yttrifère.

APPENDICE A LA CLASSE

DES SUBSTANCES MÉTALLIQUES AUTOPSIDES.

Avant de terminer l'histoire des substances métalliques autopsides, j'ajouterai quelques détails sur des métaux particuliers que l'on a découverts dans plusieurs d'entre elles, où ils ne jouent qu'un rôle secondaire, ou bien s'y trouvent en trop petite quantité pour qu'ils soient censés appartenir à la méthode minéralogique.

L'un d'eux, qui est très connu, est le *chrome* que M. Vauquelin a découvert dans le plomb rouge de Sibérie, où il est à l'état d'acide. Lorsqu'il se présente seul dans cet état, il est d'une belle couleur rouge, et celle de son oxide est le vert pur. M. Vauquelin m'ayant engagé à trouver un nom pour désigner le nouveau métal, je considérai que la couleur verte de son oxide, qui répond à peu près au milieu du spectre solaire, est celle dont on a fait l'éloge d'un seul mot en l'appelant *la couleur amie de l'œil*; et que la couleur rouge de l'acide, dont l'analogue tient d'un côté le premier rang sur le spectre solaire, est celle qui fait sur l'œil l'impression la plus vive, par le feu de ses reflets; ces considérations m'ont suggéré le nom de *chrome*, que M. Vauquelin a adopté; ce nom, tiré du mot grec *chrôma*, *couleur*, fait allusion aux propriétés éminemment colorantes du métal dont il s'agit.

Ce métal ne s'étant pas encore montré comme base d'un genre, je dois rappeler ici les diverses substances qui le renferment. Nous pouvons subdiviser ces deux substances en deux sections, dont l'une nous offre le chrome, comme principe essentiel, et l'autre ne nous l'offre que comme principe accidentel, ou comme principe colorant.

La première section renferme trois substances,

dont deux appartiennent au genre du plomb, et l'autre à celui du fer. La première est le plomb chromaté, où la couleur rouge propre à l'acide du chrome passe au rouge-aurore, par l'union de cet acide avec l'oxide de plomb; peut-être est-ce l'oxide jaune, ce qui expliquerait le passage au rouge-aurore, qui est un mélange de rouge et de jaune.

La deuxième substance est celle que M. Vauquelin a présumée être une combinaison de plomb et d'oxide de chrome, ou un plomb chromé. Ici le chrome oxidé conserve sa couleur verte.

La troisième substance est le fer chromaté, dans lequel la présence du chrome ne s'annonce à l'œil que par une légère altération qu'elle produit dans la couleur ordinaire du fer, qui prend une teinte noirâtre, ce qui a de quoi surprendre de la part d'un principe qui possède éminemment la propriété colorante.

Les substances qui composent la seconde section sont au nombre de six. Une seule nous offre le chrome à l'état d'acide : c'est le spinelle, qui lui doit sa belle couleur rouge.

Les cinq autres sont :

1°. L'émeraude ; ici la couleur verte propre à l'oxide du chrome se montre dans toute sa pureté, en sorte que l'expression de *vert d'émeraude* est celle dont on se sert pour exprimer un vert parfait.

2°. La diallage verte. C'est au moyen de l'oxide

Minér. T. IV.   26.

de chrome qui la colore qu'elle fait l'ornement de la roche connue sous le nom de *verde di Corsica*.

3°. L'amphibole vert, dit *actinote*. Ici la couleur verte est altérée par une teinte de sombre, qui est due probablement au fer, dont l'amphibole est composé en partie.

4°. Le pyroxène, surtout la variété nommée *coccolite*, et le pyroxène en roche de M. Charpentier. Ici le vert prend une teinte encore plus rembrunie; aussi le pyroxène contient-il beaucoup de fer.

5°. La cinquième espèce est une roche qui a été le sujet d'une découverte faite en 1810 par M. Leschevin.

Ce savant minéralogiste a retrouvé dans le département de Saône et Loire, aux environs du Creusot, une roche qui avait été nommée depuis long-temps *calcédoine du Creusot*, mais qu'il a reconnue pour être une brèche composée de débris de roches primitives, remaniés et agglutinés par l'intermède de l'eau; du genre de celles auxquelles j'ai donné le nom d'*anagénite (régénérée)*.

Il y a des morceaux qui paraissent avoir été produits d'un seul jet, et d'autres qui portent des indices de fragmens réunis par un ciment.

Cet anagénite est coloré plus ou moins fortement, à certains endroits, par une matière verte, qui n'est autre chose que de l'oxide de chrome dont la quantité varie depuis 2,5 jusqu'à 13 pour 100. Or, il ne paraît pas que l'on soit fondé à regarder ainsi que l'ont fait plusieurs minéralogistes, l'oxide de chrome engagé dans cette roche, comme une espèce particulière qu'il faudrait appeler *chrome oxidé*.

Quels sont en effet les corps qui doivent être rangés parmi les espèces proprement dites ? Ce sont ceux qui peuvent être considérés comme les résultats d'un travail particulier de la cristallisation, dont les molécules intégrantes ont agi directement les unes sur les autres, pour se réunir et se combiner, en vertu de leurs affinités réciproques. Ici, c'est autre chose ; les molécules, ou plutôt les particules du chrome, se sont associées à des grains de quarz et de feldspath, qui composent comme le fond de la roche formée de ces deux substances pierreuses. L'émeraude est une espèce minéralogique mêlée accidentellement de chrome ; la roche dont il s'agit est une espèce géologique qui présente le même mélange. En un mot, le chrome n'a point ici une existence qui lui soit propre. Il ne constitue pas un de ces êtres qui sont à l'égard du règne minéral, ce que sont les individus dans les règnes organiques.

Le chrome existe aussi, mais d'une manière invisible dans les pierres météoriques, où il a été découvert par M. Laugier.

Ce métal ne devait pas être oublié parmi les matières colorantes employées par les arts. On en fait usage avec succès pour peindre la porcelaine, et pour la coloration du verre.

A l'égard des métaux qui ont été découverts dans

le platine, je me suis contenté de les indiquer à l'article de cette dernière substance. L'un est le *rhodium*, dont le nom est tiré d'un mot grec qui signifie *rose*, parce qu'il communique la couleur de cette fleur à ses dissolutions dans les acides; l'autre est le *palladium*, que M. Wollaston a prouvé être un métal particulier.

Enfin, une nouvelle substance métallique, dont la découverte est due à MM. Stromeyer et Hermann, est le *cadmium* (Klaprothion de John) : il n'a encore été trouvé que dans les mines de zinc, savoir dans plusieurs variétés de calamine et de blende. Sa pesanteur spécifique est de 8,6; il est susceptible d'un beau poli. Il tache les corps contre lesquels on le frotte. En passant de l'état liquide à l'état solide, il présente à sa surface une cristallisation confuse qui a l'apparence de feuilles de fougère. M. Thénard cite l'octaèdre comme étant la forme de ses cristaux. Lorsqu'une calamine contient du cadmium, si on l'expose sur le charbon au feu de réduction, elle s'entoure au premier coup de feu d'un anneau rouge ou orangé (Berzélius).

QUATRIÈME CLASSE.

SUBSTANCES COMBUSTIBLES NON MÉTALLIQUES.

Les substances comprises dans cette classe ne possèdent ni le genre d'éclat, ni la grande densité, ni les autres propriétés que nous avons vu appartenir spécialement aux métaux. La combustion dont elles sont susceptibles présente aussi des différences marquées, lorsqu'on la compare à celle des corps métalliques. Ceux-ci acquièrent, dans cette opération, une augmentation de poids due à l'oxigène qui se combine avec leur substance. Parmi les autres, les unes, tels que le soufre, le diamant, l'anthracite, sont entièrement volatiles par l'action du feu ; celles qu'on appelle communément *bitumes*, brûlent en se décomposant, et en éprouvant une diminution de poids qui est sensible dans leur résidu.

La même classe, depuis qu'on y a introduit le diamant, réunit les deux extrêmes de la propriété que nous appelons *consistance* ; savoir, le maximum de dureté qui a lieu dans cette même substance, et une mollesse qui va jusqu'à la fluidité dans la variété de bitume, que l'on a nommée *pétrole*.

La manière dont s'électrisent les corps de la même classe, offre un nouveau point de partage entre eux et ceux des autres classes. Dans quelque état qu'ils soient, ils jouissent de la propriété isolante, et toutes, à l'exception du diamant, acquièrent à l'aide du frottement l'électricité résineuse.

La classe dont il s'agit est celle où les couleurs sont le moins diversifiées. Si l'on excepte les teintes de certains diamans, toutes les autres se réduisent à peu près au jaune, pour le soufre, le mellite et le succin, et au noir pour l'anthracite, la houille et les bitumes. Ces couleurs sont caractéristiques, dans le cas présent, parce qu'elles dépendent de la nature même des substances, et non pas d'un principe étranger.

Trois espèces seulement ont une forme primitive bien déterminée, qui est l'octaèdre régulier dans le diamant, l'octaèdre simplement rectangulaire dans le mellite, et l'octaèdre à triangles scalènes dans le soufre.

Si nous essayons maintenant de préciser les caractères distinctifs des corps de cette troisième classe, nous pouvons dire que ces corps sont les seuls auxquels appartienne quelqu'une des qualités suivantes :

1°. Dureté supérieure à celle de tous les autres minéraux, (le diamant.)

2°. Électricité résineuse par le frottement, sans isolement, (le diamant seul excepté.)

3°. Combustion avec un simple résidu charbonneux, et une diminution de poids très sensible, (le mellite, l'anthracite, la houille, le jayet et le bitume).

Je ne dois pas omettre que plusieurs des substances dont il s'agit, telles que les bitumes et la houille, n'ont été admises que par une sorte de tolérance dans la méthode minéralogique. On aurait pu se contenter de les classer parmi les roches, où elles seraient à leur véritable place, à raison du rôle important qu'elles jouent dans la constitution du globe. Elles ne sont censées appartenir à la Minéralogie, qu'à raison du changement d'état qu'elles ont subi pendant leur séjour dans le sein de la terre. Je les ai réunies dans un appendice sous le nom de *substances phytogènes*, qui rappelle leur origine végétale. Ce que je viens de dire explique assez la raison pour laquelle on ne peut mettre dans la détermination de ces substances, la même précision que dans celles qui sont proprement du domaine de la Minéralogie.

PREMIÈRE ESPÈCE.

SOUFRE.

(*Schwefel*, W. et K.)

Caractères spécifiques.

Caract. géomét. Forme primitive : octaèdre rhomboïdal (fig. 331, pl. 120), dans lequel l'incidence de P sur P' est de 143^d 7', et celle de l'arête D sur l'arête D' de 102^d 40'.

La grande diagonale du rhombe qui passe par l'arête D, et joint la pyramide supérieure avec l'inférieure, est à la petite, comme 5 est à 4; et la perpendiculaire menée du milieu du même rhombe sur l'arête D, est à la hauteur de la pyramide comme 1 à 3. Les joints naturels sont très sensibles dans quelques cristaux.

Molécule intégrante : tétraèdre irrégulier.

Caract. physique. Pesant. spécif. du soufre natif, 2,0332; du soufre fondu, 1,9907.

Réfraction. Double à un haut degré, et sensible même à travers deux faces parallèles.

Dureté. Très fragile, avec une espèce de craquement, lorsqu'on l'écrase. Si on le tient un instant dans la main fermée, et qu'on l'approche de l'oreille, on l'entend pétiller.

Électricité. Résineuse par le frottement.

Odeur. Nulle, lorsqu'il n'est point chauffé, ou qu'il brûle rapidement; suffocante pendant la combustion lente.

Couleur. Dans l'état de pureté; le jaune clair; le jaune de citron.

Cassure. Conchoïde, éclatante.

Caract. chim. Combustible en jetant une flamme légère et bleuâtre, si la combustion est lente; ou blanche et vive, si la combustion est rapide.

Caract. distinct. Entre le soufre et les autres substances combustibles. Il en diffère par l'odeur connue qu'il répand, en brûlant avec lenteur.

VARIÉTÉS.

FORMES DÉTERMINABLES.

Quantités composantes des signes représentatifs.

$$\overset{1}{P}A A B \overset{\;\;1\;\;\;1\;\;1}{D^1 P^1}$$
$$P\ r\ i\ s\ m\ o$$

Combinaisons une à une.

1. Soufre *primitif*. P (fig. 331).

De l'Isle, tom. I, pag. 292. Incidence de P sur P, $107^d\ 18'\ 40''$; de P sur la face adjacente à l'arête B, $84^d\ 24'\ 4''$; de P sur P', $143^d\ 7'\ 48''$. Valeurs des angles du rhombe qui passe par l'arête D, $102^d\ 40'\ 48''$ et $77^d\ 19'\ 12''$; angles du rhombe qui passe par l'arête C, $133^d\ 46'$ et $46^d\ 14'$; angles du rhombe qui passe par l'arête B, $123^d\ 49'\ 54''$ et $56^d\ 10'\ 6''$.

La structure des cristaux qui appartiennent à cette espèce, a été déterminée, à l'aide du calcul théorique, par M. Lefroy, ingénieur des mines.

a. *Cunéiforme* (fig. 332).

De l'Isle, t. I, p. 292; var. 1.

Deux à deux.

2. *Basé*. PA (fig. 333).
$$P\ r$$
De l'Isle, t. I, p. 293; var. 2.

3. *Unitaire*. P'P (fig. 334).
$$P\ o$$

La forme primitive épointée à deux angles solides latéraux. De l'Isle, t. I, p. 293 ; var. 2.

4. *Prisme*. $P\overset{1}{D}$ (fig. 335).
$$\underset{m}{P}^{\tfrac{1}{}}$$

De l'Isle, t. I, p. 293 ; var. 3.

5. *Émoussé*. PB (fig. 336).
$$P\,\overset{1}{n}$$

La forme primitive émarginée de part et d'autre, aux endroits de deux arêtes longitudinales.

6. *Dioctaèdre*. PA (fig. 337).
$$P\,\overset{2}{\underset{s}{}}$$

La forme primitive surmontée de part et d'autre d'une pyramide quadrangulaire.

Trois à trois.

7. *Octodécimal*. PAA (fig. 338).
$$P\,\overset{2}{\underset{r}{}}\,\overset{2}{\underset{s}{}}$$

La variété dioctaèdre épointée à chaque extrémité.

8. *Unibinaire*. PBA (fig. 339).
$$P\,\overset{1}{\underset{u}{}}\,\overset{2}{\underset{s}{}}$$

La variété émoussée augmentée de part et d'autre d'une pyramide quadrangulaire semblable à celle qui termine la variété dioctaèdre. De l'Isle, tom. I, pag. 293 ; var. 4.

Quatre à quatre.

9. *Équivalent*. $PBAA$ (fig. 340).
$$P\,\overset{1}{\underset{n}{}}\,\overset{2}{\underset{s}{}}\,\overset{2}{\underset{r}{}}$$

La variété précédente augmentée des faces r de la variété basée.

Formes indéterminables.

Soufre *concrétionné tuberculeux* d'Italie.

Concrétionné thermogène. Soufre sublimé des eaux thermales de Bex.

Concrétionné géodique.

Globuliforme. Dans un xérasite altéré.

Strié. Soufre des volcans.

Pulvérulent. A la surface de certaines laves.

Compacte.

Massif.

Accidens de lumière.

Couleurs.

Soufre *jaune-citrin.*

Jaune-verdâtre.

Miellé.

Brunâtre.

Grisâtre.

Blanchâtre.

Transparence.

Soufre *transparent.*

Translucide.

Opaque.

Annotations.

La nature a employé deux moyens pour produire le soufre qu'elle offre à nos observations ; l'action d'un liquide, et la sublimation par les feux volcaniques ou par la chaleur des eaux thermales.

Le soufre dont la production est due au premier moyen, se trouve presque toujours dans les terrains secondaires. Les substances auxquelles il s'unit le plus communément sont la marne, la chaux sulfatée, la chaux carbonatée, et le sel gemme.

A Conilla en Espagne, le soufre a pour gangue une marne abondante en calcaire, et imprégnée du même combustible.

A Bex en Suisse, le soufre repose sur une chaux carbonatée blanche lamellaire, mêlée de marne.

On trouve aussi le soufre engagé dans l'argile, aux environs de Lemberg, au cercle de Sambor en Silésie.

Tels sont les minéraux qui s'associent le plus ordinairement au soufre; mais on le trouve aussi quelquefois adhérent à d'autres substances. De ce nombre est la strontiane sulfatée de Sicile. Ses cristaux se trouvent dans les cavités des bancs de soufre qui alternent avec des bancs de chaux sulfatée, dans les vals de Noto et de Mazzara.

J'ai dans ma collection un échantillon qui vient de l'île de Saba, l'une des Antilles, où le soufre est en petits cristaux sur une pierre alumineuse. Il suffit d'y porter la langue pour sentir la saveur de l'alun dont elle est pénétrée.

Le soufre a joué ici un double rôle; isolé, il s'est déposé en cristaux à la surface: uni à l'oxigène, il a formé l'acide qui, par sa combinaison avec l'alumine, a produit l'alun dont cette pierre est imprégnée.

Les masses orbiculaires de quarz-agate pyromaque du département de la Haute-Saône et celles de Poligny (département du Jura) contiennent du soufre mêlé de silice et d'argile.

On a cité aussi du soufre disséminé dans les filons qui traversent les terrains primitifs ; mais il y est très rare. J'en ai un échantillon que j'apprécie d'autant plus que je le dois à l'amitié dont m'honore le célèbre Humboldt. Le soufre y adhère à un quarz mat que ce savant a trouvé à Cerro de Ticsa, dans le Quito, au Pérou.

A l'égard du soufre produit par la sublimation, à l'aide des feux volcaniques, on le trouve en poussière, en masses striées, ou même en cristaux, dans les fissures des laves qui avoisinent les cratères, comme à la Solfatare, près de Pouzzole, dans le territoire de Naples, à l'île de Bourbon, à la Guadeloupe, etc.

La production du soufre, par l'intermède des eaux thermales, a lieu dans plusieurs endroits, et en particulier à Aix-la-Chapelle, où ces eaux laissent dégager du gaz hydrogène sulfuré dont la décomposition donne naissance à du soufre qui adhère à la voûte, sous la forme de concrétions.

On trouve assez communément du soufre naturellement formé dans les matières animales en putréfaction. Lorsqu'on détruisit la porte Saint-Antoine, en 1778, on fit dans la partie qu'on appelait *la demi-lune*, une fouille d'où l'on retira des platras, dont la surface était couverte de soufre, en grains et

en très petits cristaux. Ils y étaient situés au-dessus
d'une terre qui avait servi de réceptacle aux vidanges
de Paris.

Indépendamment du soufre qui se trouve dans la
nature à l'état de liberté, il en existe une grande
quantité en combinaison avec des matières métalliques. Uni seul aux métaux, il forme les composés
connus sous les noms de *fer sulfuré*, *argent sulfuré*, *plomb sulfuré*, etc.; et ce qui est assez remarquable, c'est que le fer sulfuré, appelé *pyrite magnétique*, se trouve assez souvent en petites masses
tellement empâtées dans le grünstein, qui est une
roche primitive, qu'il est visible qu'il a été produit
en même temps que cette roche, d'où l'on peut conclure qu'il existe du soufre dont l'origine est beaucoup plus ancienne que celle des êtres organiques.
De plus, l'acide formé, par l'union du soufre et de
l'oxigène, minéralise plusieurs métaux; delà les combinaisons appelées *fer sulfaté*, *cuivre sulfaté*, *plomb
sulfaté*, etc. Le même acide entre dans la composition de la chaux sulfatée, de la baryte sulfatée et de
plusieurs autres substances de la première classe, et si
nous réunissons au soufre natif tous ces différens
mixtes qu'il modifie par sa présence, et surtout le
fer sulfuré qui abonde en une multitude d'endroits,
nous concevrons combien est étendu le domaine que
le soufre occupe dans la nature.

La Chimie, en soumettant le soufre à l'action du

calorique et de certains liquides, est parvenue à faire cristalliser artificiellement cette substance. Rouelle ayant fait fondre du soufre dans une capsule, le laissa refroidir jusqu'au point d'être figé seulement à la surface. Il perça ensuite cette espèce de croûte, puis ayant décanté le soufre fluide qui était au-dessous, il brisa la croûte, et trouva que l'intérieur de la capsule était devenu une géode tapissée de cristaux de soufre en longues aiguilles, qui se croisaient dans différentes directions. Les collections d'histoire naturelle offrent assez communément des géodes sulfureuses produites à l'aide d'un semblable procédé.

D'une autre part, Pelletier, en partant de l'observation que le soufre se dissolvait dans les huiles, au moyen d'une chaleur assez considérable pour le faire fondre, et en employant l'huile de térébenthine pour opérer cette solution, a obtenu, par le refroidissement, de petits cristaux très réguliers de soufre, ayant la forme de l'octaèdre primitif.

Le soufre brûle avec tant de facilité et d'une manière si complète, que son nom seul semble réveiller dans l'esprit l'idée de la combustion. Aussi les anciens chimistes pensaient-ils que chacun des corps susceptibles de céder à l'action du feu, avait son soufre particulier, à l'aide duquel il entrait en combustion. Stahl substitua à tous ces soufres un principe inflammable identique dans tous les corps combustibles, auquel il donna le nom de *phlogistique*, et qui existait de même dans le soufre, où il était combiné avec l'acide sulfurique. Il parut même avoir démontré, par la synthèse, qu'il avait découvert la vraie nature du soufre. Il était réservé à la Chimie moderne de faire voir que le soufre était un corps simple, et que cet acide vitriolique, que l'on regardait comme un des principes de cette substance, résultait, au contraire, de la combinaison du soufre lui-même avec l'oxygène.

L'acquisition que j'avais faite de quelques morceaux de soufre transparent, me suggéra l'idée de les tailler et de les polir, pour observer la réfraction de cette substance. Je reconnus que cette réfraction était double, et qu'elle produisait même un écartement considérable entre les images, qui de plus paraissaient fortement irisées. Ayant placé sur un papier marqué d'une ligne d'encre, un morceau de la même substance, qui avait deux faces opposées sensiblement parallèles, à mesure que je le faisais tourner, je voyais les deux images s'écarter ou se rapprocher; et il y avait un terme où elles se confondaient, excepté à leurs extrémités, comme cela a lieu avec un rhomboïde de chaux carbonatée. On concevra la raison de cette duplication des images, à travers deux faces parallèles, si l'on fait attention que l'octaèdre primitif du soufre dérive d'un parallélépipède obliquangle, en sorte que le soufre se rapproche à cet égard de la chaux carbonatée. Mais les morceaux de soufre avec lesquels j'opérais n'ayant point de joints naturels sensibles, je n'ai pu déterminer l'analogie

qui doit exister entre leur structure et le sens dans
lequel se fait l'écartement des images.

Ici se présentait un autre sujet de recherches plus
propre encore à exciter l'attention du minéralogiste
physicien. Il résultait des découvertes de Newton sur
les rapports entre les puissances réfractives et les
densités des divers corps naturels (*), que le soufre,
qui était une substance éminemment combustible,
devait avoir une puissance réfractive beaucoup plus
grande à proportion que ne l'indiquait sa densité,
laquelle n'est guère que le double de celle de l'eau. Je
cherchai, en conséquence, à déterminer la quantité
de la réfraction ordinaire du soufre, et, à l'aide d'un
moyen très simple, je reconnus que le rapport entre
le sinus d'incidence et celui de réfraction, au passage
de l'air dans la même substance, était un peu plus
petit que celui de 2 à 1. Je déterminai ensuite, par
le calcul, la puissance réfractive que le soufre devait
avoir, en conséquence de sa densité, par comparaison
à une autre substance combustible, telle que le succin ; et le rapport entre les sinus, déduit de cette
même puissance réfractive, s'est trouvé, à très
peu près, le même que celui qui résultait de l'observation.

La plus grande partie du soufre qui se débite dans
le commerce, se retire, par le grillage, du fer sulfuré et des autres mines dans lesquelles il fait la fonc-

____

(*) Voyez l'article *Diamant*.

tion de minéralisateur. Après l'avoir épuré, en le faisant fondre, on le coule dans des moules de bois, où il forme le soufre en canons, tel qu'on le trouve dans le commerce. On appelle *fleurs de soufre* un amas de parcelles ou de petits cristaux aciculaires produits par la sublimation du soufre.

La propriété qu'a le soufre de brûler à une température peu élevée, le fait employer, avec succès, pour déterminer la combustion dans d'autres corps moins inflammables.

Le soufre broyé et exactement mêlé avec la potasse nitratée et le carbone, dans de justes proportions, forme la poudre à canon. (*Voyez* l'article *potasse nitratée*). Fondu et versé sur la surface du fer, il contracte avec ce métal une adhérence intime, dont on profite pour sceller des barreaux de fer dans la pierre.

La vapeur du soufre en combustion, qu'on appelle *acide sulfureux*, est employée pour blanchir les soies, et rétablir ce *cri* particulier qui les caractérise lorsqu'elles sont neuves. On se sert utilement de la même vapeur dans les cabinets qui renferment des collections d'animaux, pour faire périr les mites et autres insectes destructeurs.

Les modeleurs emploient le soufre pour former des moules. On prend, par son moyen, de très belles empreintes des pierres gravées.

Dans les premières recherches qui ont frayé la route vers la véritable théorie des phénomènes électriques, les physiciens se servaient d'un globe de soufre, dont ils comparaient les effets avec ceux d'un globe de verre; et les différences entre les uns et les autres, ont contribué à mettre en évidence les deux espèces d'électricité, l'une positive ou vitrée, l'autre négative ou résineuse.

SECONDE ESPÈCE.

DIAMANT.

(*Diamant*, W.)

Caractères spécifiques.

Caract. géométr. Octaèdre régulier, divisible par des coupes très nettes.

Caract. auxil. Rayant le corindon.

Molécule intégrante : tétraèdre régulier.

Caract. phys. Pesant. spécif., 3,55.

Dureté. Rayant tous les corps.

Réfraction. Simple.

Poussière. Grise ou noirâtre.

Éclat. Très vif, et, sous certains aspects, se rapprochant de l'éclat métallique. Les minéralogistes allemands désignent cet éclat par le nom d'*éclat adamantin*.

Électricité. Vitrée par le frottement, même dans les diamans bruts, dont la surface est terne, et cela sans que ces diamans aient besoin d'être isolés.

Faculté conservatrice de l'électricité. Très faible.

Phosphorescence. Présenté pendant un instant à la lumière du soleil, et porté ensuite dans l'obscurité, il y manifeste une phosphorescence qui dure un temps considérable.

Caract. chim. Exposé à un feu d'une certaine activité, il brûle sans laisser de résidu.

Caract. distinct. 1°. Entre le diamant brut, et le corindon, le zircon, la topaze et le quarz, en morceaux informes et ternes. Ces dernières substances acquièrent dans ce cas l'électricité résineuse par le frottement. Celle du diamant est vitrée, comme lorsqu'il a été taillé. 2°. Entre le diamant octaèdre et le rubis spinelle de la même forme : le premier raie très facilement l'autre. 3°. Entre le diamant incolore taillé et la variété de corindon dite *saphir blanc.* Celle-ci a une pesanteur spécifique plus considérable dans le rapport de 8 à 7 : sa réfraction est double, tandis que celle du diamant est simple. 4°. Entre le même et la topaze incolore dite *goutte d'eau.* Celle-ci donne des signes d'électricité plusieurs heures après qu'elle a été frottée, tandis que dans le diamant la vertu électrique s'éteint en moins d'un quart d'heure.

VARIÉTÉS.

FORMES DÉTERMINABLES.

Quantités composantes des signes représentatifs.

$$P\,A'\,B'^{a}\,B^{a}.$$
$$P'\, r\, o\, n$$

Combinaisons une à une.

1. Diamant *primitif.* P (fig. 341, pl. 120).

a. Transposé. J'ai déjà fait remarquer que ce jeu intéressant de cristallisation avait lieu dans la plupart des substances dont la forme primitive est l'octaèdre régulier.

2. *Cubique.* $\underset{r}{A}$ (fig. 342).

3. *Binaire.* $\underset{n}{{}^{s}B^{s}}$ (fig. 343).

Deux à deux.

4. *Cubo-octaèdre.* $\underset{P\,r}{P\,A}$.

5. *Cubo-dodécaèdre.* $\underset{r\ o}{A'B'}$ (fig. 344).

Formes à faces bombées.

1. Diamant *sphéroïdal* (fig. 345). Diamant à facettes curvilignes.

a. Diamant sphéroïdal sextuplé. De l'Isle, t. II, p. 197; var. 3. Quarante-huit facettes curvilignes, dont six telles que *adb*, *fdb*, *fdu*, *cdu*, *ade*, *cde*, répondent à une même face de l'octaèdre primitif. Des six arêtes qui partent d'un même sommet *d*, trois aboutissent aux angles *a*, *c*, *f*, de la face dont il s'agit, et les trois autres aux milieux *b*, *e*, *u*, des côtés. Les premières sont ordinairement les plus vives; les autres ne forment que de légères saillies.

b. Diamant sphéroïdal conjoint, fig. 346. Diamant dodécaèdre. De l'Isle, t. II, p. 199; var. 4. La variété précédente, plus uniformément curviligne, de manière que les facettes fdu, fiu, et ainsi des autres semblablement situées deux à deux, paraissent se confondre en une seule; et que si l'on fait abstraction des arêtes du, iu, qui souvent sont très peu sensibles, la portion de surface comprise entre les arcs df, dc, if, ic, prendra l'aspect d'un rhombe légèrement bombé.

c. Diamant sphéroïdal comprimé. Diamant triangulaire. De l'Isle, t. II, p. 201 ; var. 6. Parmi les assortimens de six triangles qui répondent aux faces du noyau, deux opposés entre eux se rapprochent, de manière que le cristal se présente comme un prisme hexaèdre très court, terminé par des pyramides curvilignes très surbaissées.

Dans les diamans dont la forme est plus décidément sphéroïdale, les arêtes fu, cu, ce, ae, etc., qui répondent à celles du noyau, sont elles-mêmes curvilignes, en sorte que la surface est à double courbure.

Toutes ces modifications semblent n'être autre chose que les effets de la tendance qu'a la cristallisation vers une forme régulière à quarante-huit facettes planes, laquelle, si elle existe quelque part, n'a point encore été observée; et il est facile de concevoir que cette forme serait produite par des décroissemens intermédiaires sur tous les angles du noyau.

Mais la formation du diamant ayant été précipitée, les faces ont subi des arrondissemens, comme cela arrive par rapport à une multitude de minéraux. On peut dire même que le diamant, dont les arêtes curvilignes forment des reliefs d'une grande délicatesse, et en même temps très prononcés, porte plus visiblement que beaucoup d'autres substances, l'empreinte de la forme qui aurait eu lieu si la cristallisation avait atteint son but.

J'ai observé beaucoup de diamans à faces bombées ; et j'y ai toujours reconnu, au moins sur une partie des faces, les indices des arêtes *du*, *de*, *bd*, comprises entre celles qui aboutissent aux angles de la forme primitive. Il est vrai que ces arêtes ne répondent pas toujours au milieu des bords *af*, *fc*, *ac*, mais éprouvent des déviations qui les rejettent d'un côté ou de l'autre. Les plus grandes diversités se trouvaient dans la courbure même des faces, qui était plus marquée sur certains diamans que sur d'autres ; en sorte que tantôt les deux faces *fdu*, *fiu*, adjacentes à une même arête *fu*, formaient une espèce de pli à l'endroit de cette arête, comme dans la sous-variété *a*, et tantôt n'avaient aucune limite distincte, auquel cas on avait la sous-variété *b*.

D'après ces observations, j'ai cru devoir tout réduire à une seule variété, en désignant comme sous-variétés les nuances qui marquent le plus, parmi le grand nombre de celles dont elle est susceptible, et j'ai supprimé le diamant à 24 facettes, décrit par

Romé de l'Isle, t. II, p. 196, var. 2, lequel ne serait autre chose que la sous-variété *a*, où toutes les
arêtes *du*, *de*, *db*, etc., auraient entièrement disparu.

Romé de l'Isle, qui voyait autrement les choses,
avait, au contraire, dérogé ici, comme il l'a fait en
plusieurs occasions, au principe de l'unité de forme
primitive, pour en admettre *deux bien distinctes*,
savoir, *l'octaèdre aluminiforme*, et *le dodécaèdre
à plans rhombes* (*). De plus, il assimilait notre
sous-variété *a* aux pyrites globuleuses, en la considérant comme formée par la réunion très intime de
plusieurs petits diamans qui convergeaient vers un
centre commun (**).

Cependant les diamans sphéroïdaux ont la même
structure et se clivent aussi nettement que ceux qui
sont cristallisés en octaèdre régulier. Les portions
sur-ajoutées au noyau sont produites par de vrais
décroissemens, qui, au lieu de suivre une marche
uniforme, varient d'une lame à l'autre dans le rapport des ordonnées d'une courbe (***) ; et parce que
les faces sont à double courbure, les soustractions
qui, sur chaque lame, déterminent le décroissement

(*) *Ibid.*, p. 190.

(**) *Ibid.*, p. 198.

(***) Romé de l'Isle a reconnu lui-même l'existence de ces
décroissemens, par rapport au dodécaèdre, dont il ne laisse
pas de faire une nouvelle forme primitive du diamant.
Ibid., p. 199.

intermédiaire, se font de même inégalement, en sorte que les bords subissent des inflexions continuelles, au lieu de s'étendre en ligne droite.

Au reste, je ne prétends pas qu'il y ait quelque chose de constant dans les courbes dont je viens de parler, puisqu'elles sont dues aux perturbations que subissent ici les lois de la cristallisation. J'ai voulu seulement faire concevoir le rapport entre l'arrangement des molécules, dont les diamans sphéroïdaux sont l'assemblage, et celui qui atteindrait la véritable limite, et offrirait le résultat d'une loi uniforme et parfaitement régulière. Si l'on essayait, ainsi que je l'ai fait, de soumettre au calcul une de ces lois variables qui sont susceptibles de produire des formes sphéroïdales, ce serait une de ces recherches que l'on ne se permet que pour satisfaire sa curiosité.

2. Diamant *plan-convexe*. De l'Isle, t. II, p. 195; var. 1. C'est la combinaison du diamant sphéroïdal avec la forme primitive. On voit dans la collection de l'École des Mines plusieurs cristaux de cette variété, sur lesquels les faces parallèles à celles du noyau sont éclatantes et parfaitement planes.

Formes indéterminables.

Diamant *amorphe* ou *granuliforme*. S'il pouvait y avoir des diamans roulés, ils n'auraient passé à cet état que par leur frottement mutuel. Mais il est visible que ceux qu'on nous apporte ne doivent qu'à une cristallisation imparfaite les accidens qui ont oblitéré leur forme.

Accidens de lumière.

Couleurs.

1. Diamant *incolore.*
2. *Rose.*
3. *Orangé.*
4. *Jaune.*
5. *Vert.*
6. *Bleu.*
7. *Noirâtre.*

Transparence.

1. Diamant *transparent.*
2. *Translucide.* C'est l'état ordinaire des diamans bruts. Mais leur demi-transparence n'est, pour ainsi dire, que superficielle, et fait place, au moyen de la taille, à une belle transparence.
3. *Opaque.*

Substances d'une nature différente de celle du diamant, auxquelles on a appliqué son nom.

1. Le rubis. Diamant rouge. Sage, Elém. de Minéralogie, t. I, p. 222.

2. Le quarz en petits cristaux éclatans ; faux diamant, diamant d'Alençon, diamant de Canada.

3. Le zircon. Diamant d'une qualité inférieure

Annotations.

Les seuls diamans qui aient été d'abord répandus dans le commerce étaient ceux que l'on trouvait aux grandes Indes, dans les royaumes de Golconde et de Visapour. D'après les récits des voyageurs, ils y sont ordinairement épars à une médiocre profondeur, dans une terre ferrugineuse rougeâtre, au pied de hautes montagnes formées en partie par différens lits de quarz.

Il y a aussi des diamans au Mogol et dans d'autres climats de l'Asie, en particulier dans l'île de Bornéo.

Vers le commencement du seizième siècle, on a trouvé des diamans dans différentes parties du Brésil. Suivant les observations faites sur les lieux, et consignées dans les actes de la Société d'histoire naturelle, par M. de Dandrada, minéralogiste portugais, d'un mérite très distingué, le lieu natal des diamans dont il s'agit est la croûte des montagnes situées dans le district de Serro do Frio (ou montagne froide); ils y sont aussi enveloppés d'une terre ferrugineuse. Mais M. de Dandrada ajoute que l'on préfère, pour la facilité du travail, de chercher ceux qui, par une suite de l'éboulement des terres, ont été transportés dans le lit des rivières et dans les atterrissemens voisins. Il dit encore que la terre ferrugineuse qui occupe ces atterrissemens, et dont on dégage les diamans, est mêlée de cailloux réunis en pouddings, auxquels on donne dans le pays, le nom de *Cascalho.*

Des minéralogistes qui depuis ont fait le voyage du Brésil, et en particulier M. Mawe, y ont trouvé dans ces mêmes atterrissemens, des portions de ces pouddings ou brèches quarzeuses dont parle M. de Dandrada, dans lesquelles étaient engagés des diamans que le ciment avait enveloppés en même temps que les fragmens de quarz. Mais ce n'est qu'une gangue produite pour ainsi dire du second jet, comme toutes les matières d'alluvion. Il serait plus intéressant d'avoir la gangue primitive du diamant, composée des matières dont la formation aurait été contemporaine à celle de ce minéral.

Les fragmens de quarz qui composent cette brèche, sont réunis par un ciment ferrugineux qui, exposé pendant un instant à la flamme d'une bougie, agit sur l'aiguille aimantée. J'ai remarqué que ces mêmes fragmens étaient plus durs que le quarz ordinaire, qu'ils raient d'une manière très sensible, lorsqu'on les fait passer avec frottement sur sa surface.

Le diamant a été connu des anciens. Pline le naturaliste dit que sa forme présente l'aspect de deux toupies que l'on aurait réunies par les bases, d'où l'on voit qu'il considérait l'octaèdre à faces bombées qui est la forme ordinaire du diamant, comme un assemblage de deux pyramides curvilignes.

Mais Pline ajoute que le diamant triomphe des efforts du feu, au point que cet élément ne parvient pas même à l'échauffer. Qu'aurait pensé Pline, si quelqu'un eût fait brûler devant lui un de ces corps

qu'il croyait inaccessibles à l'action de la chaleur ?
C'était de cette qualité imaginaire, jointe à une autre
plus réelle, je veux dire l'extrême dureté du diamant,
que l'on avait tiré le nom d'*adamas*, qui signifie
indomptable dans la langue grecque.

Boyle est le premier, au rapport de Henckel, qui
ait tiré les pierres gemmes de son trésor, pour les livrer à l'action du feu; il prétendait que plusieurs de
ces pierres, et en particulier le diamant, exhalaient
dans cette opération des vapeurs âcres très abondantes. C'était une chimère, qui pouvait cependant
être bonne à quelque chose, en faisant naître à d'autres l'idée de recommencer l'expérience. Elle fut faite
de nouveau à Florence, en 1694 et 1695, par les
ordres du duc de Toscane, à l'aide de la lentille de
Tschirnausen, et depuis à Vienne, en présence de
l'empereur François Ier, au moyen d'un feu très violent et long-temps soutenu. Là, on vit les diamans
diminuer peu à peu de volume, et ils finirent par
disparaître. M. d'Arcet a été le premier en France
qui ait répété ces expériences, et il n'eut besoin pour
réussir que d'employer un simple fourneau de cou-
pelle ordinaire. Macquer observa depuis que le
diamant répandait, en brûlant, une flamme légère,
qui formait autour de lui une espèce d'aréole très
sensible.

Il résultait de ces expériences et de beaucoup
d'autres faites dans la même vue, que le diamant,
exposé à un feu d'une certaine activité, brûlait sans

laisser de résidu, et que ce minéral, qui passait déjà pour une sorte de phénomène, lorsqu'on le croyait indestructible, n'avait rien d'aussi merveilleux que sa destruction elle-même.

Le diamant une fois reconnu pour une substance combustible, il restait à déterminer sa composition. Lavoisier ayant fait brûler un de ces corps, à l'aide du gaz oxigène dans un vaisseau fermé, aperçut des taches sur la surface du diamant; il remarqua de plus que le gaz qui s'était dégagé pendant la combustion, précipitait la chaux à la manière de l'acide carbonique. Mais il ne tira de ce fait aucune induction positive sur la nature du diamant. Depuis cette époque, M. Smitson Tennant, célèbre chimiste anglais, ayant fait brûler un diamant dans un étui d'or, par l'intermède du nitre, obtint une quantité d'acide carbonique qu'il jugea égale à celle que produisait la combustion du charbon, d'où il conclut que le diamant était lui-même uniquement composé de charbon. M. Guyton de Morveau a tiré la même conséquence de ses expériences sur le diamant, et ayant réfléchi que l'acier n'était autre chose que du fer uni à une certaine quantité de charbon, il a substitué la poussière du diamant à ce dernier principe, et le fer a été converti en acier, c'est-à-dire qu'il est devenu susceptible d'acquérir des pôles, par le contact d'un aimant. Je fais cette remarque, parce que Pline, qui, en débitant des chimères sur le compte du diamant, semble avoir choisi celles qui étaient le plus en opposition avec la nature de ce corps, prétend que la présence du diamant anéantit la vertu magnétique.

M. Guyton a entrepris, en 1812, une suite de nouvelles expériences sur la combustion du diamant, dont il a consigné les résultats dans les Annales de Chimie, pour les mois de novembre et décembre de la même année. Le but que M. Guyton s'est proposé, en faisant ces expériences, a été d'examiner si le diamant contenait une quantité notable d'hydrogène, comme paraissaient l'indiquer des recherches qui en elles-mêmes étaient d'un grand intérêt, et dont la conséquence était qu'il fallait attribuer à la présence de ce principe la grande puissance réfractive du diamant.

Les précautions les plus scrupuleuses qui ont été prises par M. Guyton, pour s'assurer de la fidélité des instrumens qu'il a employés, et de la justesse des résultats, ne lui ont laissé apercevoir aucun indice de la présence de l'hydrogène dans le diamant.

M. Davy, à qui il était réservé de répandre un dernier trait de lumière sur le sujet de la question présente, a entrepris de son côté un travail, dont la conséquence est que le diamant en brûlant ne donne absolument que du gaz acide carbonique pur, expression qui ne fait que répéter en d'autres termes, ce qu'avaient déjà dit toutes les analyses précédentes.

Ainsi, voilà le diamant, c'est-à-dire le plus pur, le plus brillant de tous les minéraux et l'un des plus limpides, qui s'identifie avec le charbon, c'est-à-dire avec un corps tendre, noir et opaque, dans l'état où nous l'obtenons par la combustion des matières végétales. Jamais le proverbe que *quelquefois les extrêmes se touchent* n'a été si vrai.

Plus un fait est difficile à croire, moins il était aisé de le prévoir, avant qu'il s'offrît à nos observations. Cependant le génie de Newton avait lu, pour ainsi dire, dans les lois de la réfraction que le diamant était un corps combustible, et cela long-temps avant qu'on en eût fait l'expérience. Mais Newton avait été si peu étudié que le résultat dont il s'agit était resté ignoré jusqu'en 1792. Il semble que Newton soit devenu trop vieux pour être lu ; comme si on n'était pas toujours jeune quand on est immortel à tant de titres ! Ce fut à cette époque qu'ayant formé le projet de lire avec beaucoup d'attention l'Optique de cet illustre savant, j'y remarquai l'espèce de prédiction dont je viens de parler. J'en avertis M. Lavoisier, et je m'empressai d'insérer dans le Journal d'histoire naturelle, auquel je travaillais alors, un exposé de ce beau résultat, que l'on aurait pu comparer à un diamant qui reste enfoui dans le sein de la terre jusqu'à ce qu'une main heureuse vienne l'en tirer.

Voici la manière dont Newton était parvenu à ce résultat important. Ayant entrepris de comparer les puissances réfractives des différens corps diaphanes avec leurs densités, il trouva qu'en général elles étaient à peu près en rapport les unes avec les autres, mais que les corps considérés sous ce point de vue, formaient deux classes distinctes, l'une de ceux qu'il appelle *fixes*, comme les pierres, l'autre de ceux qu'il appelle *gras*, *sulfureux* et *onctueux*, tels que les huiles, le succin, etc. Dans chaque classe la puissance réfractive variait à peu près dans le rapport de la densité; mais les corps de la seconde classe, à densité égale, avaient une puissance réfractive beaucoup plus grande que ceux de la première.

Or, le diamant, à raison de sa grande puissance réfractive, se trouvait placé parmi les corps onctueux et sulfureux; et dans la table où Newton a présenté la série des rapports entre les puissances réfractives et les densités, le diamant est à côté de l'huile de térébenthine et du succin, deux substances éminemment inflammables. Newton avait conclu de ce rapprochement, que le diamant devait être une *substance onctueuse coagulée*, expression qui dans le sens que lui-même y attachait, en se conformant aux principes chimiques admis de son temps, doit être regardée comme un synonyme d'*inflammable*.

Les physiciens et les chimistes qui étaient parvenus à brûler le diamant, avaient été conduits à ce résultat en essayant directement l'action de la chaleur sur ce minéral. Ils avaient pris la route qui était ouverte devant eux; mais c'est un trait de génie, d'avoir conclu des lois de la réfraction, que le diamant était un corps combustible; c'est une de ces marches savantes et un de ces circuits ingénieux par lesquels les hommes supérieurs vont quelquefois surprendre la nature du côté où elle semblait être inaccessible.

Newton va plus loin : il remarque que l'eau a une puissance réfractive moyenne entre celle des corps des deux classes, et que vraisemblablement elle participe de la nature des uns et des autres; car elle fournit à l'accroissement des plantes et des animaux, qui sont composés en même temps de parties sulfureuses, grasses et inflammables, et de parties terrestres, sèches et alkalisées.

C'était dire, en mots couverts, que l'eau, qui, suivant Newton, participait de la nature des corps inflammables et de ceux qui ne l'étaient pas, devait renfermer un principe inflammable; et voilà l'existence de l'hydrogène dans l'eau entrevue par Newton, qui avait encore pris l'initiative par rapport à un résultat auquel la Chimie moderne doit une partie de ses progrès.

Je viens de développer l'action des causes qui opèrent la destruction du diamant. Laissons-le maintenant intact, pour considérer ces beaux reflets, dont telle est la vivacité que si le diamant est unique relativement à l'action que le calorique exerce sur lui, il l'est également à l'égard de celle qu'il exerce lui-même sur la lumière.

Ces effets dépendent de plusieurs causes, et en premier lieu de la grande dispersion que subit la lumière en traversant le diamant.

Lorsqu'un faisceau de lumière rencontre obliquement une des faces d'un prisme, et qu'ensuite il pénètre dans l'intérieur de ce prisme, les rayons diversement colorés dont il est l'assemblage, sont plus réfractés les uns que les autres. Le rouge est celui qui l'est le moins, et le violet celui qui l'est le plus; et ainsi les rayons divergent les uns des autres en traversant le prisme. Lorsque ensuite ils repassent dans l'air, ils sont repliés de nouveau par l'effet de la réfraction, et ils continuent de diverger comme les rayons d'un éventail. On appelle *dispersion* la quantité de cette divergence, ou, ce qui revient au même, la grandeur de l'angle que font entre eux les rayons extrêmes. L'expérience prouve que la dispersion n'est pas proportionnelle à la réfraction, en sorte qu'il peut bien arriver que, de deux substances égales en densité, l'une ait une dispersion beaucoup plus forte que celle de l'autre. Maintenant on conçoit que l'effet de la dispersion étant de séparer les couleurs dont la lumière blanche est l'assemblage, plus elle est grande, et plus la distinction des couleurs est marquée.

Or la lumière, en pénétrant les diamans par les facettes diversement inclinées que le travail de l'artiste a fait naître sur ces corps, subit une forte décomposition, à laquelle se joint une dispersion considérable; et ces rayons décomposés, rencontrant la surface inférieure où ils se réfléchissent, s'élancent au dehors sous un aspect irisé qui est surtout sensible le soir, dans une salle bien éclairée, où chaque mouvement que font les personnes qui portent des diamans détermine un nouveau jeu de lumière. Les facettes sont en même temps très éclatantes, parce que les substances qui réfractent le plus fortement la lumière sont aussi celles qui la réfléchissent le plus abondamment.

Ceci exige encore une petite explication. J'ai dit, en parlant de l'hydrophane, que quand un faisceau de lumière, après avoir traversé un milieu, se présente à la surface d'un autre milieu d'une densité différente, ce faisceau ne pénètre pas tout entier le second milieu, mais une partie des rayons qui le composent est réfléchie à la surface de contact entre les deux milieux. Or, plus les densités des deux milieux diffèrent entre elles, plus aussi le nombre de rayons réfléchis au contact des deux milieux est considérable; mais plus les densités des deux milieux sont différentes, plus la lumière s'infléchit en passant dans le second milieu, ou, ce qui revient au même, plus l'angle de réfraction diffère de celui d'incidence, et il paraît qu'en général c'est de la différence entre les deux angles que dépend la quantité de rayons réfléchis. Or, dans le diamant, cette différence est très grande, et quoiqu'elle dérive ici de la nature même du diamant, plutôt que de sa densité, il suffit qu'elle soit très sensible en elle-même, pour que le nombre des rayons réfléchis au contact de l'air et du diamant soit augmenté à proportion, et c'est ce qui donne un éclat si vif

à la surface du diamant. Il y a donc ici trois propriétés de la lumière qui concourent aux effets du
diamant. La réfraction et la dispersion s'unissent
pour décomposer fortement la lumière qui le pénètre, et de là les couleurs prismatiques qu'il dé-
veloppe; d'une autre part, la grandeur de la réfraction détermine une augmentation dans la quantité
de la réflexion, d'où naît le vif éclat de la surface.

Ainsi ces beaux reflets irisés que lance le diamant
tiennent à sa nature et à ses propriétés essentielles,
ils sont en quelque sorte inhérens à ses molécules
intégrantes; au lieu que les pierres nommées *gemmes*
n'offrent à l'œil ces couleurs qui le flattent, que
par l'intermède des molécules d'une substance étrangère. Le spinelle doit à l'acide du chrome sa couleur
pourprée. Le corindon hyalin doit au fer oxidé ce
rouge cramoisi, ce bleu mâle, ce jaune pur qui
l'ont fait nommer tour à tour *rubis*, *saphir* et *topaze* d'orient. L'émeraude emprunte du chrome
oxidé sa belle couleur verte. Mais le diamant se
suffit à lui-même; il n'a besoin d'aucun accessoire
pour produire ces teintes éblouissantes que l'œil ad-
mire en lui. C'est le pouvoir qu'il exerce immédiatement sur la lumière qui donne une si grande éner-
gie aux rayons dont les uns étincellent en jaillissant
à sa surface, et les autres, après avoir pénétré à
l'intérieur, en sortent tout brillans des plus beaux
effets du prisme.

La taille, qui favorise tous ces jeux de lumière,

est en quelque sorte l'ouvrage des diamans eux-mêmes ; car comme il n'existe, ni dans la nature, ni parmi les produits de l'art, aucune substance aussi dure que celle-ci, on ne peut la travailler qu'à l'aide de sa propre poussière. Avant le quinzième siècle, on employait les diamans tels qu'ils étaient sortis du sein de la terre, en les plaçant de manière qu'ils présentassent en avant un de leurs angles solides. Mais dans cet état ils avaient plutôt le mérite de la rareté que celui de l'agrément ; et comme les corps de cette espèce ont en général leur surface terne, on peut dire qu'à l'époque dont j'ai parlé, le diamant n'avait pas encore été vu par les amateurs de pierreries, il ne l'avait été que par les minéralogistes.

En 1456, un jeune citoyen de Bruges, nommé Louis de Berquen, imagina de frotter deux diamans l'un contre l'autre, pour les user, ce qui s'appelle *égriser*. Il recueillit la poudre qui était tombée des diamans pendant cette opération ; il étendit cette poudre, au moyen d'une matière grasse, sur la circonférence d'une roue semblable à celles de nos lapidaires ; il mit cette roue en mouvement, et le frottement de la poussière étendue sur sa circonférence fit naître à la surface du diamant des facettes qui prirent en même temps le poli dont ce corps est susceptible. Cette invention fut très accueillie par Charles, duc de Bourgogne, qui donna à Berquen une récompense considérable.

On sait que les diamans sont communément d'un petit volume. Leur prix augmente dans le commerce, suivant une proportion extrêmement rapide, en comparaison de leur grosseur. On en a cité quatre ou cinq qui peuvent passer, à cet égard, pour des phénomènes. De ce nombre est le *Régent*, qui appartient à la couronne de France, et qui est doublement remarquable par son volume et par sa grande perfection ; le diamant du Grand-Mogol, dont parle Tavernier, et qui pouvait passer, au moment de sa découverte, pour le géant des diamans. Il pesait alors près de 800 karats ; mais ses inégalités avaient forcé l'artiste chargé de le tailler d'en diminuer considérablement le volume. Le plus gros que l'on connaisse est celui dont l'impératrice de Russie a fait l'acquisition en 1772. (Voyez la Minér. de Patrin, t. I, p. 227.) Plusieurs auteurs ont écrit qu'il pesait 779 karats, qui équivalent à 5 onces 2 gros 5 grains. Mais d'après l'évaluation de M. Mawe, qui a publié à Londres, en 1813, un Traité sur le diamant, il paraîtrait qu'on aurait écrit *karats* au lieu de *grains* ; car, suivant M. Mawe, le diamant dont il s'agit ne pèse que 193 karats, c'est-à-dire à peu près le quart du poids indiqué par les autres auteurs. (Le karat vaut 4 grains, ce qui fait 1 once 2 gros 52 grains.) Ce diamant a été payé 2 millions 250 mille livres comptant, avec 100 mille livres de pension viagère.

Tout le monde connaît l'usage des pointes naturelles de diamans, pour couper le verre. Avant que l'on employât ce procédé, on commençait par tracer un sillon dans le verre, au moyen de l'émeril, ou avec une pointe d'acier très dure. On humectait ensuite le verre à l'endroit du sillon, et l'on y passait une pointe de fer rougie au feu, qui déterminait la rupture du verre. Aujourd'hui les vitriers, à l'aide de ces petits diamans que les lapidaires rebutent, taillent un carreau de vitre dans un clin d'œil, et le diamant, lorsqu'il est privé de l'avantage de plaire, a encore le mérite d'être utile.

TROISIÈME ESPÈCE.

ANTHRACITE.

(*Glanzkohle* , W.)

Caractères spécifiques.

Le caractère distinctif de l'anthracite consiste en ce qu'il est d'une combustion lente et difficile, en quoi ce minéral diffère de la houille, qui brûle avec plus ou moins de facilité, en répandant une odeur bitumineuse connue de tout le monde.

L'anthracite est réellement susceptible d'être divisé mécaniquement, et le résultat de cette division conduit à un prisme droit rhomboïdal. La houille, comme nous le verrons, donne un résultat analogue, et d'après ces observations, la forme dont il s'agit paraîtrait être celle du charbon naturel, lorsqu'il est dans un état particulier, et très différent de celui sous lequel s'offre le diamant. Dans l'anthracite, le charbon serait pur ou à peu près ; dans la houille, le bitume qui lui est associé n'influerait en rien sur la forme ; il communiquerait seulement à la houille la propriété de brûler plus ou moins facilement. Mais des observations plus récentes semblent indiquer que la forme primitive de l'anthracite est celle d'un prisme hexaèdre régulier ; alors le résultat de division mécanique dont j'ai parlé serait le prisme rhomboïdal de 120^d et 60^d, et différerait totalement de celui que donne la houille.

Caract. phys. Pesant. spécif., 1,8.

Dureté. Friable.

Electricité. Acquérant par le frottement, lorsqu'il est isolé, l'électricité résineuse. Electrique par communication ; donnant des étincelles à l'approche d'un excitateur, lorsque le morceau est en communication avec un conducteur électrisé.

Tachure. Tachant assez souvent les doigts.

Transparence. Nulle.

Couleur. Noire ; jointe à un luisant qui tire sur celui du fer carburé, mais plus sombre.

Caract. chim. Combustion lente et difficile, qui n'a lieu qu'à l'aide d'un feu violent.

Analyse par Vauquelin :

Carbone..................	0,68
Silice, environ..........	0,30
Fer......................	0,02
	1,00

Caractères distinctifs. 1°. Entre l'anthracite et la houille. Celle-ci a une pesanteur spécifique moindre, à peu près dans le rapport de 7 à 9. Elle brûle facilement, et l'anthracite avec beaucoup de difficulté. Son luisant est noir, au lieu que celui de l'anthracite approche du gris métallique. 2°. Entre le même et le fer carburé. Celui-ci a une pesanteur spécifique plus grande, dans le rapport d'environ 14 à 9; il tache beaucoup plus facilement le papier, et y laisse des traces d'un gris métallique, au lieu que celles de l'anthracite sont noires.

VARIÉTÉS.

Formes déterminables.

1. Anthracite *cristallisé*. En cristaux ébauchés dont la forme tend vers celle d'un octaèdre aigu. Ces corps ont été découverts dans les mines de houille du pays de Berg, sur la rive droite du Rhin. Il y en avait un grand nombre dans le même endroit. On les a soumis à des épreuves qui ont paru indiquer qu'ils appartiennent à l'anthracite.

2. *Schistoïde.* Schiefrige Glanzkohle, W. Divisible par feuillets dont la surface est inégale et ondulée.

a. Métalloïde. Des environs de Philadelphie.

3. *Stratiforme.* Par couches épaisses superposées. Des chalances d'Allemont.

4. *Compacte.* Muschliche Glanzkohle, W.

a. Globuleux. A Konsberg en Norwége, dans la chaux carbonatée.

b. Massif. Accompagnant l'argent natif.

5. *Caverneux.* Du plateau de Troumose.

Accidens de lumière.

Métalloïde, des Etats-Unis. C'est un éclat métallique presque parfait.

Sub-métalloïde. Il est très éclatant; mais il n'a qu'un léger luisant métallique.

Bronzé. C'est une nuance particulière de l'éclat métalloïde, qui ordinairement est noirâtre.

Irisé. C'est l'effet d'une altération, pendant laquelle l'anthracite s'exfolie, et se réduit en lames d'une assez grande ténuité pour produire le phénomène des anneaux colorés.

Annotations.

En résumant les différentes observations faites par les géologues, sur les gissemens de l'anthracite, on trouve que ce minéral appartient en même temps aux terrains primitifs ou de transition, et aux terrains secondaires, et qu'il forme dans les uns et les autres des couches ou des amas assez considérables pour mériter un rang parmi les roches.

Dans les terrains primitifs ou intermédiaires, ses couches adhèrent au gneiss et au mica schistoïde. C'est dans cette dernière espèce de roche que M. Ramond a trouvé l'anthracite caverneux, au fond de la vallée de Héas, sur le plateau de Troumose, département des Hautes-Pyrénées.

L'anthracite des terrains secondaires a été trouvé par M. Héricart, près d'Allemont, département de l'Isère, sur la montagne des Chalances, entre deux bancs de schiste noir couvert d'empreintes de végétaux. On peut rapporter à cette formation l'anthracite de Visé, département de l'Ourthe, qui a pour gangue une chaux carbonatée en partie lamellaire et en partie compacte. On le trouve aussi adhérent au psammite (grauwacke), et au schiste alumineux.

L'anthracite se trouve aussi associé à la formation accidentelle des filons métalliques, dans la mine d'argent de Konsberg en Norwége. Dans un échantillon que je possède, l'anthracite accompagne l'axinite, le plomb sulfuré, l'argent natif. La gangue est une chaux carbonatée.

Il résulte des observations que je viens d'exposer qu'il existe dans la nature un carbone produit antérieurement à la création des êtres organiques; la même conséquence se déduit de l'existence de la chaux carbonatée dans les terrains primitifs, c'est-à-dire d'un composé dans lequel entre un acide dont le carbone est la base.

Ainsi, l'observation des faits est manifestement contraire à l'opinion émise par quelques auteurs, que toute la chaux et tout le carbone répandus dans la nature tirent leur origine des êtres organiques, opinion que l'on a étendue à diverses autres substances minérales; et tout nous ramène vers cette vue si sage et si simple, que le globe habité par les animaux, et à la surface duquel croissent les végétaux, a dû être formé et préparé d'avance pour recevoir les uns et les autres, et que dès le commencement le Créateur avait produit un certain nombre d'élémens de différentes espèces, tels que le carbone, l'oxigène, l'hydrogène, etc., destinés à former par leur réunion en diverses proportions tous les corps qui entrent dans la structure du globe. Cette vue a été très bien développée par Newton dans son Optique. C'est l'homme que tous ceux qui cultivent les sciences doivent se proposer pour modèle ; il aimait les idées qui sont grandes sans être gigantesques, qui peuvent bien étonner l'esprit, mais qui ne le déconcertent pas, et qui entrent dans l'imagination par le canal de la raison.

QUATRIÈME ESPÈCE.

MELLITE.

(*Honigstein*, W.)

Caractères spécifiques.

Caract. géomét. Forme primitive : octaèdre symétrique (fig. 347, pl. 120), dans lequel la base commune des deux pyramides est un carré, et l'incidence de P sur P′, de 93^d 22′ (*). Les joints naturels

___

(*) La perpendiculaire menée du centre de la base sur un des côtés, ou, ce qui revient au même, la moitié de chaque côté, est à la hauteur de la pyramide dans le rapport de $\sqrt{8}$ à $\sqrt{9}$.

sont très apparens par le chatoiement à la lumière d'une bougie.

Molécule intégrante, tétraèdre symétrique.

Cassure. Écailleuse.

Caract. phys. Pesant. spécif., 1,5858... 1,666 (*).

Dureté. Fragile, et se laissant aisément entamer avec le couteau.

Réfraction. Double à un haut degré.

Électricité. Les cristaux qui ont un certain degré de pureté manifestent l'électricité résineuse, lorsqu'on se hâte de les présenter à l'électromètre après les avoir frottés. Si on les isole, cette électricité est beaucoup plus sensible, et persiste pendant long-temps.

Couleur dans l'état de pureté. Le jaune de miel.

Caract. chim. Exposé sur un charbon allumé, ou à la flamme d'une bougie, il blanchit et perd sa transparence. Chauffé fortement, il blanchit de même, ensuite devient noir, et finit par tomber en poussière.

Analyse par Klaproth (**) :

$$
\begin{array}{lr}
\text{Alumine} & 16 \\
\text{Acide mellique} & 46 \\
\text{Eau} & \underline{38} \\
& 100.
\end{array}
$$

(*) Ce second résultat est de M. Abich ; je suis parvenu au premier, en pesant une quantité de 2,084 grammes, ou un peu plus de 39 grains.

(**) Karsten, Miner. Tabellen, p. 29.

Caractères distinct. Entre le mellite et le succin. Celui-ci se fond sur un charbon ardent, en répandant une odeur agréable; le mellite y blanchit sans fusion et sans odeur. Le succin est très électrique par le frottement, même sans être isolé; le mellite l'est très peu, à moins qu'on ne l'isole. La réfraction du succin est simple, celle du mellite est double.

VARIÉTÉS.

Formes déterminables.

1. Mellite *primitif.* P (fig. 347, pl. 120).

Incidence de P sur P', 93^d 22'; de P sur P, 118^d 4'.

2. *Dodécaèdre.* P¹E¹ (fig. 348).
     P g

L'octaèdre primitif épointé latéralement. Incidence de g sur g, 90^d; de g sur P, 120^d 58'. Ce dodécaèdre diffère du rhomboïdal, en ce que dans ce dernier toutes les incidences des faces voisines sont de 120^d, au lieu que dans celui du mellite les unes sont de 120^d 58', et les autres de 118^d 4'; de plus, dans le dodécaèdre rhomboïdal, les incidences de deux faces, prises de deux côtés opposés d'un même angle solide composé de quatre plans, sont toutes de 90^d; tandis que dans le dodécaèdre du mellite il n'y a que les faces g, g qui fassent entre elles un angle droit; l'incidence des autres est ou de 93^d 22', comme celle de P sur P', ou de 86^d 38', comme celle de P sur la face située de l'autre côté du sommet.

3. *Épointé.* P¹E¹A (fig. 349).

$$\text{P } g \overset{1}{o}$$

Incidence de *o* sur P, 133^d 19′. Les faces *o* sont ordinairement plus ou moins curvilignes.

Formes indéterminables.

Mellite *granuliforme.*

Accidens de lumière.

Couleurs.

Mellite *jaune de miel.*
Orangé-brun.

Transparence.

Transparent.
Translucide.

Annotations.

Les cristaux de mellite ont été découverts à Artern, en Thuringe, dans des couches de bois bitumineux ; et l'on dit que depuis on en a trouvé aussi en Suisse, où ils accompagnent le bitume glutineux (asphalte). Ils sont le plus souvent isolés et quelquefois groupés les uns dans les autres.

L'opinion qui a d'abord prévalu, relativement à la nature du mellite, était celle qui en faisait un succin cristallisé. Cependant plusieurs naturalistes opposaient à ce rapprochement diverses expériences comparatives, et M. Gillet Laumont, en employant à cette recherche une très petite quantité de mellite, sut si bien l'économiser, qu'il la multiplia, pour ainsi dire, en la faisant servir à une douzaine d'expériences, qui toutes tendaient à établir une différence de nature entre les deux substances. Ce n'est que depuis cette époque que les chimistes ont commencé à s'occuper de l'analyse du mellite.

Ce minéral est composé d'alumine, d'eau et d'un acide analogue aux acides végétaux, c'est-à-dire ayant une double base formée d'hydrogène et de carbone, en certaine proportion, et combinée avec l'oxigène. Lorsque l'on décompose ces sortes d'acides, leur hydrogène s'unit à une partie de leur oxigène, ce qui forme de l'eau, et leur carbone, en s'unissant à une autre portion d'oxigène, donne de l'acide carbonique.

Quelques auteurs avaient annoncé que le mellite ne s'électrisait pas par le frottement. Cette assertion me parut d'autant plus surprenante, qu'une partie des cristaux de mellite jouissent d'une assez belle transparence, et ont un aspect qui semble indiquer une substance isolante. Ayant donc soumis à l'expérience quelques-uns de ces cristaux, sans les avoir auparavant isolés, j'ai trouvé que le frottement les rendait électriques résineusement. Mais leur vertu était faible et si fugitive, que pour en observer les effets, il fallait faire franchir rapidement au cristal frotté, l'espace qui le séparait du petit appareil; car au bout d'un instant l'électricité était éteinte. Mais si on isolait le mellite, et qu'on le frottât, son électricité résineuse devenait beaucoup plus forte, et elle se maintenait pendant deux ou trois heures. Ainsi le mellite ne fait point exception aux autres substances combustibles; mais il est sur la limite des corps isolans, et offre comme la nuance entre ces corps et ceux qu'on appelle *conducteurs*.

La composition de cette substance la rapproche des pierres, par la nature de sa base qui est l'alumine, et des êtres organiques, par la nature de l'acide uni avec cette base. Ainsi le mellite, à raison des principes dont il est l'assemblage, offre comme un moyen terme entre le règne minéral et le règne végétal; je dis, à raison de ses principes, car je suis bien éloigné de croire qu'il existe des intermédiaires réels entre les différens règnes, et d'admettre cette chaîne continue que quelques auteurs ont cru voir dans la nature, comme si l'on arrivait d'un règne à l'autre par une gradation non interrompue de nuances, en sorte que le dernier des animaux fût la première des plantes, et la dernière des plantes le premier des minéraux. Cette idée, qui a quelque chose de spécieux, est également opposée à la raison et à l'observation, et pour ne parler ici que des deux derniers règnes, il y a un saut brusque des végétaux aux minéraux, une ligne de démarcation nettement tranchée, qui s'oppose absolument au contact entre les uns et les autres. Elle consiste dans la manière dont les végétaux, s'accroissent par intus-susception, à l'aide du développement simultané de toutes leurs parties, au lieu que le minéral s'accroît par une simple juxtaposition de molécules similaires qui s'appliquent à sa surface. Et si l'on veut un nouveau point de partage entre les êtres des deux règnes, je dirai que ce principe de vie qui élève la plante au-dessus du minéral, suppose en même temps en elle les causes d'une altération qui commence aussitôt que l'individu a acquis le dernier degré de son développement, et qui le conduit à une mort plus ou moins prochaine, selon que le développement a été plus ou moins rapide. Les minéraux, au contraire, ne renferment point en eux les principes de leur destruction; il faut pour les détruire, que des causes extérieures agissent sur eux; un cristal de quarz, un diamant, une topase, renfermés dans une collection minéralogique, peuvent y rester intacts pendant des siècles; ils ne sont pas immortels, ce nom ne leur convient pas; mais ils sont à jamais durables. Enfin, les plantes se survivent en quelque sorte à elles-mêmes dans leur postérité; elles laissent autour d'elles en mourant des gages nombreux de leur fécondité; au lieu que le minéral une fois détruit par l'effet d'un agent qui a séparé ses molécules, peut seulement être recomposé au moyen d'un liquide qui remaniera ses débris, ou passer dans la composition d'un minéral d'espèce différente. Ainsi tous les faits démentent cette hypothèse de la chaîne des êtres que l'on a prise pour une grande et belle idée, et l'on peut appliquer ici ce que Boileau a dit des productions de l'esprit :

Rien n'est beau que le vrai, le vrai seul est aimable.

APPENDICE

A LA CLASSE DES SUBSTANCES COMBUSTIBLES.

SUBSTANCES PHYTOGÈNES.

PREMIÈRE ESPÈCE.

BITUME.

Caractères.

Brûlant avec une odeur bitumineuse ; laissant un résidu peu considérable.

La variété de bitume que je nomme *résinite* (Retinasphalte), offre des indices d'une forme qui paraît être la même que celle du prisme droit rhomboïdal de la houille.

Pesant. spécif. du bitume liquide... 0,87

               du bitume résinite... 1,35

               du bitume solide.... 1,104

On en trouve qui surnage l'eau.

Électrique par le frottement, sans avoir besoin d'être isolé. Électricité résineuse.

Consistance. Liquide, ou ayant la mollesse de la poix, ou solide, mais très friable et s'égrenant facilement entre les doigts.

Caract. chim. Combustible en répandant une fumée épaisse accompagnée d'une odeur forte et âcre.

Traité par la distillation, il ne donne point d'ammoniaque, et laisse un résidu peu considérable, d'après les expériences de M. Vauquelin.

Caract. dist. 1°. Entre le bitume solide et la houille. Le premier, chauffé légèrement ou frotté entre les doigts, contracte une odeur assez semblable à celle de la poix, ce que ne fait point la houille; il brûle sans presque laisser de résidu terreux, au lieu que la houille en donne un considérable. 2°. Entre le bitume solide et le jayet. Celui-ci ne se laisse entamer au couteau qu'avec une certaine difficulté, tandis que le bitume solide s'éclate par une légère pression de l'ongle. Le jayet frotté ou un peu chauffé n'a point d'odeur comme le bitume solide.

VARIÉTÉS.

1. Bitume *liquide*. Erdöl, **W**. Il a une forte odeur, même avant la combustion.

a. Blanc-jaunâtre. Vulgairement *naphte*.

b. Orangé.

c. Brun-noirâtre. Vulgairement *pétrole*.

d. Bleu par réflexion; jaunâtre par réfraction. Cet effet est semblable à celui que produit l'infusion du bois néphrétique, et que Newton a cité plusieurs fois dans son Optique, comme ayant de l'analogie avec le phénomène des anneaux colorés. Il diffère de celui qu'offre la cordiérite, en ce que dans cette pierre la double couleur paraît provenir du principe colorant, au lieu que dans le bitume, il dépend du degré de ténuité et du rapprochement des molécules. Mais ce n'est encore ici qu'un effet accidentel, puisqu'il n'a lieu que dans une variété particulière de bitume.

2. *Glutineux*. Erdpech. W. Poix minérale, et pissasphalte. Il est visqueux et s'attache au doigt par la pression. Mais le dessèchement lui fait perdre presque entièrement sa mollesse. Il la reprend, au moins en partie, lorsqu'on le fait chauffer.

3. *Solide*. Asphalte ou bitume de Judée. Noir ou noir-brunâtre; très éclatant lorsqu'il est pur. Un fragment mince placé entre l'œil et la flamme d'une bougie paraît d'un brun-rougeâtre. J'en distingue deux sous-variétés.

a. Fragile. Schlackige erdpech. Il s'éclate par la pression de l'ongle. Il doit son origine au bitume liquide.

b. Dur. Il se casse beaucoup plus difficilement que l'autre. Il paraît provenir en général du bitume élastique dont je parlerai bientôt. On en connaît deux modifications : le guttulaire, sur la chaux fluatée cubique, et le massif.

4. *Résinite* (rétinasphalte). Brun-jaunâtre. Son aspect est semblable à celui de la résine. Fusible sur un charbon allumé; brûlant avec une flamme claire, en répandant une odeur agréable, qui passe, vers la fin, à l'odeur bitumineuse.

a. Massif.

b. Granuliforme. Disséminé dans le fer sulfuré argilifère.

5. *Elastique.* Caout-chouc minéral. Brun ou noir-brunâtre.

Flexible ; revenant à sa première figure, lorsqu'on la forcé de plier. Malgré son état de flexibilité et de mollesse, il s'électrise d'une manière très sensible par le frottement, lors même qu'on le tient entre les doigts. On en distingue trois sous-variétés.

a. Mou. En masses qui cèdent dans tous les sens à la pression du doigt.

b. Coriacé. Il a une certaine analogie, par son aspect, avec le cuir gras.

c Aride. Il a l'air d'avoir été desséché.

Annotations.

Les variétés de bitume que je viens de décrire ne sont distinguées entre elles au moins, pour la plupart, que par une suite de la diversité des époques auxquelles elles ont été trouvées dans la nature. Ici, il y a passage d'une variété à l'autre, non-seulement dans des individus séparés, mais par succession de temps, dans le même individu.

Le bitume liquide, transparent et blanchâtre, n'a besoin que d'être exposé au contact de l'air et de la lumière pour s'épaissir, et passer, par degrés, à l'état de bitume glutineux, et ensuite à l'état de bitume solide. (Klaproth, Dictionnaire, au mot *Bitume.*) Cette gradation en détermine une dans la couleur qui, de jaunâtre qu'elle était d'abord, devient d'un jaune-foncé, auquel succède le brun-noirâtre, et enfin le noir parfait.

Le bitume liquide, connu sous le nom de *naphte*, est peu commun. On dit qu'il en existe dans plusieurs endroits de la Perse, et en particulier dans les environs de Bakou, près de la mer Caspienne. On ajoute qu'il se dégage continuellement du sol marneux et sablonneux de cet endroit, des vapeurs inflammables qui répandent une forte odeur, et que les habitans du pays allument ces vapeurs, et leur présentent des tuyaux de terre où elles se concentrent, de manière que la chaleur qu'elles produisent suffit pour faire cuire les alimens qui y sont exposés.

En général, cette variété de bitume est si combustible, qu'il suffit pour l'enflammer d'en approcher une chandelle allumée à trois pieds de hauteur au-dessus (Buffon, Minér., t. III, p. 17); on assure même que l'eau n'éteint pas ce bitume allumé, et que les mèches qui en sont imbibées continuent de brûler, lorsqu'on les tient plongées dans ce liquide.

On a découvert en 1708, près du village de Miano, dans l'état de Parme, une source abondante de bitume liquide d'une couleur jaune, que les habitans de la ville de Parme employent, au lieu d'huile, pour éclairer les rues pendant la nuit, ce qui est pour eux une grande économie.

Le bitume glutineux se trouve dans plusieurs pays de la France, surtout du côté de Clermont-Ferrand, dans le département du Puy-de-Dôme, où il enduit le sol d'une matière visqueuse. Il adhère aussi à la surface d'un tuf, situé au-dessus d'une masse calcaire, parmi les produits volcaniques. Il y est souvent associé au quarz agathe calcédoine mameloné, ou même au quarz hyalin prismé, recouvert d'une croûte de calcédoine. Celui de Schlakenwehr, en Bohème, est accompagné de quarz hyalin cristallisé et massif.

Le bitume solide flotte avec abondance sur la surface du lac Asphaltique, situé dans la Judée, et qui lui doit son nom. Les habitans du pays ont soin de le recueillir, en l'attirant à terre, et ils y trouvent un double avantage, soit parce que c'est pour eux un objet de commerce, soit parce qu'ils se débarrassent ainsi de l'odeur incommode qu'il répand dans l'air. On prétend que les oiseaux qui voltigent au-dessus de ce lac tombent morts, et que c'est ce qui a fait donner au même lac le nom de *Mer morte.*

Le bitume solide accompagne, à Idria, en Carniole, le mercure natif et le mercure sulfuré. Les schistes qui servent de gangue à ce métal sont imprégnées du bitume dont il s'agit, et le mercure sulfuré est quelquefois associé à de petites masses du même bitume.

Le bitume élastique se trouve en Angleterre, dans le Derbyshire, près de Castleton, dans les fissures d'un schiste où il est accompagné de plomb sulfuré et de chaux carbonatée. La variété que j'ai nommée *aride* se trouve au même endroit.

Si l'on fait brûler ce bitume un instant, et qu'ensuite on l'éteigne, on trouve qu'il est devenu glutineux, en sorte que quand on le presse entre les doigts il s'y attache. Mais ce qui est remarquable, c'est que ce bitume, qui, dans son état ordinaire, est une substance molle, opaque, sans éclat, s'électrise résineusement, à l'aide du frottement, sans avoir besoin d'être isolé.

Le bitume aride produit le même effet, mais il faut choisir un endroit où il reste une nuance de noir.

Le bitume résinite ou rétinasphalte se trouve dans la mine de houille de Bovey, près d'Exester, en Angleterre. On l'a trouvé aussi disséminé sous la forme de grains dans un fer sulfuré argilifère, à Weckin, près de Halle en Saxe. En Angleterre, il accompagne la houille brune avec laquelle il se confond, en sorte qu'il y a passage de l'un à l'autre.

Le bitume est employé à divers usages. En Perse, au Japon et ailleurs, on se sert de celui qui est liquide au lieu d'huile à brûler. En Turquie, on le mêle au vernis, pour lui donner du luisant. Le bitume glutineux et celui qui est solide servent aux mêmes usages que le goudron.

Chez les Anciens, il entrait dans la composition du ciment, et l'on prétend que les murs de Babylone avaient été construits à l'aide d'un ciment bitumineux. Les Égyptiens employaient le bitume dans les embaumemens. On observe que les momies sont fortement imprégnées de cette matière qui a pénétré jusqu'aux os. Lorsque le corps que l'on embaumait était celui d'une personne riche ou distinguée par son rang, on mêlait le bitume avec une liqueur extraite du cèdre, que l'on nommait *cedria*, et à laquelle on ajoutait des résines et des aromates.

SECONDE ESPÈCE.

HOUILLE.

(*Steinkohle*, W. Vulgairement *charbon de terre*.)

Caractères.

Caractère. Brûlant avec une odeur bitumineuse. Résidu considérable.

Caract. phys. Pesant. spécif. de la variété compacte, 1,3262.

Dureté. Plus grande que celle du bitume solide, moindre que celle du jayet.

Electricité. Nulle par le frottement, à moins que le corps ne soit isolé.

Transparence. Nulle.

Couleur. Le noir plus ou moins foncé.

Caract. chimiq. Combustible avec plus ou moins de lenteur, en répandant une odeur qui a quelque chose de fade. Résidu abondant.

Caractères distinctifs. 1°. Entre la houille et le jayet. Celui-ci est plus dur. L'odeur qu'il donne en brûlant est plutôt aromatique que fade. 2°. Entre la même et le bitume solide. Celui-ci est beaucoup plus tendre et s'éclate par une légère pression de l'ongle. Frotté entre les doigts ou un peu chauffé, il rend une odeur assez semblable à celle de la poix, ce que ne fait pas la houille. Il brûle sans presque laisser de résidu terreux, au lieu que la houille en laisse un considérable.

La houille donne le même résultat de division mécanique que celui qui a lieu à l'égard de l'anthracite et du rétinasphalte. Ainsi, l'anthracite serait un charbon sec ; le bitume résinite un charbon bituminifère ; et la houille un charbon bituminifère et terreux. Ce ne sont ici que des aperçus, dont on ne peut tirer, pour le moment, aucune conséquence, par rapport à la classification des substances dont il s'agit.

VARIÉTÉS.

1. Houille *laminaire* (blätter-kohle, W.). Elle forme des lames séparables, à peu près comme celles de certaines substances pierreuses qui portent ce même nom de *laminaire*.

2. Houille *schistoïde* (schiefer - kohle). Elle est composée de feuillets plus ou moins épais, dont la texture se rapproche davantage de celle des schistes. Mais il n'y a point de limite tranchée entre cette variété et la précédente, en sorte que l'une passe à l'autre.

3. Houille *daloïde* (holz-kohle). Vulgairement

charbon de bois. Le mot de *daloïde*, qui signifie un tison qu'on a retiré du feu, m'a paru exprimer assez bien l'aspect de cette variété, qui ressemble à un charbon éteint. Dans quelques morceaux, cette variété adhère à la précédente, en sorte qu'il paraît encore y avoir passage de l'une à l'autre.

a. Irisée. C'est, comme dans l'anthracite, l'effet d'une altération, à l'aide de laquelle la houille s'exfolie et se réduit à la surface, en lamelles qui ont le degré de ténuité requis pour produire un phénomène analogue à celui des anneaux colorés. Elle a lieu surtout dans les variétés précédentes.

4. Houille *compacte* (kannel-kohle, W.). Son grain est très serré ; son éclat est un peu gras ; sa cassure est assez communément conchoïde, et quelquefois parfaitement conchoïde. Elle est plus dure que la houille laminaire ou schistoïde feuilletée ; mais elle est sensiblement plus tendre que le jayet. Elle brûle avec une flamme brillante, et l'on croit que c'est pour cette raison que les Anglais lui ont donné le nom de *cannel-coal*, qui signifie *charbon chandelle*. On la travaille pour en faire des vases et autres objets d'ornement.

5. Houille *bacillaire* (stangen-kohle, W.). Elle est composée de pièces légèrement courbes, que l'on a comparées à des barres ou à des bâtons, dont elles offrent une imitation grossière.

La série des modifications de la houille, ou des substances qui ont de l'analogie avec elle, se prolonge dans la méthode géologique, par d'autres variétés moins pures, ou qui offrent d'une manière moins sensible le caractère bitumineux.

Je vais en citer quelques-unes, que je choisirai parmi celles qui se rapportent à la houille brune (braun kohle), qui est la plus diversifiée dans ses modifications.

Sa couleur est le noir-brunâtre ou le brun-noirâtre. Elle prend de l'éclat par la raclure.

Elle se divise en plusieurs sous-variétés.

1°. Schistoïde, gemeiner braunkohle. Sa cassure est peu éclatante dans le sens des grandes faces de ses feuillets, et dans le sens longitudinal où elle offre des indices d'un tissu fibreux ; mais dans le sens transversal, elle a assez d'éclat, et semble offrir des vestiges d'un tissu ligneux.

2°. Terreuse. Erdkohle, W. Erdige braunkohle, Karsten. Son aspect est terreux, comme l'indique son nom.

Elle se sous-divise en houille brune terreuse commune, et houille brune terreuse alunifère, alaunerde, W. Celle-ci est friable ; son aspect est mat. Elle prend aussi de l'éclat par la raclure. Exposée au feu, elle brûle avec flamme. Exposée à l'humidité, elle s'échauffe. On en retire de l'alun, en la lessivant.

3°. Houille brune membraneuse. Bastartige braun kohle, ou houille brune en forme d'écorce (Leonhard). Elle forme des espèces de membranes filamenteuses, semblables à celles qui se trouvent sous l'écorce des arbres, et auxquelles on a donné le nom de *liber*. Leur surface tire sur le luisant de la soie. Elles brûlent avec une odeur faiblement bitumineuse, et laissent pour résidu une cendre légère.

4°. Houille brune liguiforme ; on a donné à celle-ci le nom de *bois bitumineux* (Bituminôses holz) ou de *lignite*. Son nom seul indique qu'on la regarde comme devant son origine à des débris d'arbres qui pendant leur séjour dans le sein de la terre, ont passé à un nouvel état, où ils sont plus ou moins imprégnés de bitume, en même temps qu'ils conservent des traces plus ou moins apparentes du tissu organique.

Le bois bitumineux a un certain éclat dans sa cassure principale, et plus encore à quelques endroits de sa cassure transversale ; mais ces caractères sont sujets à varier. Celui qui se tire de l'aspect luisant de la coupe transversale est le plus constant.

Annotations.

La houille dont les dépôts immenses enfouis dans le sein de la terre, offrent à l'homme de si puissantes ressources pour économiser les bois qui naissent à la surface, et suppléer à la lenteur de leur accroissement, est en même temps une des substances qui ait le plus fixé l'attention des géologues, soit par l'importance, soit même par la singularité des faits qu'elle offre à leur observation.

Quoique tous les caractères de la houille indiquent que sa production a été postérieure à celle des montagnes primitives, les endroits où on la trouve sont souvent environnés de ces montagnes. Mais il en existe aussi au milieu des terrains secondaires, et même dans les terrains d'alluvion; c'est ce qui a engagé Werner à distinguer plusieurs formations de la houille. Pour me conformer encore ici au plan que je me suis tracé, et qui est assorti à ma méthode géologique, je rapporterai ici les diverses manières d'être de la houille à ses associations avec des substances d'une nature différente.

La première nous présente la houille disposée par couches entre des lits de pierres, dont les unes sont des espèces de grès composés des détritus de roches plus anciennes, et les autres des schistes secondaires, dans lesquels la réunion des molécules a été, au moins en partie, l'effet d'une opération mécanique. Du nombre des premières est l'espèce d'aggrégat que l'on nomme communément *grès des houillères*, et que j'ai appelé *métaxyte*, c'est-à-dire *situé entre deux, intermédiaire*, parce qu'il s'interpose entre les couches de houille. Il est composé de grains de diverses natures, avec abondance de mica; son tissu est souvent feuilleté.

Les schistes grossiers (schieferthon) qui accompagnent la houille, et qui ordinairement forment la partie que l'on appelle *le toit* et celle qu'on appelle *le mur* (Brongniart, t. II, p. 7), offrent sur leurs feuillets des empreintes de poissons, et d'autres produites par des végétaux qui appartiennent ordinairement à des fougères et à des graminées.

J'observerai à ce sujet que ces impressions paraissent assez difficiles à expliquer ; car si l'un des feuillets offre l'empreinte en creux de la face opposée à celle qui porte les fructifications, ce qui est le cas le plus ordinaire, l'autre feuillet offrira l'empreinte de la même face, mais en relief : on dirait que la fougère, après avoir produit la première empreinte sur une couche d'argile molle, a disparu, et qu'après le dessèchement une seconde couche est venue se mouler en relief dans le creux de cette empreinte, ce qui n'est pas vraisemblable. Plusieurs auteurs ont émis leur opinion sur cette singularité. M. Brugnières l'a expliquée d'une manière naturelle ; il suppose que la fougère, après s'être déposée sur la matière schisteuse détrempée d'eau, a été recouverte par un nouveau dépôt. Dans la suite, la fougère, pénétrée par les parties les plus atténuées de la matière schisteuse que l'eau a conduites dans ses pores, s'est incorporée et comme indentifiée avec le schiste, en sorte que, quand on détache les feuillets, le relief que l'on aperçoit est produit par la substance même de la fougère, et le creux par son impression.

Le nombre des couches de houille, leurs directions et leur pente, varient d'un lieu à l'autre, et présentent quelquefois, dans le même lieu, des diversités frappantes. Près de Valenciennes, par exemple, et plus encore aux environs de Mons, tantôt la direction d'une même couche forme une espèce de zigzag ; tantôt elle se replie sur elle-même en formant des sinuosités ; ailleurs des couches verticales, ou à peu près, sont recouvertes par une superposition de couches parallèles à l'horizon. La conséquence naturelle qui se déduit de ces observations, est que les différentes parties d'une même masse de houille ont subi une sorte de jeu qui a dérangé l'ordre primitif. On a essayé d'assigner les causes de ce dérangement ; mais il n'est pas aussi facile d'appliquer ici les lois de la mécanique qu'au jeu d'une machine.

Une seconde manière d'être de la houille consiste dans sa position, en couches d'une grande épaisseur, sous des masses de basalte, ou dans des filons qui interrompent la continuité de cette roche. On a cité comme un des exemples les plus remarquables de ce gissement le mont *Meissner* dans la Hesse, où la houille est recouverte par un énorme massif de basalte ; ce fait a fourni aux partisans de l'origine neptunienne du basalte une arme avec laquelle ils ont cru pouvoir combattre victorieusement leurs adversaires.

La houille a une troisième manière d'être, dans les terrains calcaires de divers pays, où elle forme quelquefois des couches très puissantes, entre des couches épaisses de chaux carbonatée compacte, dans laquelle on trouve beaucoup de coquilles La houille s'associe quelquefois accidentellement diverses substances pierreuses ou métalliques.

Enfin, on trouve encore dans les terrains d'alluvion certaines variétés de houille, entre autres celle que j'ai appelée *houille daloïde*, Bituminöses holz de Werner.

La plupart des naturalistes, en considérant les nombreux débris d'êtres organiques, surtout de végétaux, que présentent les pierres qui accompagnent la houille, et les rapports que l'analyse a fait apercevoir entre la composition de ces êtres et celle de la houille, ont pensé que l'origine de cette dernière substance était due à des débris de fougères, de roseaux, ou même d'arbres, que l'action des causes naturelles avait bituminisés.

Cette hypothèse une fois admise, on a essayé d'expliquer la succession des bancs de houille et de pierres, qui se recouvrent mutuellement; mais ce n'est pas une chose facile à concevoir que ce retour de cinquante et soixante couches de charbon, et d'autant de couches de grès, dont on trouve des exemples en divers endroits. S'il faut en croire un auteur, la mer est revenue à soixante reprises, en déposant chaque fois une couche pierreuse sur une couche de charbon produite depuis sa dernière retraite. Un second suppose que des îles à la surface desquelles le charbon s'était formé, ont été submergées, en subissant des affaissemens produits par la rupture des cavités qui étaient au-dessous d'elles; que les eaux qui alors séjournaient au-dessus de ces îles ont laissé précipiter des matières pierreuses sur la houille; qu'ensuite s'étant engouffrées dans d'autres cavités, elles ont mis les îles à découvert, pour laisser à une nouvelle houille le temps de se former, et que l'édifice a ainsi continué par une alternative d'affaissemens et d'engouffremens. Un troisième prétend que la mer, située au-dessus du terrain charbonneux, faisait des oscillations qui la transportaient successivement vers deux points opposés : en arrivant à l'un, elle rencontrait des molécules *charbonneuses* dont elle s'emparait, et qu'elle déposait à son retour sur le fond ; de là, se portant vers l'autre point, elle enlevait des molécules *pierreuses*, qu'elle laissait précipiter sur la houille, en repassant à son zénith. Enfin, un quatrième conçoit tout simplement que les matières charbonneuses et pierreuses, suspendues d'abord pêle-mêle dans le sein du liquide, se sont séparées par l'affinité qu'avaient entre elles les parties similaires, et se sont ensuite donné le mot pour former des dépôts successifs de deux ordres différens.

Je viens de rendre à peu près les diverses opinions qui ont été émises sur le fait dont il s'agit. N'est-on pas tenté d'y voir plutôt les jeux de l'imagination que le travail de la nature ? Les géologues ont fait des systèmes à l'aide desquels ils se sont flattés de lire dans le passé ; les physiciens-géomètres font des théories qui les mettent à portée de prévoir l'avenir. Le passé ne revient pas pour prendre les systèmes en défaut, et l'avenir arrive pour prouver la justesse des théories.

L'Angleterre est une des contrées où l'abondance

de la houille ait influé le plus heureusement sur l'industrie nationale. Les principales mines de ce combustible y sont situées près de Newcastle, sur la côte orientale, et près de Wite-Haven, sur la côte occidentale.

La France possède aussi de grandes richesses en ce genre, surtout dans les parties du nord et du nord-est. Parmi les mines de houille les plus abondantes que renferme ce royaume, on peut citer celle d'Anzin, près de Valenciennes, celle de Saint-Etienne, sur la rive droite du Rhône, et les mines voisines de Grenoble, situées dans un terrain calcaire.

Indépendamment de l'usage que l'on fait de la houille pour le chauffage, on s'en sert pour la fonte du fer dans les hauts fourneaux; on l'emploie dans les ateliers où l'on façonne le même métal, et dans quelques manufactures, telles que celles de faïence fine.

La houille, considérée sous le rapport des Arts, a été distinguée en plusieurs variétés, dont les unes sont plus grasses, plus abondantes en bitume, et les autres plus sèches et moins chargées de substance inflammable. Chaque art choisit la variété de houille dont la qualité est le mieux assortie au but de ses opérations.

On étend les usages de la houille, en lui faisant subir une opération dont le but est de lui enlever une partie de son bitume, ce qu'on appelle *désou-*

frer la houille. Dans cet état, les Anglais lui donnent le nom de *coak*. Elle brûle facilement, sans se coller ni répandre de fumée. On l'emploie pour le chauffage et pour le traitement du fer dans les hauts fourneaux.

On confond quelquefois avec la houille certains bois bitumineux qui ne peuvent être que d'un service très médiocre. On peut les regarder comme une houille commencée. Ils sont beaucoup plus secs que la véritable houille, et donnent par la combustion une cendre semblable au résidu des bois ordinaires, tandis que la houille donne une masse charbonneuse, légère et criblée de pores.

TROISIÈME ESPÈCE.

JAYET.

(*Pechkohle* , W. Vulgairement *jais.*)

Caractères.

Caract. essent. Assez dur pour être travaillé au tour. Noir et opaque.

Caractères phys. Pesant. spécif. , 1,259, suivant Brisson. Mais il y a des morceaux qui surnagent l'eau.

Dureté. Cassant ; susceptible d'être tourné et poli.

Électricité. Faible et difficile à exciter par le frottement, quand le morceau n'est pas isolé.

Transparence. Nulle.

Couleur. Le noir très foncé.

Cassure. Ondulée et médiocrement luisante.

Caract. chim. Combustible sans couler ni se bour-
soufler, en répandant une odeur qui, pour l'ordinaire,
a de l'âcreté, et quelquefois produit une sensation
aromatique assez agréable.

Caractères distinctifs. 1°. Entre le jayet et le
bitume solide. Le premier ne se laisse entamer par
le couteau qu'en opposant une certaine résistance,
tandis que le bitume s'éclate par la simple pression
de l'ongle. Le jayet frotté ou chauffé légèrement n'a
point une odeur sensible, comme le bitume. 2°. Entre
le même et la houille. Le jayet est ordinairement
plus dur. L'odeur qu'il répand en brûlant est aromatique plutôt que fade comme celle de la houille.

VARIÉTÉS.

Jayet *compacte.* A grain fin et serré.

Annotations.

Les différens minéralogistes ont donné des descriptions du jayet qui ne semblent pas pouvoir se
rapporter à une seule et même substance. Suivant
les uns, le jayet ne serait autre chose qu'un asphalte
qui aurait acquis, avec le temps, une assez grande
dureté pour être travaillé au tour et recevoir le poli.
Les caractères qu'ils ont attribués à ce jayet, comme
de brûler en coulant, d'être sensiblement électrique

par le frottement, sans avoir besoin d'être isolé,
s'accordent avec l'opinion qu'ils en avaient. D'autres
regardent le jayet comme étant plutôt une sorte
d'intermédiaire entre le bois fossile et la houille,
ou comme un bois qui, ayant subi une décomposition moins complète que celle de la houille, serait
moins pénétré de bitume, et aurait un tissu plus
serré et plus égal. C'est cette dernière substance, la
seule qui nous soit connue, que j'appelle *jayet*, et
dont j'ai fait une espèce à part.

Le jayet se trouve le plus communément auprès
des mines de houille, et l'on en voit des morceaux
dont une partie décèle l'origine végétale de cette
substance, par un tissu ligneux encore reconnais-
sable. Cette origine s'accorde assez bien avec les
caractères que présente la description du jayet, et
nous aurions une nouvelle raison d'attribuer à cette
substance l'origine dont il s'agit, si l'acide que
M. Vauquelin en a retiré était l'acide acéteux, le même
que celui qu'on avait appelé *acide pyro-ligneux*;
mais M. Vauquelin n'a point prononcé sur la nature de l'acide dont il s'agit.

Le jayet a de l'analogie avec la houille compacte
connue sous le nom de *cannelkoal*; mais il est plus
dur, il prend mieux le poli, et l'odeur qu'il répand
en brûlant est plutôt aromatique que fade comme
celle que donne la houille, qui d'ailleurs est privée
de cet acide que M. Vauquelin a retiré du jayet.
Je le répète, nous ne pouvons mettre ici la même

précision pour distinguer les espèces, que celle à laquelle se prêtent les substances qui appartiennent directement à la Minéralogie. Nous avons affaire à des êtres d'origine végétale que la Botanique rejette comme ayant perdu leur organisation, et qu'elle a cédés à la Minéralogie, qui a bien voulu les accepter par une sorte de tolérance.

Le jayet est employé pour faire de petits vases, des bracelets et des colliers; sa couleur lugubre l'a fait adopter comme matière des boutons destinés pour les habits de deuil.

QUATRIÈME ESPÈCE.

SUCCIN.

(*Bernstein*, W.)

Caractères.

Caract. essentiel. Jaune; brûlant avec une odeur assez agréable.

Caract. phys. Pesant. spécif., 1,078... 1,0855.

Dureté. Cassant; susceptible d'être tourné et poli.

Réfraction. Simple.

Électricité. Très sensible par le frottement et résineuse.

Couleur dans l'état de pureté. Le jaune tirant à l'orangé.

Odeur. Assez agréable par le frottement, la trituration ou la combustion.

Cassure. Conchoïde.

Caract. chim. Combustible en se boursouflant.

Le succin renferme un acide particulier, que l'on nomme *acide succinique.*

Caract. distinct. 1°. Entre le succin et le mellite. Le premier est fusible sur un charbon ardent, en répandant une odeur assez agréable; l'autre y blanchit sans se fondre et sans donner d'odeur. Il n'est pas, à beaucoup près, aussi électrique par le frottement que le succin, à moins qu'on ne l'isole. La réfraction du mellite est double, et celle du succin est simple.

VARIÉTÉS.

1. Succin *compacte.*
a. Granuliforme.
2. *Feuilleté.*
3. *Concrétionné globiforme.*

APPENDICE.

Succin *insectifère.* Renfermant des insectes parfaitement conservés.

Accidens de lumière.

Succin *jaune foncé.*
Jaune pâle.
Blanchâtre.
Grisâtre.
Bleu-verdâtre par réflexion et *jaune* par réfraction.

Annotations.

Le succin abonde dans la Prusse orientale, sur les côtes de la mer Baltique, où il accompagne des cailloux roulés et différentes substances, surtout du bois fossile. On l'y extrait pour le compte du gouvernement; mais il s'en détache des portions, qui sont entraînées par les vagues, et les habitans du pays profitent de la marée montante, pour le pêcher avec de petits filets. On trouve aussi du succin en Allemagne, en France du côté d'Aix, où il est engagé dans l'argile; près Saint-Paulet, département du Gard, sous la forme de rognons auxquels une houille brune sert d'enveloppe; en Espagne près de Coboalles, province des Asturies, où il forme de petites masses incrustées dans la houille; enfin on a découvert dans le Groenland, du succin granuliforme disséminé dans une houille brune schistoïde. M. Brard en a trouvé de semblable dans le même lieu où il a observé celui que je viens de citer.

Le succin est encore une des substances naturelles sur lesquelles les anciens aient débité le plus de récits romanesques et fabuleux. Suivant les poëtes, après que Phaéton, en punition de la témérité qu'il avait eue de vouloir conduire le char du Soleil son père, eut été précipité dans le Pô par la foudre de Jupiter, ses sœurs le pleurèrent, et les larmes précieuses de la douleur étant tombées dans les eaux sans s'y mêler, se consolidèrent en conservant leur transparence, et de là naquit l'ambre ou le succin, auquel les anciens attachaient un si haut prix.

L'opinion la plus généralement répandue parmi les modernes, est que le succin provient du suc d'un arbre résineux qui, ayant été enfoui dans la terre par l'effet de quelque bouleversement, s'est imprégné de vapeurs minérales et salines, et a pris, avec le temps, de la consistance.

Les anciens philosophes ont donné aussi leur roman sur le succin; ils avaient remarqué la propriété qu'a cette substance d'attirer des corps légers lorsqu'on l'avait frottée, et Thalès était si frappé de cette propriété, qu'il s'imaginait que le succin avait une âme. Pline paraît entrer dans cette idée, lorsqu'il dit que le succin est animé par la chaleur, *acceptâ caloris animâ;* il confondait l'effet du frottement, qui rend le succin électrique, avec celui de la chaleur excitée par le même frottement, et qui paraît n'être ici qu'un effet accessoire. On a trouvé depuis la même propriété dans une multitude d'autres corps, ce qui a produit une des plus belles branches de la Physique, à laquelle on a donné le nom d'*électricité*, emprunté du mot *electrum*, par lequel les anciens désignaient le succin. Les Arabes l'appellent *karabès*, qui signifie *tire-paille.*

Un morceau de succin a donc été la première machine électrique; mais les physiciens d'alors étaient bien éloignés de prévoir jusqu'où iraient les recherches de leurs successeurs, sur cette branche de nos connaissances; et lorsque l'on compare les effets d'un petit bâton de succin attirant une paille, à ceux d'une puissante machine électrique, dans la détonation d'une grande batterie, on a un exemple d'une des plus grandes distances qu'ait franchie le génie de l'homme, par ses découvertes dans les sciences.

On remarque quelquefois, dans l'intérieur du succin, des insectes très bien conservés et très reconnaissables, qui prouvent que ce minéral a été originairement liquide. Mais on a prétendu qu'il y avait aussi des gens qui possédaient l'art de ramollir le succin, sans lui faire perdre sa transparence, de manière à pouvoir y introduire des insectes, sans les déformer.

On peut employer le moyen suivant, pour distinguer la gomme copal, du succin, auquel elle ressemble quelquefois parfaitement à l'extérieur. Si, après avoir fait chauffer la pointe d'un couteau, on l'enfonce dans un fragment de succin jusqu'à ce qu'il y ait adhérence, et qu'ensuite on allume ce fragment, on observe qu'il produit une flamme mamelonnée et bruissante, et que de plus il brûle jusqu'à la fin sans couler. La gomme copal, dans le même cas, brûle en tombant par gouttes. Si le fragment du succin vient à se détacher avant que la combustion soit achevée, on le voit courir en bondissant sur le plan où il est tombé.

Le succin entre dans la composition de différens vernis, et en particulier de celui qu'on appelle *vernis anglais*, et que l'on applique sur les machines de physique, pour leur conserver leur lustre et leur poli.

On travaille le succin, soit en le taillant à la manière des pierres, soit en le mettant sur le tour, pour en faire des vases, des pommes de canne et autres objets d'utilité et d'agrément.

APPENDICE AUX QUATRE CLASSES.

Substances dont la nature n'est pas encore assez connue pour permettre de leur assigner des places dans la méthode (*).

Différens motifs m'ont engagé à laisser en retard la classification des substances comprises dans cet appendice. Il en est plusieurs dont je n'ai eu à ma disposition qu'une trop petite quantité pour être en état de développer les divers caractères qui doivent entrer dans la description d'une espèce minéralogique, quoique déjà on puisse présumer que ces substances occuperont un rang à part dans la méthode, lorsqu'elles seront mieux connues. D'autres, dont la classification dépend de la connaissance exacte de leurs principes composans, semblent solli-

---

(*) Ces substances sont rangées dans cet appendice par ordre alphabétique.

citer, de la part des chimistes, de nouvelles expériences, pour dissiper l'incertitude que laissent encore, sur leur véritable nature, les analyses qui en ont été faites jusqu'ici. Plusieurs, enfin, qui ont été données comme espèces particulières par les premiers observateurs, ont, avec des espèces déjà classées, et que j'aurai soin d'indiquer, des rapports plus ou moins marqués, qui méritent d'être examinés attentivement, pour s'assurer si elles ne doivent pas être réunies à leurs termes de comparaison. Ces réunions sont d'autant plus à désirer qu'elles tendent à perfectionner la science en la simplifiant. Il m'a paru qu'un moyen d'accélérer les recherches propres à nous procurer des connaissances certaines relativement à tous ces différens minéraux, était de les montrer dans des positions isolées, pour appeler sur eux l'attention, et inviter à en faire une étude plus approfondie.

I. ALBITE.

Cette substance, que l'on trouve à Finbo et à Broddbo, près de Fahlun en Suède, avec le quarz et le mica, et à Penig en Saxe dans le granite, paraît devoir son nom à sa couleur, qui est le blanc mat. Sa pesanteur spécifique est de 2,732. Elle étincelle par le choc du briquet; elle n'éprouve aucune altération dans l'acide nitrique. J'ai essayé inutilement de déterminer sa forme primitive. Les fragmens que j'ai observés ayant été détachés d'un morceau composé

de petites lames qui se croisent dans différentes directions, on ne peut s'assurer si leurs positions respectives se rapportent à la véritable forme. Il faut
pour cela des fragmens pris dans un morceau où il y
ait unité de structure. On en connaît deux variétés :

Albite *grano-aciculaire*, avec quarz hyalin. De
Finbo en Suède.

Albite *grano-lamellaire*, avec quarz hyalin et
mica. De Broddbo dans le même pays.

Analyse par M. Berzelius :

$$
\begin{array}{lr}
\text{Silice} & 70 \\
\text{Alumine} & 19,5 \\
\text{Soude} & 9,5 \\
\text{Perte} & 1 \\
\hline
& 100,0.
\end{array}
$$

Si l'on compare cette analyse avec celle du feldspath de Sibérie, on trouve que les quantités de
silice et d'alumine sont les mêmes à quelques unités
près. Mais le feldspath a donné de plus 12 parties
de potasse, au lieu que dans le résultat de M. Berzelius, c'est la soude qui est le principal alkalin.
Mais ce principe se trouve aussi dans le feldspath
tenace, qui en renferme 6 parties sur 100.

D'une autre part, si dans l'analyse de l'analcime
on fait abstraction de 8 parties d'eau, le résultat approche beaucoup de celui qu'a donné l'albite. Car la
silice, l'alumine et la soude y sont entre elles à peu
près dans le rapport des nombres 60, 18 et 10.

Dans l'albite, les nombres correspondans sont 70, 20 et 10.

Je ne prétends pas que l'albite ne soit pas une espèce toute particulière; mais il me semble que le résultat de son analyse ne la caractérise pas d'une manière assez prononcée pour ne pas faire désirer que la Cristallographie intervienne dans sa détermination. Le tissu lamelleux que présentent quelques morceaux à certains endroits, les indices de la forme aciculaire que l'on voit sur d'autres, et que l'on doit regarder comme une cristallisation ébauchée, semblent présager le moment où on pourra l'observer sous des formes susceptibles de se prêter à des mesures exactes. La géométrie des cristaux est faite pour marcher de compagnie avec la chimie de M. Berzélius, qui est elle-même géométrique, en ce qu'elle ramène à des limites simples et déterminées les quantités relatives des principes composans. C'est un des plus grands pas que l'on ait fait faire à la science.

Il paraît que M. Stromeyer a donné à l'albite le nom de *kieselspath*, et que, d'après l'analyse qu'il en a faite, ce serait un feldspath mêlé de silice, ce qui ne s'accorde pas avec ce qui précède.

II. ALLOCHROÏTE.

(D'Andrada, Journal de Phys., fructidor an 8, p. 243.)

Splittriger granat, K.

Ce minéral est en masse informe opaque, d'un

gris-verdâtre ou brunâtre. Sa cassure est inégale, légèrement luisante.

Pesanteur spécifique : 3,6 à peu près. Il étincelle par le choc du briquet ; il est difficile à briser. Certains morceaux sont recouverts de chaux carbonatée et de dodécaèdres rhomboïdaux, d'une couleur brune par réflexion, et orangée par réfraction. Ces dodécaèdres, qui paraissent être des grenats, sont engagés en partie dans la matière même de l'allochroïte, avec laquelle ils se confondent insensiblement. Cette observation me paraît indiquer clairement que l'allochroïte n'est autre chose qu'une variété du grenat ordinaire, auquel il faudra l'associer sous le nom de *grenat compacte*.

Ce qui pourrait d'abord en faire douter, ce serait l'aspect de la masse, qui n'a qu'un léger degré de luisant, avec un tissu inégal et comme raboteux, tandis que le caractère vitreux persiste encore en général dans les grenats amorphes. Mais j'ai un échantillon dont un côté est chargé de grenats verdâtres à l'intérieur, brunâtres à la surface, et dont le côté opposé se rapproche par son aspect de la masse dont il s'agit. C'est comme un moyen terme entre l'allochroïte et le grenat verdâtre, *grossular* de Werner. Dans un autre grenat massif qui vient des Etats-Unis, on voit le lustre du grenat résinite qui se montre à certains endroits, passer à un tissu inégal et subluisant, analogue à celui de l'allochroïte, et cette ressemblance d'aspect devient un nouveau motif en faveur du rapprochement déjà indiqué par la connexion qui existe entre la matière de l'allochroïte, et les grenats qui semblent n'être autre chose que la même matière qui a passé à un état plus parfait.

III. ALLOPHANE.

Cette substance, d'un bleu de ciel, que l'on a trouvée à Gräfenthal et à Schneeberg en Saxe, présente des indices de division mécanique parallèle aux faces d'un prisme droit rhomboïdal. Sa pesanteur spécifique est de 1,9. Elle raie la chaux sulfatée, et est rayée par la chaux fluatée. Elle se résout en gelée dans les acides.

Analyse de l'allophane de Gräfenthal, par Stromeyer :

Alumine.	32,202
Silice.	21,922
Eau.	41,301
Chaux.	0,730
Chaux carbonatée.	0,517
Cuivre carbonaté	3,058
Fer hydraté.	0,270
	100,000.

IV. AMIANTHOIDE.

Asbestoïde. (Bulletin des Sciences de la Société Philom., an 5 ; n° 54, p. 3.)

Byssolite. (Saussure, Voyages, n° 1696.)

Ce minéral est en filamens déliés, d'un vert-
olivâtre, quelquefois d'une couleur jaunâtre ou grise,
ou brunâtre : ils sont luisans, flexibles et élastiques.
On trouve l'amianthoïde au Mont-Blanc, et dans
le pays d'Oisans, département de l'Isère, sur le diorite qui sert de gangue à l'épidote, à la prehnite, etc.
Ce minéral ne diffère de l'asbeste flexible que par la
roideur et l'élasticité de ses fibres, qui pourraient bien
provenir d'un mélange de manganèse, dont l'amianthoïde contient quelquefois jusqu'à 10 parties sur 100.
On en trouve sur le même diorite, qui sert aussi de
support à l'asbeste flexible, dans le département de
l'Isère. Il se pourrait qu'il y eût ici identité de nature plutôt qu'un simple voisinage ; mais comme la
chose n'est pas démontrée, et que nous ne savons
pas même encore si l'amiante n'est pas une variété
filamenteuse de quelque autre espèce, je ne crois pas
que le moment soit venu de prendre un parti sur
le classement de l'amianthoïde.

V. BERGMANNITE.

(Schumacher , p. 46.)

Le bergmannite est composé tantôt d'aiguilles
grises groupées confusément, tantôt de lamelles
d'un blanc-grisâtre, légèrement nacré. On le trouve
à Fridrischwern en Norwége, avec le feldspath et
la pierre grasse. Cette substance n'ayant que des

caractères pour ainsi dire énigmatiques, dans l'état
où elle a été observée jusqu'ici, je me borne à la
citer. Le nom de l'illustre Bergmann, dont on l'a dé-
corée, méritait une application plus digne de lui.

VI. BREISLACKITE.

C'est une substance capillaire que l'on trouve dans
un dolérite avec mica et amphibole, rejeté par les
éruptions du Vésuve de 1794. On ne connaît point
encore ses caractères. On lui a donné le nom du
célèbre géologue Breislak, l'un des savans qui ait
soutenu avec le plus d'habileté l'hypothèse de la
fluidité primitive du globe par le moyen du feu (*).

VII. EUDIALYTE.

L'eudialyte est une substance lamelleuse d'un
violet-rougeâtre, qui accompagne la sodalite du
Groenland. Elle a, comme cette dernière, pour
forme primitive, le dodécaèdre rhomboïdal. Sa pesanteur spécifique est de 2,9. Elle raie la chaux phosphatée. La couleur de sa poussière est d'un blanc-
rougeâtre. Elle se rapproche encore de la sodalite
par sa composition, en sorte qu'elle pourrait bien
n'en être qu'une simple variété. A la vérité, son
analyse a donné une certaine quantité de zircon,

(*) Voyez les Institutions géologiques de Scipion Breislak.
Cet important ouvrage a été traduit en français par M. Camp-
mas, 5 volumes avec un atlas de 56 planches. Milan, 1818.

qui n'existe pas dans la sodalite ; mais M. de Monteiro, dont la sagacité ne laisse rien échapper, a découvert le zircon à côté de l'eudialyte. Cette observation importante peut servir à expliquer la diversité de composition dont il s'agit ; car le zircon et l'eudialyte ayant cristallisé ensemble, il est possible que celle-ci ait dérobé à l'autre quelques molécules de zircon, que l'on doit regarder alors comme accidentelles. Ainsi il est probable que l'eudialyte n'est qu'une sodalite zirconifère.

Analyse de l'eudialyte de Kangerdluarsuk, par Stromeyer.

Silice..................	52,4783
Zircon................	10,8968
Chaux................	10,1407
Soude................	13,9248
Oxide de fer.........	6,8563
Oxide de manganése ..	2,5747
Acide muriatique.....	1,0343
Eau et perte.........	1,8010
	99,7069.

VIII. FELDSPATH APYRE.

(ANDALOUSITE.)

(*Andalusit*, W. et K. *Stanzaït*, Flurl. *Micaphylit*, Brunner.)

Ce minéral, divisé mécaniquement, présente trois joints naturels qui paraissent avoir les mêmes positions respectives que ceux qu'on observe dans le feldspath. Sa pesanteur spécifique est d'environ 3. Il raie ordinairement le quarz; cependant celui de Lisens en Tyrol se laisse entamer par une lame d'acier, ce qui paraît provenir du mélange d'une matière talqueuse dont il est accompagné. Ses couleurs ordinaires sont le rouge violet et le blanc-grisâtre. Il est fusible par l'action du chalumeau.

Analyse du feldspath apyre d'Espagne, par Vauquelin :

$$
\begin{array}{lr}
\text{Alumine} & 5_2 \\
\text{Silice} & 3_2 \\
\text{Potasse} & 8 \\
\text{Oxide de fer} & 2 \\
\hline
& 94.
\end{array}
$$

J'ai observé des variétés de forme qui ont de l'analogie avec celles de feldspath que je nomme *unitaire* et *déciduodécimal*.

Le feldspath apyre a été découvert il y a très long-temps, par M. le comte de Bournon, dans les granites de l'ancien Forez. On en a trouvé depuis en Espagne dans le royaume de Castille, en France près de la ville d'Aix, en Bavière dans la montagne de Stanza, et plus récemment à Lisens en Tyrol.

J'avais assigné, relativement à ce minéral, deux termes de comparaison, le feldspath ordinaire et le corindon. Mais l'observation des cristaux du Tyrol exclut entièrement le corindon ; deux de leurs

joints naturels font entre eux un angle qui est très
sensiblement de 90^d, et non pas de 93^d $22'$, comme
dans le corindon, et le troisième joint est incliné
sur un des précédens de 120^d environ, ce qui offre
une nouvelle divergence avec le corindon, et un
nouveau rapport avec le feldspath.

Voyons maintenant quelles sont les raisons que
l'on peut opposer au rapprochement indiqué par la
division mécanique et par la similitude des formes,
entre ce minéral et le feldspath. D'abord son excès
de dureté et de pesant. spécif.; mais le feldspath qui
renferme le zircon de Norwége raie assez fortement
le quarz, et quoique je ne l'aie pas pesé, on juge,
en le balançant dans la main, qu'il doit avoir plus
de densité que le feldspath ordinaire. D'ailleurs le
jade de Saussure, qui est maintenant associé au
feldspath par une grande partie des naturalistes,
et que j'ai nommé *feldspath tenace*, est aussi plus
dur et plus pesant que le feldspath ordinaire.

On objectera encore la résistance que le minéral
dont il s'agit ici oppose à la fusion. Mais parmi les
variétés du feldspath ordinaire, il y en a qui sont
beaucoup plus difficiles à fondre que les autres.

Une objection plus spécieuse est celle qui se tire
de l'association de ce minéral avec le feldspath ordinaire, dans un même granite. Mais la chaux fluá-
tée se trouve quelquefois à côté d'elle-même dans
deux états différens, en sorte que l'on croirait voir
deux substances distinctes, l'une verte, l'autre vio-

lette, unies par juxta-position. Et sans quitter le feldspath, on trouve à Baveno ce même minéral en cristaux opaques d'un rouge de chair, et en cristaux blanchâtres translucides, qui semblent être faits d'une autre pâte et composent un même groupe avec les premiers. A la vérité, les exemples de ce genre sont rares, au lieu que le feldspath apyre paraît être inséparable du feldspath ordinaire. Mais je demanderai d'où vient cette sorte de prédilection, et pourquoi jusqu'ici les deux substances se sont presque toujours rencontrées ensemble.

Si l'on consulte les analyses du feldspath apyre, on trouvera que sa composition ne diffère du feldspath ordinaire que par un excès d'alumine. D'après le calcul que j'en ai fait dans mon Tableau comparatif, si vous supprimez cet excès, le rapport des autres principes est à très peu près le même de part et d'autre.

Si les analogies que je fais remarquer entre le feldspath apyre et le feldspath ordinaire se trouvent confirmées dans la suite par de nouvelles observations susceptibles de compléter la détermination de ses formes, il conviendra de le placer, par appendice, à la suite du feldspath ordinaire, sous le nom de *feldspath aluminifère;* mais ce rapprochement n'est fondé jusqu'ici que sur une présomption.

IX. FELDSPATH BLEU.

(Variété du *Dichter feldspath*, W. *Splittriger lazulit*, K.)

Ce minéral, soumis à la division mécanique, présente deux joints perpendiculaires entre eux, dont l'un est plus net et plus facile à apercevoir que l'autre; mais cette différence pourrait n'être qu'accidentelle, ainsi que je le dirai bientôt. On entrevoit quelquefois un troisième joint, beaucoup plus faible, et qui fait des angles obtus avec les précédens. Pes. spécif., 3. Les fragmens aigus raient le verre, et les masses étincellent par le choc du briquet. La couleur est le bleu clair. On en connaît deux variétés, le feldspath bleu *laminaire*, et le feldspath bleu *compacte*.

On trouve ce minéral près de Krieglach, en Stirie, où il est associé au quarz blanc et à une autre substance que l'on a prise pour du mica, mais qui a plutôt les caractères du talc.

J'avais placé ce minéral, dans mon Traité, parmi les variétés du feldspath, en témoignant toutefois mes doutes sur la justesse de ce rapprochement. L'examen des morceaux qui le présentent à l'état laminaire, avec deux joints naturels perpendiculaires entre eux, comme dans le feldspath, semblerait d'abord offrir une raison d'effacer le point de doute; mais dans le feldspath les deux joints dont il s'agit ont un égal degré d'éclat, ce qui indique que les facettes auxquelles ils correspondent sur la molécule sont égales en étendue. Au contraire, la différence très sensible que présentent les joints analogues sur le feldspath bleu, relativement à leur éclat, paraît indiquer une différence d'étendue entre les faces de la molécule auxquelles ces joints sont parallèles ; et cette observation, si elle était constante, fournirait une raison décisive pour séparer du feldspath le minéral qui nous occupe.

Mais ce qui m'arrête, c'est la comparaison que j'ai faite des analyses du feldspath bleu et du feldspath ordinaire. Je vais en citer les résultats :

	Feldspath ordinaire.	Feldspath bleu.
Silice........	64	14
Alumine....	20	71
Chaux......	2	3
Potasse.....	14	0,25
Magnésie		5
Eau......................		5.

Dans l'hypothèse même où les observations faites sur la structure des deux minéraux s'accorderaient parfaitement, je ne pourrais me résoudre à ne compter pour rien la différence, pour ainsi dire énorme, que présentent les analyses. Encore si cette différence portait uniquement sur la silice, on pourrait dire que comme le feldspath bleu est voisin du quarz, il lui aurait dérobé des molécules siliceuses, auxquelles on pourrait attribuer cette grande quantité de silice qu'aurait donnée l'analyse ; mais c'est au contraire le feldspath bleu qui renferme le moins de silice, et cela dans le rapport de 14 à 64, tandis qu'il contient une plus grande quantité d'alumine, dans le rapport de 71 à 20. Je craindrais que, si je franchissais le pas malgré une diversité si frappante, on ne m'accusât d'avoir manqué ouvertement à la Chimie, et que ce défaut de respect pour elle, dans un cas particulier, ne fût cité comme une preuve du peu de fond qu'il y avait à faire en général sur toutes les conséquences que j'avais déduites du peu d'accord qui existait entre ses résultats et ceux de la géométrie des cristaux.

Je ne puis me défendre du désir que l'analyse du feldspath bleu soit recommencée. Cette opération a plus d'une fois gagné à être répétée. Peut-être la substance dont il s'agit ici en fournirait-elle une nouvelle preuve.

On trouve dans plusieurs collections des morceaux taillés de la roche qui contient ce minéral, et qui méritent de figurer parmi les matières que l'on travaille comme objets d'ornemens; mais quoique la couleur bleue, qui tranche sur la blancheur du quarz, soit d'un ton assez agréable, cette roche mise à côté du verde di corsica perdrait beaucoup à la comparaison.

X. FIBROLITE.

De Bournon, Transactions philos., 1802.

Ce minéral, dont nous devons la connaissance à M. le comte de Bournon, est composé de fibres déliées, très serrées entre elles, d'une couleur blanche ou grise. Selon le même savant, sa pes. spéc. est de 3,214, et au moins égale à celle du quarz. J'ai trouvé que, quand on l'avait isolé, il acquérait, à l'aide du frottement, une forte électricité résineuse.

M. de Bournon a observé ce minéral parmi les substances qui composent la gangue du corindon du Carnate et de celui de la Chine. Il le regarde comme une espèce à part, d'après le résultat de deux analyses faites par M. Chenevix et d'après les indications de ses caractères minéralogiques. M. de Bournon n'a observé qu'une seule fois cette substance sous une forme déterminable, qui était celle d'un prisme rhomboïdal d'environ 120^d et 60^d.

Analyse de la variété du Carnate, par Chenevix (Journal des Mines, n° 80, p. 87) :

Silice	38
Alumine	58,25
Fer et perte	3,75
	100,00.

De la variété de la Chine, par le même (*ibid.*, p. 95) :

Silice	33
Alumine	46
Fer	13
Perte	8
	100.

XI. GABBRONITE.

(Schumacher.)

Ce minéral raie le verre et étincelle difficilement par le choc du briquet. Son aspect est compacte et sa cassure souvent écailleuse. Sa couleur est grise avec différentes teintes de bleuâtre ou de rougeâtre. Il se fond avec difficulté par l'action du chalumeau en un globule blanc et opaque.

Le gabbronite se trouve en deux endroits de la Norwége ; à Kenlig, près d'Arendal, où il est accompagné d'amphibole ; et à Friderischwern, en Norwége, où il est engagé dans une siénite et accompagné de fer oligiste. On voit aussi dans son intérieur des lames éclatantes que j'ai reconnues pour être de la chaux carbonatée.

Voici encore un minéral qui a du rapport avec le feldspath compacte ; il a même été déjà réuni à cette dernière espèce par d'habiles minéralogistes, qui en ont fait une sous-variété du feldspath compacte tenace. Les petites masses sublaminaires d'un rouge de chair qui sont empâtées dans son intérieur, paraissent appartenir décidément au feldspath. Mais, puisqu'il est dans un terrain qui renferme le feldspath à l'état de cristallisation, ce serait aux minéralogistes qui observeront ce terrain, à examiner avec attention toutes les relations de position qui pourraient indiquer des passages entre l'une et l'autre substance, ce qui offrirait en même temps une preuve de leur identité.

XII. HEDENBERGITE.

M. Berzelius a introduit dans son nouveau Système de Minéralogie une espèce qu'il a nommée *hedenbergite* (p. 206), en l'honneur de M. Hedenberg, son ami et son compagnon de travail, qui en avait fait l'analyse, et était parvenu au résultat suivant :

Silice....................	40,62
Oxidule de fer..........	32,53
Eau	16,05
Carbonate de chaux....	4,93
Oxide de manganèse...	0,75
Alumine..............	0,37.

Ce minéral est rangé dans le Système parmi les mines de fer, comme étant un silicate de ce métal, et la formule qui représente sa composition est $fS^3 + 2Aq$ (p. 207). Sa couleur est le vert foncé, tirant un peu sur le brun. Celle de la poussière est le vert d'olive.

M. Berzelius dit (p. 270) que ce minéral n'est point cristallisé, mais que sa cassure est feuilletée, et qu'à l'aide de la division mécanique on le coupe sans difficulté en rhomboïdes dont les angles sont ceux de la chaux carbonatée. Ce résultat pouvait faire croire qu'il en était de l'hedenbergite comme des mélanges formés par la réunion de plusieurs composans, parmi lesquels il y en avait un qui imprimait sa forme à l'ensemble, quoiqu'il n'existât qu'en petite quantité. Ici celle de la chaux carbonatée aurait été environ $\frac{1}{12}$ de la totalité. Mais nous verrons bientôt que la véritable forme primitive de l'hedenbergite est bien différente de celle du rhomboïde calcaire.

M. Berzelius m'a fait, en 1821, un envoi qui contenait des échantillons de plusieurs variétés de pyroxène provenues de différens pays; il avait joint à cet envoi un résumé des résultats obtenus par les analyses de ces variétés. L'hedenbergite s'y trouvait, sous la dénomination de *pyroxène noir* de Tunaberg. L'analyse qui était citée comme ayant été faite par M. Rose, avait donné le résultat suivant :

Silice. 49,01
Chaux. 20,37
Magnésie. 9,98
Protoxide de fer. . . . . . 26,08.

Ce résultat, comme l'on voit, est bien différent de celui auquel était parvenu M. Hedenberg. Si l'on parcourt les diverses analyses citées par M. Berzelius, on y voit que le rapport entre la quantité de silice et celle de chaux se rapproche en général de celui de 5 à 2. Il paraît que ce sont ces deux principes qui constituent essentiellement le pyroxène, et que le fer, le manganèse et l'alumine, dont les quantités sont très variables, et quelquefois même sont nulles, doivent être regardés comme des principes accidentels. En conséquence, l'hédenbergite devait être associé au pyroxène, d'après le résultat de la nouvelle analyse.

Le rapprochement que je viens d'indiquer me fit naître le désir d'étudier la structure de ce minéral, et je me servis pour cela de deux petits fragmens détachés d'un morceau que M. Berzelius m'avait donné pendant son séjour à Paris. La division mécanique me conduisit à un prisme octogone, dont la base était oblique à l'axe et avait beaucoup de netteté. Parmi les pans, il y en avait quatre qui, à en juger par le coup d'œil, étaient perpendiculaires entre eux, et avaient un éclat assez vif. Les quatre autres avaient beaucoup moins de netteté, et ne se laissaient même qu'entrevoir, à l'exception d'un seul, qui avait une étendue suffisante pour permettre de déterminer sa position. L'idée qui se présentait naturellement était que la forme primitive devait être un prisme rhomboïdal oblique, divisible diagonalement dans le sens des deux premiers joints perpendiculaires. Or, les mesures prises à l'aide du goniomètre m'ont paru s'accorder mieux avec l'hypothèse que ce prisme serait celui de l'amphibole, qu'avec celle qui admettrait son identité avec le prisme du pyroxène. J'ai placé sur le même socle avec le fragment dont il s'agit, un cristal d'amphibole de la variété dodécaèdre, et en tâtonnant la position de ce cristal, je suis arrivé à un terme où, lorsque je faisais mouvoir les deux corps à la lumière, j'observais une coïncidence sensible entre les reflets qui partaient des faces correspondantes. L'autre fragment m'a donné des résultats analogues. Je crois cependant que ces résultats ont besoin d'être vérifiés, avant de me prononcer en faveur du rapprochement dont il s'agit.

XIII. JADE.

(*Nephit*, *beilstein*, W.)

On connaît deux variétés de ce minéral, dont l'une est le jade *néphrétique*, vulgairement *jade oriental*. Gemeiner Nephrit. W.

La pesanteur spécifique de celui-ci est d'environ 3. Il raie le verre et étincelle par le choc du briquet. Sa cassure est écailleuse, et sa transparence imite celle de la cire. Il est fusible par le chalumeau. Ses couleurs sont le verdâtre, l'olivâtre et le blanchâtre. Il est quelquefois tacheté. On le travaille difficilement, et le poli qu'il reçoit, lors même qu'il est vif, a toujours quelque chose de gras.

L'autre variété est le jade *ascien*, Beilstein, W., vulgairement *pierre de hache*, Punama Nephrit. R. Ce jade est très dur; sa cassure est écailleuse; sa couleur est le vert foncé ou le vert-olivâtre; il est susceptible d'un beau poli.

Le jade néphrétique, suivant Wallerius et d'autres

minéralogistes, se trouve en Chine, dans l'Inde, et en Amérique, sur les bords de la rivière des Amazones, d'où lui est venu le nom de *pierre des Amazones*, qui a été donné aussi à un feldspath vert; mais on ne connaît pas bien sa situation géologique, non plus que les substances qui l'accompagnent, ou lui servent de gangue. Le jade ancien existe à Tavai-Punama, île méridionale de la Nouvelle-Zélande. On n'a rien non plus de certain sur sa manière d'être dans la nature.

Je réunis ici ces deux substances, non pas que je croie pouvoir garantir qu'elles sont de la même espèce, mais parce que l'état actuel de nos connaissances ne permettant pas d'en faire une comparaison exacte, ni de rien décider sur leur classification, je n'avais pas d'autre parti à prendre que de les laisser l'une à côté de l'autre, ainsi que l'ont fait la plupart des minéralogistes étrangers.

Le jade néphrétique a été regardé successivement comme une serpentine dure et comme une variété du jaspe. Dolomieu l'associait au pétro-silex d'ancienne origine, qui est devenu depuis une sous-variété du feldspath compacte. Ce rapprochement est fondé principalement sur la propriété qu'a le jade de se fondre en émail blanc par l'action du chalumeau. Mais ce caractère ne suffit pas pour motiver la réunion des substances qui le partagent.

Les morceaux de jade néphrétique travaillés par la main de l'Art, que l'on voit dans différentes collections, n'ont reçu qu'un poli imparfait. On croirait qu'ils ont été simplement unis et frottés d'huile. J'ai cru pendant long-temps, sur la foi de plusieurs auteurs, que l'on ne pouvait parvenir à donner au jade un poli parfait. Mais M. Belloni m'a détrompé; j'ai un morceau de jade qui, entre les mains de ses ouvriers, a reçu un poli très vif. A la vérité, ce poli a encore quelque chose de gras; mais je ne m'attendais pas qu'on pût lui donner ce degré de vivacité.

A l'égard de la pierre de hache (Beilstein), elle a emprunté son nom de la forme sous laquelle on la trouvait dans des pays habités par les sauvages, qui l'avaient ainsi façonnée, pour l'employer aux mêmes usages que nos haches et nos coins. On lui a donné aussi le nom de *pierre de la circoncision*, et on la débite quelquefois sous celui de *casse-tête*.

On rencontre aussi de ces pierres dans nos pays; j'en possède plusieurs qui ont été trouvées par M. le professeur Desmanèches, dans le département du Puy-de-Dôme, à la montagne du Corrent, près les martres de Veyre.

Je reviens un instant au jade néphrétique. Ce qui a surtout contribué à donner une grande célébrité à cette pierre, c'est la vertu qu'on lui a prêtée de guérir la colique néphrétique et d'atténuer la pierre des reins, lorsqu'on la portait attachée au cou, ou à quelque autre partie du corps. On la nommait dans ce cas *pierre néphrétique* ou *pierre divine*. De là sont venues toutes ces amulettes de différentes formes que l'on perçait d'un ou de deux trous, pour y passer un ruban qui servait à suspendre la pierre. Rien n'est si singulier que la confiance avec laquelle Boëce de Boot, qui était cependant un homme instruit, rapporte les prétendues merveilles opérées par une amulette de jade, chez des gens qui avaient la pierre dans les reins.

Il en cite un entre autres qui, toutes les fois qu'il se sentait tourmenté de ce mal, s'attachait au bras une amulette de jade. Aussitôt, il rendait une si grande quantité de gravier, que, dans la crainte que cette évacuation ne lui devînt nuisible par son abondance même, il quittait l'amulette, et cessait à l'instant de rendre du gravier, jusqu'à ce qu'une nouvelle attaque vînt l'avertir de recourir au jade. Le remède était si bon, qu'il opérait plus que le malade ne le voulait.

Le jade, la géode ferrugineuse nommée *œtite* ou *pierre d'aigle*, et l'aimant, sont les trois minéraux qui aient été le plus employés sous la forme d'*amulettes*, comme moyens curatifs, et souvent aussi comme simples préservatifs; et c'était dans ce dernier cas seulement que l'amulette pouvait être bonne à quelque chose, en tranquillisant l'imagination de celui qui la portait, et en le guérissant d'une maladie fort incommode, qui est la peur.

XIV. KARPHOLITE.

(Karpholith et strohstein , W.)

Ce minéral est en fibres soyeuses, rayonnées, d'un jaune de paille foncé, avec un éclat légèrement nacré. On l'a trouvé dans le granite à Schlakenwald en Bohème. Il paraît avoir du rapport avec la variété de prehnite nommée *Gelber Strahl-Zeolith.*

Analyse par Steinmann (Schweiggers Journ., t. XXV, p. 413):

Alumine.	26,48
Silice.	37,53
Protoxide de mangan . . .	17,09
Protoxide de fer	5,64
Eau.	11,36
Perte	1,90
	100,00.

XV. KILLÉNITE.

Ce minéral a été trouvé récemment en Irlande, où il accompagne le triphane. On l'a pris pour une variété de cette dernière substance; mais quoique je n'aie pas encore pu déterminer avec précision le résultat de sa division mécanique, il résulte cependant de mes observations que la killénite est distinguée du triphane par les positions de ses joints naturels. J'en ai un morceau où les deux substances, à l'état lamelleux, sont entrelacées l'une dans l'autre;

et lorsque l'on fait mouvoir le morceau à la lumière, de manière à faire paraître successivement les joints de chaque substance, on s'aperçoit aisément qu'ils ont des inclinaisons différentes.

XVI. LAZULIT DE WERNER.

Ce minéral est très différent de la substance à laquelle on donne communément ce même nom, et que M. Werner appelle *lazurstein*.

Je n'ai pu jusqu'ici qu'ébaucher la division mécanique de ce minéral, parce que je n'avais non plus à ma disposition que des ébauches de cristaux très imparfaites. J'ai cru reconnaître les indices d'un prisme légèrement rhomboïdal, terminé par une base oblique qui naîtrait sur une des arêtes longitudinales les plus saillantes. Le lazulit raie le verre; sa couleur est le bleu foncé, il devient gris sans se fondre lorsqu'on l'expose à l'action du chalumeau.

VARIÉTÉS.

1. Lazulit *prismatique*. En prismes plus ou moins déliés qui paraissent hexaèdres.

2. *Massif.*

Le lazulit cristallisé se trouve aux environs de Salzbourg, dans un schiste gris-verdâtre recouvert de petits cristaux de quarz entremêlés de lamelles de mica. On a associé les cristaux dont il s'agit ici à la substance en masses informes d'une couleur bleue, connue depuis long-temps sous ce même nom de *lazulit*, et qui se trouve à Worau et à Stein-marck en Autriche, dans un quarz blanchâtre avec des lamelles de talc et quelquefois du fer oligiste.

Il existe des cristaux déterminables de cette sub-stance; je n'en voudrais d'autre preuve qu'un échan-tillon qui m'a été envoyé il y a très long-temps par M. le baron de Moll, et qui présente des indices très marqués d'une cristallisation régulière. Quand la Cristallographie aura parlé clairement sur le lazulite, la classification de ce minéral ne sera plus douteuse et sa description sera plus exacte.

On m'a reproché quelquefois d'en revenir toujours aux cristaux, comme s'il n'y avait rien que cela en Minéralogie. Je sais qu'il s'y trouve bien d'autres choses; mais souvent elles ne disent rien que de vague, quand la Cristallographie n'a pas parlé la pre-mière. Il en est des minéraux qui n'ont point encore été vus sous des formes régulières, comme de ces plantes apportées d'un pays lointain avant la fleuraison, et qui refusent même quelquefois pendant long-temps de fleurir dans nos serres. Les botanistes attendent pour les classer qu'elles aient montré leurs étamines et leurs pistils.

XVII. MÉLILITE.

Ce minéral a été découvert par M. Fleuriau de Bellevue, aux environs de Rome, à Capo di Bove, sur la même roche qui sert de gangue à la substance que le même savant avait nommée *pseudosommite*, et que j'ai réunie à la néphéline. Le mélilite s'y présente sous la forme de très petits parallélépipèdes rectangles dont la couleur varie entre le jaune pâle et l'orangé. C'est cette couleur, analogue à celle du miel, qui a suggéré le nom de *mélilite*. D'autres cristaux de la même substance sont des octaèdres rectangulaires ; cette forme est compatible avec celle du parallélépipède rectangle. La couleur naturelle est souvent altérée par un enduit d'un rouge-brunâtre. Le mélilite, suivant M. Fleuriau, étincelle par le choc du briquet. Cette expérience si simple a dû être ici difficile à faire, vu la petitesse des corps. Le mélilite est fusible avec bouillonnement en verre transparent ; sa poussière, mise dans l'acide nitrique, donne une belle gelée transparente ; les fragmens y perdent seulement leur couleur, et deviennent plus difficiles à fondre. M. Fleuriau a essayé de mesurer les incidences des faces des cristaux octaèdres ; mais je ne sais si en opérant sur des cristaux aussi petits il est permis de prétendre même à des mesures approximatives, et je crois qu'il faut se contenter de voir le mélilite à l'aide de la loupe, en attendant qu'il devienne visible au moyen du goniomètre.

XVIII. PIERRE GRASSE.

(*Fettstein*, W. *Éléolite.*)

M. Karsten a décrit cette substance sous le nom de *lithrodes* dans le Magasin de la Société d'Histoire naturelle de Berlin.

La division mécanique de ce minéral parait conduire à un prisme droit rhomboïdal, qui se sous-divise dans le sens des petites diagonales de ses bases. Cette dernière division, et celle qui est parallèle à la base, sont les plus nettes. La cassure a un éclat gras joint à un léger chatoiement. La pierre grasse raie le verre et étincelle par le choc du briquet. Sa pesanteur spécifique est de 2,6. Suivant l'observation de M. Cordier, elle se fond aisément, par l'action du chalumeau, en émail blanc.

VARIÉTÉS.

1. Sublaminaire.
2. Compacte : lythrodes.
a. Luisante.
b. Terne.

Couleurs.

Gris-verdâtre obscur.
Brun rougeâtre.

La pierre grasse se trouve en Norwége à Fridenschwern, dans le même endroit que le zircon. Elle y est associée au feldspath opalin ou plutôt à la siénite qui sert de gangue aux cristaux de zircon ; et quelquefois ces mêmes cristaux sont implantés dans la substance même de la pierre grasse.

On serait d'abord tenté de regarder ce minéral comme une variété de feldspath ; mais outre que sa structure parait s'opposer à ce rapprochement, il se trouve tellement juxta-posé au feldspath, qu'il semble refuser de s'unir avec lui; il n'y a point de passage de l'un à l'autre, mais plutôt un saut brusque.

On avait d'abord soupçonné que la pierre grasse était une variété du wernérite; mais d'après le résultat de sa division mécanique, il ne paraît pas non plus que l'on puisse le rapporter à ce dernier minéral. Quand cette substance aura été mieux étudiée, et quand on l'aura trouvée sous une forme régulière, on saura à quoi s'en tenir sur la place qu'elle doit occuper dans la Méthode.

XIX. SPINELLANE.

Nose, Études minéralogiques sur les montagnes du Bas-Rhin.

La forme primitive de ce minéral paraît être un rhomboïde obtus, dans lequel l'incidence de deux faces prises vers un même sommet serait d'environ 117^d. Le spinellane raie le verre; il blanchit au chalumeau et s'y fond avec facilité en émail blanc et bulleux. Cette observation est de M. Cordier. J'ai trouvé de plus que le spinellane se résoud en gelée dans l'acide nitrique, mais avec beaucoup plus de lenteur que les autres substances qui jouissent de la même propriété.

La seule variété de spinellane qui me soit connue est celle que j'ai nommée *sexduodécimale*. Signe, DPE'E.

Ce minéral se trouve sur les bords du lac de Laach, près du Rhin, dans une roche composée principalement de grains et de petits cristaux de feldspath vitreux, avec mélange de la substance elle-même, de quarz, d'amphibole, et de fer oxidulé en grains et en petits octaèdres primitifs.

La variété que j'ai citée a du rapport avec la forme d'un dodécaèdre rhomboïdal, c'est-à-dire de celui qui a tous ses rhombes de $109^d \frac{1}{2}$, dans lequel tous les angles solides composés de quatre plans seraient remplacés par des faces situées comme celles d'un cube. La petitesse des cristaux que j'avais à ma disposition ne m'a pas permis de m'assurer que la différence d'environ deux degrés que j'ai cru observer entre les angles de ces cristaux et ceux du dodécaèdre rhomboïdal existe réellement. Mais des considérations fondées sur l'analogie, et que j'ai exposées dans mon Tableau comparatif, paraissent indiquer que le spinellane a pour forme primitive un rhomboïde particulier. Au reste, comme elles ne sont pas décisives par elles-mêmes, je désirerais, avant de prendre un parti, pouvoir répéter les observations que j'ai faites sur la mesure des angles du spinellane. Si cette mesure, en y mettant toute la précision convenable, s'accordait avec la première, il serait évident que le spinellane devrait être considéré comme une espèce particulière. Si au contraire la mesure conduisait définitivement au dodécaèdre rhomboïdal, la sodalite deviendrait ici le terme de comparaison. Les deux substances ont une certaine analogie d'aspect, et la propriété qui leur est commune, de se résoudre en gelée dans l'acide nitrique établit entre elles un nouveau rapport.

M. Nose, qui a publié des observations très savantes sur la Minéralogie et sur la Géologie du terrain qui avoisine le lac de Laach, a pensé qu'il existait entre le minéral dont il s'agit et le spinelle une certaine affinité, et qu'il offrait même des indices de passage au spinelle, ce qui l'a engagé à le nommer *spinellane*. Mais, puisqu'il est dans l'état de cristallisation, il doit être déjà arrivé au spinelle, ou bien il n'y arrivera jamais. Or, un simple coup d'œil suffit pour faire juger qu'il marche en sens contraire. J'ai fait connaître ailleurs ce que je pense de ces prétendus passages entre une espèce et l'autre.

XX. SPINTHÈRE.

Ce minéral se présente sous la forme d'un décaèdre, que l'on peut considérer comme étant dérivé d'un octaèdre à triangles scalènes, dans lequel la base commune des deux pyramides dont il est l'assemblage, serait un rhombe très obtus, incliné à l'axe, et dont les sommets seraient remplacés chacun par un trapézoïde très oblique. La couleur est le vert-grisâtre. L'idée qui se présente naturellement à l'aspect des cristaux de ce minéral, est qu'ils pourraient bien appartenir au titane calcaréo-siliceux. Je les ai comparés avec les cristaux de celui-ci, et particulièrement avec ceux qu'on trouve au Saint-Gothard. Il y a des différences sensibles entre les formes de part et d'autre ; mais pour que la comparaison fût exacte, il faudrait pouvoir l'étendre jusqu'au mécanisme de la structure. Or la nécessité de respecter les deux petits échantillons que possède ma collection, ne m'a pas permis de les briser. Il est singulier que le spinthère soit si rare dans nos collections, car il appartient au sol de la France ; il a été trouvé à Maromme dans le Dauphiné, où il est engagé dans des rhomboïdes de chaux carbonatée.

XXI. TALC GRANULAIRE et TALC GLAPHIQUE ?

Je réunis ici, sous le nom de *talc*, auquel je joins un point de doute, deux substances qui paraîtraient devoir être rangées, d'après leurs caractères, dans l'espèce qui porte ce même nom, mais que des considérations dont je parlerai dans un instant m'engagent à placer dans cet appendice, jusqu'à ce que nous soyons plus éclairés sur leur véritable nature.

1. TALC GRANULAIRE.

(*Erdiger talk*, W et K.)

Cette variété est très friable. Sa couleur est le gris perlé. Ses grains humectés et passés avec frottement entre les doigts, s'y attachent sous la forme d'un enduit nacré. Un fragment exposé à la flamme d'une bougie, prend de la dureté.

Analyse par Vauquelin (Bulletin des Sciences de
la Société Philom., an 9, p. 172) :

<pre>
          Silice................. 56
          Alumine............. 18
          Chaux...............   3
          Fer.................   4
          Eau.................   6
          Potasse.............   8
          Perte...............   5
                               ____
                               100.
</pre>

2. TALC GLAPHIQUE.

Bildstein, W. *Agalmatholith*, K. Vulgairement *pierre de
lard des Chinois*, ou *pierre à magots*.)

Cette substance a un tissu très serré, joint à un
aspect mat. Sa pesanteur spécifique est de 2,6. Sa
cassure est inégale et écailleuse. Sa couleur varie entre
le gris légèrement verdâtre, le blanc-jaunâtre et le
jaune-brunâtre. Sa surface et sa poussière sont très
onctueuses au toucher. Elle communique à la cire
d'Espagne l'électricité résineuse, à l'aide du frottement. Isolée et frottée, elle acquiert une forte
électricité, qui est de même résineuse. Je dirai, à
cette occasion, que le talc et les substances qui ont
du rapport avec lui, par leur onctuosité, sont éminemment électriques, à l'aide du frottement. J'ai de
petites feuilles que j'ai détachées d'un talc nacré,
qu'il suffit de passer deux ou trois fois entre deux

doigts, pour qu'elles restent attachées à l'un d'eux ;
et si l'on pousse l'une d'elles, ou qu'on secoue le
doigt pour la faire tomber, elle refuse d'obéir.

Analyse du talc glaphique jaunâtre translucide,
par Klaproth (Beyt., t. II, p. 187) :

$$
\begin{array}{lr}
\text{Silice} & 54 \\
\text{Alumine} & 36 \\
\text{Fer oxidé} & 0,75 \\
\text{Eau} & 5,5 \\
\text{Perte} & 3,75 \\
\hline
& 100,00.
\end{array}
$$

Du même, par Vauquelin (Journal des Mines,
n° 88, p. 257) :

$$
\begin{array}{lr}
\text{Silice} & 56 \\
\text{Alumine} & 29 \\
\text{Chaux.} & 2 \\
\text{Potasse} & 7 \\
\text{Fer oxidé} & 1 \\
\text{Eau} & 5 \\
\hline
& 100.
\end{array}
$$

Du talc glaphique opaque, par Klaproth (Beyt.,
t. II, p. 189) :

$$
\begin{array}{lr}
\text{Silice} & 62 \\
\text{Alumine} & 24 \\
\text{Chaux.} & 1 \\
\text{Fer oxidé} & 0,5 \\
\text{Eau} & 10 \\
\text{Perte} & 2,5 \\
\hline
& 100,0.
\end{array}
$$

VARIÉTÉS.

1. *Compacte*.
2. *Fissile*.

Couleurs.

Gris; jaunâtre; brunâtre.

Le talc granulaire se trouve en petites masses, dans les cavités des roches primitives, et spécialement dans les interstices des cristaux de quarz.

A l'égard du talc glaphique, tout ce que nous en savons, c'est qu'il abonde en Chine, où il sert à exercer le ciseau des sculpteurs de ce pays. Il est la matière de ces petites statues auxquelles leur figure grotesque a fait donner le nom de *magots*, par allusion à l'espèce de singe qui porte le même nom.

Jamais les caractères extérieurs réunis à ceux qui se tirent des propriétés physiques, n'ont offert d'indications plus séduisantes que celles qui ont fait d'abord ranger parmi les variétés du talc, les deux substances dont je viens de citer les analyses. La première, que j'avais nommée *talc granuleux*, semble être composée d'une matière qui a la plus grande analogie avec celle du talc laminaire ou du talc écailleux, excepté qu'elle est sous la forme de grains faiblement agglutinés. Son aspect nacré, joint à une surface très onctueuse, la facilité avec laquelle ses grains se laissent écraser, tout concourt à rappeler l'idée d'un véritable talc. La seconde substance, nommée *talc glaphique* (pierre de lard des Chinois), s'identifie, par son aspect, avec le talc stéatite compacte, et c'est d'ailleurs de part et d'autre la même pesanteur spécifique, la même dureté et la même onctuosité.

A l'époque où mon Traité a paru, ces substances avaient été analysées; mais parmi les variétés que j'ai laissées ensemble sous le nom de *talc*, dans la méthode que je publie aujourd'hui, il n'y avait que la chlorite dont la composition, déterminée par M. Vauquelin, fût bien connue, de manière qu'en convenant que l'espèce du talc pourrait bien être retouchée dans la suite, je désirais qu'avant d'entreprendre ici une réforme, nous eussions une bonne analyse du talc dit *de Venise*, qui, étant le plus pur, devait servir de terme de comparaison aux autres substances que l'on avait rangées dans la même espèce. Mon vœu a été doublement rempli par MM. Klaproth et Vauquelin, et les résultats de leurs expériences, qui ont offert une quantité considérable de magnésie, excluent le talc granuleux et le talc glaphique du nombre des variétés qui appartiennent à l'espèce dont il s'agit.

En continuant de prendre la Chimie pour guide, relativement à une nouvelle classification de ces dernières substances, on trouve d'abord qu'elle tendrait à faire placer le talc granuleux dans l'espèce du mica. Effectivement, si l'on compare chacune de

deux analyses du premier à l'une quelconque des
trois qui ont eu pour sujets des variétés du second,
on y reconnaîtra les mêmes principes, avec des différences de proportion qui ne surpassent pas celles
qu'offrent les analyses du mica comparées entre elles.
A l'égard du talc glaphique, on remarquera que la
potasse n'entre pas dans le résultat des analyses de
cette substance par M. Klaproth ; mais celui qu'a
obtenu M. Vauquelin, et que l'on doit regarder
comme plus exact, d'après les réflexions que fait ce
célèbre chimiste (Journal des Mines, n° 88, p. 247),
indique une quantité très sensible de cet alkali, laquelle, jointe aux autres principes, semblerait offrir
une raison pour rapprocher le talc glaphique soit du
talc granuleux, soit du mica.

D'une autre part les caractères tirés de l'onctuosité
de la surface et de l'aspect nacré, n'ont d'abord été
en défaut que parce qu'on supposait qu'ils ne pouvaient indiquer que des variétés de talc. Mais le mica,
en conservant sa forme hexagonale ou simplement
laminaire, parvient par degrés à un état où sa surface est grasse au toucher, comme celle du talc, en
sorte qu'il y a des morceaux qui laissent l'observateur indécis entre l'un et l'autre. J'ajouterai même
que si l'analyse ne les distinguait par une ligne de
démarcation fortement tranchée, on aurait quelquefois peine à se défendre de l'idée que le mica passe
au talc, ce qui serait énoncer en d'autres termes

que le mica et le talc sont deux variétés d'une même espèce.

Je me borne à citer ces diverses observations, sans prétendre en tirer aucune induction positive, pour décider une question qui ne me paraît pas suffisamment éclaircie. Nos connaissances sur le talc glaphique en particulier laissent encore beaucoup à désirer, puisque nous n'avons aucune indication précise sur les circonstances géologiques dans lesquelles se trouve cette pierre, et que nous ne l'avons encore vue que sous les formes de fantaisie que lui donnent les artistes chinois, avant de nous l'envoyer.

XXII. TURQUOISE.

(*Calaïte.*)

La turquoise dite *de la vieille roche*, est une substance pierreuse d'un bleu céleste ou d'un vert-céladon, colorée par l'oxide de cuivre. Elle n'a encore été trouvée qu'en masses informes. Sa pesanteur spécifique est de 2,4. Elle ne raie que légèrement la chaux fluatée. Son analyse a donné à M. John 73 parties sur 100 d'alumine, 18 d'eau, 4,50 d'oxide de cuivre, et 4 d'oxide de fer avec 1,5 de perte. La turquoise pierreuse provient des environs de Nichabour, dans le Khorasan, en Perse.

On a donné aussi le nom de *turquoises* à des dents fossiles ou autres parties osseuses de divers

animaux, pénétrées d'une matière bleue ou bleu-verdâtre, que l'on a prise d'abord pour de l'oxide de
cuivre, mais que M. Bouillon-Lagrange a prouvé être
du phosphate de fer. Ce nom de *turquoises* leur
vient probablement de ce que les premières ont été
apportées de Turquie. On leur a fait l'honneur de
les associer aux gemmes, dont on distinguait alors
deux classes; l'une de celles qui étaient transparentes, l'autre, de celles qui étaient opaques, et
parmi ces dernières, la turquoise tenait le premier
rang. On attachait d'autant plus de valeur à cette
prétendue gemme, qu'on la regardait comme un spécifique contre différentes maladies. On la taillait
ordinairement en cabochon, pour en faire des chatons de bagues, et c'est sous cette forme qu'on la
rencontre encore dans le commerce. Mais sa réputation a bien baissé, depuis qu'on sait qu'elle n'est
autre chose qu'un os d'animal, et que bien loin
d'avoir des rapports avec les gemmes, elle ne tient à
la Minéralogie que par quelques atomes métalliques
qui la colorent. On lui a donné dans le commerce
le nom de *turquoise de la nouvelle roche*. Elle se
distingue de la première en ce qu'elle se dissout sans
effervescence dans l'acide nitrique. De plus, si on
la regarde le soir à la lumière d'une bougie, surtout
en la plaçant près de la flamme, ses couleurs s'altèrent et prennent une teinte sale, tandis que la turquoise pierreuse conserve le ton de sa couleur. Sa
surface est quelquefois marquée de veines d'une couleur plus pâle que celle du fond.

DISTRIBUTION MINÉRALOGIQUE

DES ROCHES.

PRÉLIMINAIRES.

J'AI déjà eu plusieurs fois occasion d'observer, dans cet Ouvrage, qu'une méthode minéralogique, pour suivre une marche régulière et soumise à des principes fixes et certains, c'est-à-dire pour être une véritable méthode, ne devait offrir que des espèces proprement dites, que des substances qui formassent comme une série d'unités bien détachées les unes des autres ; et j'ai essayé de déterminer cette série, en partant de l'idée que les molécules intégrantes doivent avoir la plus grande influence dans la distinction des espèces. Mais cette idée est subordonnée, dans la pratique, à certaines considérations particulières qui, sans lui porter atteinte, la plient en quelque sorte au travail de la nature.

Il est rare de rencontrer un minéral uniquement composé de ses propres molécules intégrantes, sans aucun mélange de molécules étrangères. Le plus léger degré d'altération qui puisse résulter de ce mélange, est celui qu'occasionnent certaines matières colorantes, tellement disséminées dans un minéral, que, s'il est d'ailleurs susceptible de transparence, elles ne nuisent pas sensiblement à cette qualité. Telle est l'émeraude verte, colorée par l'oxide de chrome. En partant de ce terme, et en parcourant la série des différens minéraux, on voit l'influence des principes additionnels s'accroître par degrés, et modifier de plus en plus les qualités de la substance à laquelle ces principes s'associent, de manière cependant que celle-ci, dans certaines circonstances, conserve encore un ou plusieurs de ses principaux caractères, qui percent à travers le mélange. C'est ce qui a lieu dans le mixte connu sous le nom de *grès cristallisé de Fontainebleau*, où, quoique la matière du quarz surpasse en quantité la chaux carbonatée, les molécules de cette dernière se trouvent réunies conformément aux mêmes lois qui auraient déterminé leur arrangement, si elles avaient existé seules dans le liquide où s'est opéré la cristallisation.

Jusqu'ici l'espèce subsiste, parce que la molécule intégrante qui la représente conserve sa prédominance. Si le mélange tient seulement à la présence d'un principe colorant, ce n'est qu'une nuance sur le tableau de l'espèce, où il détermine une simple variété indiquée par le nom de la couleur qui en résulte. Si le mélange dépend d'une matière dont la quantité soit comparable à celle de la substance principale, c'est l'objet d'un appendice particulier placé immédiatement après la description de l'espèce, et l'on a égard, dans le langage, à la circonstance qui modifie celle-ci, en liant au nom spécifique celui du principe additionnel, comme lorsque nous désignons le grès de Fontainebleau sous la dénomination de *chaux carbonatée quarzifère.*

Mais le mélange peut être tel, qu'on n'y reconnaisse plus aucune substance qui y fasse la fonction de type; qu'il ait lieu dans des proportions variables à l'infini, et qu'il n'en résulte que des masses terreuses, dont la formation ne soit soumise à aucune règle, à aucune mesure fixe, comme dans ce qu'on a appelé *marne, schiste, cornéenne,* etc. Ces agrégats vagues et inconstans, qu'on pourrait regarder comme *les incommensurables du règne minéral,* échappent à la méthode, qui n'a, pour ainsi dire, aucune prise sur eux, et qui ne peut les renfermer dans aucun des cadres destinés pour recevoir les véritables espèces. Ils doivent donc être rejetés dans un appendice général, et cela d'autant plus, que ce n'est qu'après avoir bien connu tous les êtres distincts que renferme la méthode, que l'on peut entreprendre, avec fruit, l'étude de ces mélanges, qui ont avec eux des relations plus ou moins sensibles, et participent plus ou moins de leurs caractères.

Cet appendice, considéré sous le point de vue de la Minéralogie proprement dite, se bornerait aux agrégats formés de particules de différentes substances tellement incorporées entre elles, que l'œil ne pourrait les démêler, et qu'ils offriraient, au moins à peu près, l'apparence d'un tout homogène;

et c'est principalement pour cette raison qu'on les a rangés parmi les espèces proprement dites, dont les variétés amorphes ont avec eux une certaine ressemblance.

Mais les minéralogistes ont décrit d'autres agrégats, dans lesquels les substances composantes sont, en général, plus distinctes, ou même affectent des formes cristallines, et ils en ont formé une classe particulière, sous les noms de *minéraux mélangés* ou de *roches*, etc. ; de ce nombre sont les masses appelées *granites*, *porphires*, *gneiss*, etc. Or, quoique l'étude de ces agrégats soit proprement du ressort d'une autre science, dont je parlerai tout à l'heure, il est indispensable d'en donner au moins la notion dans un simple Traité de Minéralogie, puisqu'on les trouve souvent associés aux minéraux simples, auxquels ils servent de supports ou de gangues ; et nous nous trouvons naturellement conduits à les réunir avec ceux dont j'ai parlé d'abord, et qui, comme eux, occupent des terrains plus ou moins étendus.

A considérer la chose dans sa plus grande généralité, tous ces divers minéraux, que nos méthodes présentent comme isolés, pour en faciliter l'étude, forment partout à la surface et dans l'intérieur du globe, des assemblages ou des groupes, qui diffèrent entre eux par le nombre, par l'état et par l'assortiment des espèces qui les composent. Ici elles sont simplement juxta-posées ; ailleurs elles s'engrènent et s'entrelacent les unes dans les autres ; et la nature,

déjà si variée dans ses productions prises solitairement, nous offre encore, dans la manière même
dont elle les assemble, une source inépuisable de
diversités.

La description de toutes ces différentes sortes
d'assemblages serait infinie. Mais il en est qui ont
fixé plus particulièrement l'attention des naturalistes,
parce qu'ils constituent des masses considérables, et
parce que leurs gissemens, dans les terrains occupés
par ces masses, présentent un point de vue qui peut
fournir matière à des recherches intéressantes pour
le progrès de la science, nommée *Géologie.*

Cette science est devenue, depuis un certain nombre d'années, une branche particulière d'histoire naturelle, très distinguée de la Minéralogie proprement
dite. Celle-ci est livrée plus particulièrement à la
considération des espèces, et la Géologie à celle des
masses; l'une range les minéraux dans les classes indiquées par l'analyse; l'autre les considère comme
naturellement distribués par domaines : l'une ras-
semble l'élite de toutes les productions du règne
minéral, elle recherche celles où les caractères, plus
nettement prononcés, permettent de mieux saisir les
ressemblances qui les rapprochent et les contrastes
qui les font ressortir; l'autre s'attache de préférence,
aux minéraux qui marquent le plus par leur abondance, par leurs gissemens et leurs relations de positions, par le rôle important qu'ils jouent dans la
structure du globe : les résultats de l'une ressemblent

davantage à ces dessins où tout est soigné et fini : ceux
de l'autre ont plus d'analogie avec ces tableaux où
l'on reconnaît une main hardie et vigoureuse. Chacune a ses théories : la Minéralogie dévoile les propriétés physiques des êtres qu'elle considère, et pour
en rendre l'étude plus piquante, elle y joint celle
des causes dont ils dépendent ; elle détermine, à
l'aide du calcul, les lois qui président à la structure
des corps réguliers, et, non contente d'expliquer ce
qui est soumis à ses observations, elle enveloppe dans
ses formules tous les possibles, et fait sortir, en quelque sorte, d'avance des retraites souterraines, les
formes qui se dérobent encore à ses yeux. Environnée
de collections où la nature ne se montre, pour ainsi
dire, que par extrait, occupée des détails d'un sujet
que sa compagne a l'avantage de voir en grand, elle
relève ces détails par les résultats généraux qu'elle
en déduit, et dans lesquels elle porte la certitude et
la précision, qui sont le partage des véritables
sciences. La Géologie, de son côté, démêle, dans
la composition diversifiée des terrains, les indices
d'une formation plus ancienne ou plus récente ; elle
marque les transitions qui servent à lier les extrêmes ;
elle contemple à la fois les formes des grandes masses,
leurs différentes hauteurs, leur structure, leur en-
chaînement et leur correspondance ; et à la vue de
ce vaste ensemble, où il reste encore quelques té-
moins du travail ancien de la nature, où la main du
temps a laissé çà et là son empreinte, elle peut quel-

quefois remonter de ce qui est à ce qui a été, par des conjectures toujours précieuses, lorsqu'elles sont sagement déduites de l'observation, et qu'elles partent d'un esprit fidèle à interpréter le langage des faits, sans avoir l'ambition de suppléer à leur silence.

L'étude de ces grandes masses, qui portent le nom de *roches*, a donné naissance aux systèmes géologiques, où sont indiquées les relations de position qu'elles ont dans la nature, et l'ordre suivant lequel on a cru qu'avaient travaillé les causes secondes, dans la production des diverses scènes dont se compose le grand spectacle que présente le globe envisagé sous le point de vue dont il s'agit, et personne n'a plus contribué que l'illustre Werner aux progrès qu'a faits depuis un certain nombre d'années, cette partie importante de l'Histoire naturelle.

La connaissance des roches a des rapports nécessaires avec celle des espèces, puisque ce sont, en grande partie, ces dernières qui fournissent les matériaux dont les roches se composent, et puisqu'il existe une multitude d'espèces qui ont des roches pour supports ou pour gangues. Or, en comparant le plan du système géologique avec celui de la méthode minéralogique, j'ai cru m'apercevoir qu'il manquait entre l'un et l'autre un intermédiaire pour compléter les connaissances auxquelles se rapporte la méthode, et conduire plus facilement à celles qu'on se propose d'acquérir, en étudiant le système.

Le résultat du travail destiné à remplir le vide

dont je viens de parler, offrirait ce qu'on devrait appeler une *distribution minéralogique des roches*, pour la distinguer du système, et qui serait à peu près, par rapport aux roches, ce qu'est, à l'égard des espèces, la méthode minéralogique, c'est-à-dire que les roches s'y trouveraient distribuées indépendamment de leurs positions respectives dans la nature, et d'après les caractères qui leur sont propres, et qui les suivent partout. Voici les raisons sur lesquelles m'a paru être fondée l'utilité de ce nouveau travail.

Un système géologique présente nécessairement une complication assortie à celle de son objet. Les roches ne s'y suivent pas selon leurs degrés de simplicité relative, mais selon les lois de leur stratification. Le diorite ou le grünstein, qui n'est composé que de feldspath et d'amphibole, y vient après le granite qui renferme trois principes essentiels, le feldspath, le quarz et le mica. Une même roche se trouve répétée à plusieurs endroits, d'après la succession des époques auxquelles répondent ses différentes formations, ou d'après la diversité des rôles qu'elle joue, tantôt comme indépendante, tantôt comme subordonnée à telle ou telle autre roche. J'oserai même dire que ce genre de travail est encore éloigné de sa perfection ; et au lieu que les observations, en se multipliant, devraient tendre à en confirmer la justesse, elles semblent au contraire y porter atteinte, en indiquant des exceptions à des lois de stratification que l'on avait regardées comme générales. Et déjà même ces exceptions menacent tellement d'ébranler le système, que des hommes très instruits présument que probablement on finira par être réduit à donner séparément la géologie de chaque pays.

Ce court exposé suffit pour faire sentir les avantages d'une méthode basée sur la considération de ce que les roches sont en elles-mêmes, et abstraction faite de ce qu'elles sont dans la nature. Une semblable méthode, si la composition en a été raisonnée, ne saurait contrarier aucun système; elle offre l'assemblage des mêmes corps qui sont seulement disposés dans un ordre propre à en faciliter l'étude; elle seconde le géologue dans ses recherches, en lui fournissant des applications continuelles des connaissances préliminaires dont elle l'a muni.

Voici donc, selon ma manière de voir, le tableau du règne minéral, considéré sous les divers points de vue qu'il est susceptible de présenter. La méthode minéralogique classe les espèces d'après les rapports qu'elles ont entre elles. La distribution minéralogique des roches les classe d'après les rapports qu'elles ont, soit avec les espèces, soit les unes avec les autres. Le système géologique les distribue d'après leurs relations mutuelles dans la nature.

Il me reste à exposer succinctement les principes qui m'ont guidé dans la formation de la méthode dont j'ai parlé, et dont j'avais déjà donné une légère ébauche dans mon Tableau comparatif, publié en 1809. Mais il faut d'abord déterminer les conditions du problème à résoudre. Lorsqu'il s'est agi de composer ma Méthode minéralogique, j'ai cru devoir poser ainsi la question : Quels sont les minéraux qui constituent des espèces proprement dites ? en quoi ces espèces sont-elles distinguées les unes des autres, et à quels caractères peut-on les reconnaître? Maintenant la marche analytique des idées exigeait que la question fût posée de cette manière, relativement à la distribution géologique : Quelles sont les substances minérales qui jouent un rôle assez important dans la structure du globe, pour être rangées parmi les roches ? Or, en parcourant la série de ces substances, nous en trouvons d'abord plusieurs qui occupent déjà un rang parmi les espèces minéralogiques. Telles sont le quarz, le feldspath, la chaux carbonatée et même quelques substances métalliques comme le fer oxidulé, le plomb sulfuré, etc. Ces substances, qui constituent ce qu'on appelle des *roches simples*, doivent reparaître dans la méthode géologique, autrement cette méthode ne satisferait pas ici à la question proposée, par laquelle on demande quelles sont les substances minérales qui doivent être rangées parmi les roches. Le double emploi, dans ce cas, est commandé par la Science elle-même, et j'ajoute qu'il est d'autant plus indispensable, que tout ce qui est quarz n'est pas roche. Il n'y a que certaines variétés de quarz qui se présentent en masses assez volumineuses pour mériter le nom de *roches*. Ainsi, l'auteur de la Méthode minéralogique doit répondre à cette question : De combien de modifications différentes le quarz est-il susceptible? Et l'auteur de la Méthode géologique ne doit répondre qu'à cette autre question : Parmi les diverses modifications connues du quarz, quelles sont celles qui constituent des roches? L'auteur des deux Méthodes ne fait point ici de pléonasme. Il dit deux choses très différentes à l'occasion de la même espèce de minéral.

Mais les roches dans lesquelles réside la principale cause de la diversité que présentent les terrains des différens pays sont celles à la formation desquelles ont concouru des substances d'espèce différente en s'alliant les unes avec les autres, et cela de manière que l'œil les discerne et fait pour ainsi dire l'analyse du composé qui résulte de leur ensemble. Ce sont les roches que je comprends sous la dénomination de *pharénogènes*, c'est-à-dire dont l'origine est apparente. Tel est le granite que j'ai déjà cité ; tel est le gneiss qui n'en diffère bien sensiblement que par l'apparence feuilletée qu'il doit à la disposition du mica. Ici la nature même des objets a exigé beaucoup de soin et d'attention pour suppléer au défaut de limites fixes et précises. Ainsi, parmi les principes qui entrent dans la composition de certaines roches, il y en a que l'on a regardés comme accidentels, parce qu'ils n'y ont qu'une existence très limitée ; à en juger par l'ensemble des observations. Telle est la tourmaline, que l'on rencontre dans certains granites. D'une autre part, il existe des agrégats qui obtiendraient une place parmi les roches, si l'on n'avait égard qu'à leur aspect; mais le peu d'étendue des espaces qu'ils occupent les a fait considérer comme de simples accidens; et on les a assimilés à ces accessoires qui n'entraient pas, comme parties intégrantes, dans la construction d'un vaste édifice. C'est surtout à la constance et à la sagacité que l'illustre Werner et d'autres géologues étrangers ont portées dans l'étude des nombreux terrains qu'ils ont parcourus, que l'on est redevable de ces distinctions qui, n'ayant rien de précis en elles-mêmes, demandaient une longue suite de recherches comparées, pour éviter les fausses inductions dans lesquelles des observations isolées, et pour ainsi dire trop partielles, auraient pu les entraîner.

Il y a cette grande différence entre les espèces géologiques et les espèces minéralogiques, que les principes des premières étant susceptibles de varier, soit dans leur arrangement, soit dans leurs quantités respectives, admettent entre elles des successions de nuances et des passages gradués, au milieu desquels on a saisi certains termes assez éloignés entre eux, pour offrir des caractères propres à les faire contraster les uns à côté des autres. Au contraire, tout passage d'une espèce à l'autre est interdit en Minéralogie. Chacune reste fixe à l'endroit de la méthode où l'ont placée la Géométrie et l'Analyse chimique. Il en résulte que cet ancien adage : *In rerum naturâ nil fit per saltum : Rien ne se fait par saut dans la nature*, peut bien être vrai, géologiquement parlant ; mais c'est en abuser que de l'appliquer, ainsi que l'ont fait plusieurs savans, à la méthode minéralogique.

Indépendamment des roches dont la composition est apparente, il en existe qui, étant en tout ou en partie le résultat d'une précipitation mécanique, cachent un mélange de matières hétérogènes, sous une apparence d'homogénéité. De ce nombre sont l'argile et la marne, que je prends de préférence pour exemples. Ce sont les roches que je nomme *adélogènes*, parce que leur composition est cachée pour l'œil.

J'ai ramené, autant qu'il m'a été possible, la formation des genres géologiques à l'analogie de ceux qui composent la méthode minéralogique. Ces derniers genres résultent en général de la réunion de diverses espèces qui ont une même base chimique, telle que la chaux, la baryte, la magnésie, etc. L'analogie m'a paru indiquer que les genres relatifs à la distribution des roches devaient être des assemblages d'espèces dans lesquelles une des substances composantes faisait aussi la fonction de base par sa prédominance, et cette manière de voir ramenait naturellement dans les mêmes genres les masses composées uniquement de la matière de la base.

On conçoit que la méthode géologique dont je

viens de tracer le plan, et dont je ne me propose de présenter ici qu'un simple essai, sera, lorsqu'elle aura été perfectionnée, à l'abri des changemens que pourra subir, dans la suite, le système géologique. J'ai pensé que le minéralogiste qui voudrait se livrer à la Géologie trouverait, dans cette méthode, la matière d'une étude préliminaire qui le disposerait à parcourir ensuite, avec des yeux plus éclairés, les terrains où toutes les productions minérales, groupées de mille manières différentes, se présentent sous l'aspect d'un dédale, et qu'elle ne serait pas non plus sans intérêt pour ceux qui, ne se proposant pas de devenir géologues, voient dans les minéraux l'objet d'une étude qui peut leur être utile ou agréable sous d'autres rapports.

PREMIÈRE CLASSE.

SUBSTANCES PIERREUSES ET SALINES.

PREMIER ORDRE.

ROCHES PHANÉROGÈNES.

Leur composition est apparente, leurs bases et leurs autres composans appartiennent à des espèces proprement dites.

PREMIER GENRE.

FELDSPATH.

* Simples.

A. Dans un seul état.

PREMIÈRE ESPÈCE.

FELDSPATH HARMOPHANE.

Tissu plus ou moins sensiblement lamelleux.

Modifications.

a. Laminaire.
b. Lamellaire.

SECONDE ESPÈCE.

FELDSPATH COMPACTE.

Dichter feldspath, W.

TROISIÈME ESPÈCE.

FELDSPATH LEPTYNITE (*).

Feldspath subgranulaire, dans un état d'atténuation qui lui donne un aspect analogue en général à celui du grès. Weiss-stein, W.

Modifications.

a. Commun.
b. Schistoïde.

Composans accidentels.

Grenat (**).
Mica.

____

(*) C'est-à-dire *atténué.*

(**) C'est le composant accessoire qui approche le plus d'être constant.

Disthène.
Amphibole légèrement disséminé.
Cuivre pyriteux.

B. Dans deux états différens.

QUATRIÈME ESPÈCE.

FELDSPATH COMPACTE PORPHYRIQUE.

Feldspath compacte et petits cristaux de feldspath disséminés. Feldspath porphyr, W.

Modifications.

a. Rouge.
b. Gris.

Composans accidentels.

Amphibole.
Quarz.
Mica.

APPENDICE.

Feldspath compacte porphyrique altéré. Thon porphyr, W.

Modifications.

Globulifère. A globules de la même substance, séparables de la masse.

Composans accidentels, id.

** Composées.
A. Binaires.

Feldspath laminaire, ordinairement coloré, et amphibole laminaire. Sienit, W.

Modifications dépendantes de la structure.

a. Commune.

b. Porphyroïde.

c. Basaltoïde. Basalte noir égyptien, basalte antique.

Modifications dépendantes de l'état du feldspath.

A feldspath altéré.

Modifications dépendantes des couleurs du feldspath.

A feldspath rouge.

        incarnat.

        gris obscur.

        opalin.

Composans accidentels.

Quarz.

Mica (*).

Zirzon.

Pierre grasse ; fettstein , W.

(*) Le mica est ordinairement noir, et quelquefois abondant, surtout dans la siénite d'Egypte , où l'amphibole, au contraire, est rare, ce qui le rend difficile à distinguer.

Fer oxidulé en grains disséminés.

La siénite accompagnée de quarz et de mica, a été confondue avec le granite. M. Tondi la nomme *siénite granitique*. Celle d'Egypte à feldspath rouge a été appelée *granite rouge* et *granite égyptien*.

SIXIÈME ESPÈCE.

EUPHOTIDE (*).

Feldspath compacte tenace (jade de Saussure) et diallage.

Modifications.

a. A diallage verte.
b. A diallage métalloïde.

SEPTIÈME ESPÈCE.

PYROMÉRIDE (**) (Monteiro).

Feldspath et quarz; vulgairement *porphyre globuleux de Corse.*

Modifications.

Globulaire. En globes composés en général de

(*) D'*ω*, *benè*, et *φωρ*, *lux*, c'est-à-dire *bien partagé en lumière*, parce que le fond de la roche réfléchit le blanc, qui est l'assemblage de toutes les couleurs, et que la diallage réfléchit tantôt le vert, qui est la couleur amie de l'œil, et tantôt offre l'éclat métallique.

(**) De *πυρ*, *ignis*, et *μερος*, *pars*, c'est-à-dire qui n'est susceptible qu'en partie de l'action du feu, un des composans, savoir, le feldspath, étant très fusible, et l'autre, savoir, le quarz, étant infusible.

feldspath dont le centre est occupé par un noyau de quarz, et qui affectent une disposition radiée. La matière qui les enveloppe est un feldspath compacte (*).

Composans accidentels.

Fer oxidé imprégnant les globes, ou en petits cristaux, soit triglyphes, soit dodécaèdres pentagonaux.

HUITIÈME ESPÈCE.

PEGMATITE (**).

Feldspath laminaire avec cristaux de quarz enclavés. Schrift-granit, W. Vulgairement granite graphique.

Composans accidentels.

Mica.

Tourmaline.

Feldspath nacré dit *pierre de lune*.

APPENDICE.

Kaolin. Porzellanerde, W. Feldspath décomposé, provenant ordinairement du pegmatite.

(*) Voyez, pour le développement de cette description, qui n'est que légèrement ébauchée, l'excellent Mémoire publié par M. de Monteiro, sur le pyroméride, Journal des Mines, mai 1814, n° 209, p. 247 et suiv., et juin, n° 210, p. 407 et suiv.

(**) De πηγμα, c'est-à-dire renfermant des pièces qui sont comme fichées dans une matière principale.

Composans accidentels.

Cristaux de quarz disséminés.

B. Ternaires.

NEUVIÈME ESPÈCE.

GRANITE.

Feldspath laminaire, quarz et mica, sous forme de grains entrelacés. Granit, W.

Modifications dépendantes de la structure.

a. A gros grain.
b. A grain fin.
c. Commun.
d. Porphyroïde.

Modifications dépendantes de l'état du feldspath.

A feldspath granulaire.
    altéré.

Composans accidentels.

Tourmaline.
Grenat.
Disthène.
Émeraude.
Zircon.
Chaux phosphatée.
Chaux fluatée.
Epidote.

Pinite.

Talc stéatite.

Talc chlorite.

Triphane.

Fer oxidulé granuliforme et en petits cristaux primitifs.

Fer oligiste granuliforme.

Fer sulfuré ferrifère.

Fer oxidé épigène, originaire du fer sulfuré blanc.

Fer attirable imperceptiblement mêlé au feldspath, dans le granite magnétique, ayant la vertu polaire, du roc Schnarkerklippe au Hartz.

DIXIÈME ESPÈCE.

PROTOGYNE.

Feldspath laminaire, quarz et talc chlorite, sous forme de grains entrelacés.

Modifications.

a. A feldspath blanc.
b. A feldspath d'un rouge violet.

Composans accidentels

Titane calcaréo-siliceux brunâtre.

Fer sulfuré magnétique.

ONZIÈME ESPÈCE.

GNEISS.

Feldspath laminaire, quarz et mica. Tissu feuilleté, provenant de la disposition du mica. Gneiss, W.

Composans accidentels.

Grenat.
Tourmaline.
Epidote.

SECOND GENRE.

MICA.

ESPÈCE UNIQUE.

MICA SCHISTOÏDE.

Mica lamellaire avec quarz interposé (*). Glimmer Schiefer, W.

Composans accidentels.

Grenat.
Tourmaline.
Disthène.
Staurotide.
Amphibole.
Emeraude.

(*) Il diffère du gneiss, par l'absence du feldspath, et en ce que les lamelles qui composent ses feuillets sont plus étendues et plus exactement sur un même plan. Le quarz y est quelquefois si rare, que quelques géologues ont regardé cette espèce de roche comme n'étant essentiellement composée que de mica.

TROISIÈME GENRE.

AMPHIBOLE.

* Simples.

PREMIÈRE ESPÈCE.

AMPHIBOLE LAMELLAIRE.

Gemeine-Hornblende. W.

Modifications.

a. Commun.
b. Subaciculaire.

SECONDE ESPÈCE.

AMPHIBOLE SCHISTOÏDE.

Hornblende-Schiefer. W.

Composans accidentels

Grenat.
Chaux carbonatée.

** Composées.
A. Binaires.

TROISIÈME ESPÈCE.

DIORITE (*).

Amphibole lamellaire et feldspath ordinairement
blanchâtre et compacte. Grünstein , W.

(*) De διοϱιζω, *distinguo, definio,* c'est-à-dire *distinct* ,
parce que les deux principes y sont distingués par le contraste

VARIÉTÉS.

1. *Commun.*

Modifications dépendantes de l'état du feldspath.

a. A feldspath lamellaire.

Modifications dépendantes de la structure.

b. Porphyroïde. A grains bien distincts, avec des cristaux de feldspath. Porphyrartiger Grünstein.

c. Porphyrique. A très petits grains; ayant une apparence presque homogène, avec des cristaux de feldspath disséminés. Grünstein Porphyr.

---

de la couleur, ordinairement blanche ou blanchâtre du feldspath, avec le noir ou le vert-noirâtre de l'amphibole, et très souvent encore par le tissu, qui est lamellaire dans l'amphibole, tandis que le feldspath a ordinairement un aspect compacte. Le diorite diffère de la siénite en ce que l'amphibole y domine, au lieu que dans la siénite c'est le feldspath, et en ce que dans cette dernière, la disposition des parties composantes se rapproche de celle qui a lieu dans le granite, tandis que dans le diorite elles sont plus confusément mélangées. L'une et l'autre roches renferment accidentellement du quarz et du mica; mais ces deux principes sont distribués uniformément dans la siénite comme dans le granite. Le quarz qui existe quelquefois dans le diorite y est engagé par veines ou par petites masses; le mica s'y trouve beaucoup plus rarement que dans la siénite. Le diorite contient souvent du fer sulfuré ordinaire ou magnétique, tandis que ces deux substances sont extrêmement rares dans la siénite.

d. Globaire. Vulgairement *granite globuleux de Corse.* Assemblage de globes dans lesquels le feldspath et l'amphibole sont disposés par couches concentriques.

APPENDICE.

1. Diorite *basaltoïde.* Approchant du basalte par son aspect âpre et terne. Grünstein basalt. W.

2. *Schistoïde.* Grünstein Schiefer. W.

Modifications dépendantes de la structure.

a. A feuillets minces.

b. A feuillets épais.

3. *Amygdalaire.* Tissu cellulaire. Les cavités sont occupées par une matière étrangère, et quelquefois vides (*).

a. A globules calcaires (**). Mandelstein-artiger-urtrapp-Gestein. W.

Composans accidentels.

Talc lamellaire. Dans le diorite globaire.

Grenat.

Epidote laminaire et granulaire. (Aux environs de Nantes.)

Fer oxidulé.

(*) Le caractère de cette espèce de roche consiste proprement dans son tissu cellulaire, abstraction faite de l'état des cellules.

(**) On regarde la base comme composée de grünstein primitif.

Fer sulfuré ferrifère.

Titane silicéo-calcaire. Dans le diorite schistoïde.

Graphite.

QUATRIÈME ESPÈCE.

APHANITE (*).

Amphibole compacte et feldspath fondus imperceptiblement l'un dans l'autre.

Apparence homogène avec une couleur noirâtre.

VARIÉTÉS.

1. Commun. Trapp de Dolomieu. Cornéenne de plusieurs minéralogistes.

2. Porphyrique. Grün porphyr. W. Vulgairement *ophite* ou *serpentin*. Porphyre vert des Anciens.

3. Variolaire (**). A globules de feldspath compacte. Vulgairement *variolite de la Durance*.

(*) D'ἀφανίζομαι, *je disparais*; par allusion au feldspath qui est devenu imperceptible. Ses variétés simples agissent presque toutes sur l'aiguille aimantée, en quoi elles diffèrent de celles qui appartiennent au phtanite.

(**) Les termes d'*amygdaloïde* et de *variolite* désignant deux modes de structure, dont chacun peut avoir lieu dans des roches de diverses espèces, on ne doit les employer qu'adjectivement, ainsi que je l'ai fait. Le caractère distinctif des roches amygdalaires consiste en ce que les noyaux ou amandes qu'elles contiennent se trouvent dans le même cas que si ces corps étaient venus après coup se loger dans des cellules préparées pour les recevoir, et de là vient qu'ils sont sou-

B. Ternaires.

CINQUIÈME ESPÈCE.

SÉLAGITE (*).

Amphibole et feldspath intimement mêlés, et mica disséminé. Porphyrâhnlicher-Trapp. **W**.

QUATRIÈME GENRE.

PYROXÈNE.

ESPÈCE UNIQUE.

PYROXÈNE MASSIF.

Pyroxène en roches. Charpentier.

Modifications.

a. Sublaminaire.
b. Lamellaire.
c. Sublamellaire.
d. Subcompacte.

---

vent susceptibles de se détacher de ces cellules. Au contraire, les noyaux des roches variolaires font tellement corps avec la masse environnante, qu'il est visible que leurs molécules se sont dégagées de la matière enveloppante, en sorte que leur production a été contemporaine à celle de cette matière, et que les cavités qu'ils occupent ne sont autre chose que les espaces qui leur étaient nécessaires pour se former.

(*) De σιλαγεω, *splendeo*, c'est-à-dire *brillant*, à cause de l'éclat que la présence du mica ajoute au diorite.

CINQUIEME GENRE.

GRENAT.

ESPÈCE UNIQUE.

GRENAT MASSIF.

Gemeiner Granat. W.

Composans accidentels.

Mica.

Quarz.

Chaux carbonatée.

Fer oligiste.

Fer sulfuré magnétique.

SIXIÈME GENRE.

QUARZ.

* Simples.

PREMIÈRE ESPÈCE.

QUARZ HYALIN.

Variétés.

1. Commun.

Modifications.

a. Rose. Milch quarz. W.

b. Gris.

2. Subgranulaire. Quarz-fels. W.

3. Schistoïde.

Composans accidentels.

Mica.

4. Arénacé. Vulgairement *sable quarzeux.*

SECONDE ESPÈCE.

QUARZ-AGATE PYROMAQUE.

Feuerstein , W.

TROISIÈME ESPÈCE.

QUARZ-JASPE.

Modifications.

a. Commun. Gemeiner jaspis, W.
b. Onyx. Band jaspis. W.

QUATRIÈME ESPÈCE.

QUARZ XYLOÏDE.

Holzstein , W.

CINQUIÈME ESPÈCE.

APHANITE (*).

Quarz compacte argileux. Kieselschiefer , W.

Modifications.

a. Subluisant. Lydischerstein , W. Cassure qui se rapproche un peu de la vitreuse.
b. Terne. Gemeiner kieselschiefer, W.

(*) De φθάνω, *je préviens*, *j'anticipe*, parce que sa texture schistoïde épaisse et son caractère argileux semblent annoncer d'avance son passage au schiste. Les variétés qui ont une analogie d'aspect avec l'aphanite en diffèrent par leur cassure conchoïdale érasée, et en ce qu'elles n'agissent pas sur l'aiguille aimantée.

Composans accidentels.

Quarz, ordinairement interposé par veines.
Glaphite.
Fer sulfuré.

** Composées.
Binaires.

Graïsen.

Quarz et mica, sous forme de grains entrelacés. (*).
Greisen, W.

Composans accidentels.

Feldspath.
Topaze (pycnite).
Tourmaline.
Étain oxidé.
Schéelin ferruginé.
Schéelin calcaire.

SEPTIÈME GENRE.

TOPAZE.

ESPÈCE UNIQUE.

TOPAZOSÈME (**).

Topaze, quarz et tourmaline, unis par voie de

(*) Si, dans le granite, on supprime le feldspath par la pensée, on a le graïsen.

(**) De τοπάζιον, topaze, et σημα, signe caractéristique, parce que cette roche est caractérisée par la seule inspection de la topaze, celle-ci n'existant dans aucune autre roche.

35..

mélange , avec des cristaux distincts de topaze.
Topaz-fels , W.

Composans accidentels.

Argile lithomarge.

HUITIÈME GENRE.

DISTHÈNE.

ESPÈCE UNIQUE.

DISTHÈNE HARMOPHANE.

Modifications.

a. Laminaire.

NEUVIÈME GENRE.

DIALLAGE.

ESPÈCE UNIQUE.

ECLOGITE (*).

Diallage verte et grenat.

Composans accidentels.

Disthène.
Quarz.
Épidote blanc vitreux.

(*) D'ἐκλογη, *choix*, parce que les composans de cette
roche n'étant pas de ceux qui existent plusieurs ensemble
dans les roches primitives, tels que le feldspath, le mica, etc.,
semblent s'être choisis pour faire bande à part.

Amphibole laminaire.
Fer sulfuré magnétique.

DIXIÈME GENRE.

TALC.

PREMIÈRE ESPÈCE.

TALC COMMUN.

Modification.

a. Schistoïde. Talkschiefer, W.

Composans accidentels.

Chaux carbonatée.
Chaux carbonatée magnésifère.
Amphibole.
Disthène.
Staurotide.
Tourmaline.
Diallage noire.

SECONDE ESPÈCE.

TALC OLLAIRE.

Talc ollaire ; Topfstein, W.

Composans accidentels.

Talc laminaire.
Mica.
Asbeste.
Fer oxidulé.

TROISIÈME ESPÈCE.

TALC CHLORITE.

Modification.

a. Schistoïde. Chloritschiefer, W.

Composans accidentels.

Grenat.
Tourmaline.
Fer oxidulé primitif.
Fer sulfuré.

QUATRIÈME ESPÈCE.

TALC STÉATITE.

Speckstein et Edler serpentin, W.

Composans accidentels.

Amphibole aciculaire blanc-jaunâtre.

CINQUIÈME ESPÈCE.

SERPENTINE.

Talc stéatite opaque, intimement mêlé de fer, ce qui, ordinairement, le rend attirable ; d'une couleur plus ou moins noirâtre, souvent tacheté. Gemeiner serpentin , W.

Modifications.

a. Commune.
b. Schistoïde.

Composans accidentels.

Talc stéatite translucide.
Asbeste.
Grenat.
Diallage métalloïde.
Fer chromaté.
Fer oxidé brun.

SIXIÈME ESPÈCE.

TALC ZOGRAPHIQUE.

Grünerde, **W**.

VARIÉTÉ.

1. Amygdalaire. A noyaux de chaux carbonatée.

ONZIÈME GENRE.

CHAUX CARBONATÉE.

* Simples.

PREMIÈRE ESPÈCE.

CHAUX CARBONATÉE HARMOPHANE.

Urkalkstein, **W**.

Modifications.

a. Lamellaire.
b. Saccaroïde. Marbre statuaire des modernes.

Composans accidentels.

Mica.
Talc.

Quarz hyalin.
Chaux carbonatée magnésifère.
Graphite.
Fer sulfuré.
Cuivre pyriteux.

SECONDE ESPÈCE.

CHAUX CARBONATÉE COMPACTE.

Variétés.

1. Fine. Ordinairement blanche, quelquefois d'un rouge violet. Translucide au moins vers les bords. Var. du Urkalkstein, W.

Composans accidentels.

Amphibole vert.
Mica.

2. Commune. Opaque, d'un tissu plus grossier; grise ou jaunâtre. Comprend une partie du Uebergangs kalkstein, et les roches stratiformes nommées *Alpen-kalkstein* et *Zechstein*.

APPENDICE.

Chaux carbonatée commune, mélangée d'argile ferrugineuse. Var. du Uebergangs-kalkstein. Marbre de transition. Marbre commun de diverses couleurs.

3. Caverneuse. Rauchwacke et Jura-kalkstein.

4. Schistoïde. Pierre glaphique d'Ingolstadt. Appartient à la division des pierres calcaires stratiformes. W.

TROISIÈME ESPÈCE.

CHAUX CARBONATÉE COMPACTE GLOBULIFORME.

Rogenstein, W. Vulgairement *oolithe*.

QUATRIÈME ESPÈCE.

CHAUX CARBONATÉE CRAYEUSE.

Kreide, W. Vulgairement *craie*.

CINQUIÈME ESPÈCE.

CHAUX CARBONATÉE GROSSIÈRE.

Pierre à bâtir des Parisiens.

Modifications.

a. Commune.
b. Coquillière.

SIXIÈME ESPÈCE.

CHAUX CARBONATÉE SÉDIMENTAIRE.

Kalktuff. Vulgairement *tuf calcaire*.

** Composées.
Binaires.

SEPTIÈME ESPÈCE.

MARBRE VERT.

Chaux carbonatée et serpentine. Var. du Urkalkstein.

HUITIÈME ESPÈCE.

DOLOMIE.

Chaux carbonatée intimement mêlée de magnésie carbonatée.

Modifications

a. Granulaire.
b. Schistoïde.

Composans accidentels.

Amphibole (trémolite).
Tourmaline.
Fer sulfuré.
Arsenic sulfuré rouge.
Cuivre gris.
Zinc sulfuré.

DOUZIÈME GENRE.

CHAUX PHOSPHATÉE.

ESPÈCE UNIQUE.

CHAUX PHOSPHATÉE GROSSIÈRE.

Phosphorit, W.

TREIZIÈME GENRE.

CHAUX SULFATÉE. GYPS.

* Simples.

PREMIÈRE ESPÈCE.

CHAUX SULFATÉE HARMOPHANE.

Modifications.

a. Lamellaire.

b. Grano-lamellaire.

Composans accidentels.

Mica et talc lamelliforme, dans celle d'Ayrolo. Urgyps, W.

Quarz hyalin prismé, dans le flœtz-gyps-gebirge, W. Jameson, t. III, p. 172.

Magnésie boratée, dans le même. *Ibid.*

Arragonite. Dans le même. *Ibid.*

SECONDE ESPÈCE.

CHAUX SULFATÉE FIBREUSE.

Var. du flœtz-gyps-gebirge.

TROISIÈME ESPÈCE.

COMPACTE.

Dichter gyps, W. (Albâtre gypseux).

** Composées.
Binaires.

QUATRIÈME ESPÈCE.

CHAUX SULFATÉE CALCARIFÈRE.

Vulgairement *pierre à plâtre.*

Composans accidentels.

Chaux sulfatée lenticulaire.

Chaux sulfatée niviforme.

Quarz-agathe pyromaque.

QUATORZIÈME GENRE.

CHAUX ANHYDRO-SULFATÉE.

Anhydrit, W.

* Simples.

PREMIÈRE ESPÈCE.

CHAUX ANHYDRO-SULFATÉE HARMOPHANE.

Modifications.

a. Laminaire.

b. Lamellaire.

c. Grano-lamellaire.

d. Sublamellaire bleue.

** Composées.
Binaires.

SECONDE ESPÈCE.

CHAUX ANHYDRO-SULFATÉE MURIATIFÈRE.

Muriacit, W.

QUINZIÈME GENRE.

CHAUX FLUATÉE.

Fluss, W.

Modifications.

a. Laminaire.

b. Lamellaire.

SEIZIÈME GENRE.

SOUDE MURIATÉE.

Modifications.

a. Laminaire.
b. Lamellaire.
c. Granulaire.

SECOND ORDRE.

ROCHES ADÉLOGÈNES.

Leur composition est cachée pour l'œil. Leurs bases ne se rapportent point à des espèces proprement dites, et leur formation est due en tout ou en partie, à une réunion mécanique des particules minérales dont elles sont les assemblages.

PREMIER GENRE.

ARGILE.

* Simples.

PREMIÈRE ESPÈCE.

ARGILE GLAISE.

Vulgairement *argile à potier.* Töpferthon . W.

SECONDE ESPÈCE,

ARGILE FEUILLETÉE

Variétés.

1. Commune. Schieferthon , W.

a. Impressionnée, avec des impressions de plantes, surtout de la famille des fougères.

2. Happante. Klebschiefer, W.

TROISIÈME ESPÈCE.

ARGILE SMECTIQUE.

Vulgairement *terre à foulon*. Walkererde, W.

QUATRIÈME ESPÈCE.

ARGILE LITHOMARGE.

Steinmark, W.

Modification.

a. Violacée. Terre miraculeuse. (Wundererde, des Saxons).

CINQUIÈME ESPÈCE.

ARGILE OCREUSE JAUNE.

Gelberde, W. Un petit fragment présenté un instant à la flamme d'une bougie, attire l'aiguille aimantée.

** Composées.

A. Binaires.

SIXIÈME ESPÈCE.

ARGILE CALCARIFÈRE.

Marne. Mergel, W.

Modifications.

a. Commune.

b. Dendritique.

c. Ruiniforme. Pierre de ruines ; pierre de Florence.

SECOND GENRE.

SCHISTE.

* Simples.

PREMIÈRE ESPÈCE.

SCHISTE COMMUN.

Variétés.

1. Luisant. Ur-thonschiefer, W.
2. Subluisant. Uebergangs-thonschiefer, W.

Composans accidentels.

Fer sulfuré.

Cuivre pyriteux.

Chaux carbonatée souvent intimement mêlée avec la matière schisteuse, schiste calcarifère.

SECONDE ESPÈCE.

SCHISTE GROSSIER.

Schieferthon, W.

1. Impressionné. Avec empreintes de plantes.

TROISIÈME ESPÈCE.

SCHISTE GRAPHIQUE.

Zeichenschiefer, W.

Composans accidentels.

Asbeste.

QUATRIÈME ESPÈCE.

SCHISTE NOVACULAIRE.

Pierre à rasoir. Wetzschiefer, W.

CINQUIÈME ESPÈCE.

SCHISTE TRIPOLÉEN.

Très tendre; divisible en feuillets très minces. Polierschiefer. W.

** Composées.
A. Binaires.

SIXIÈME ESPÈCE.

SCHISTE ALUNIFÈRE.

Alaunschiefer, W. Schiste alumineux.

Modifications dépendantes de la structure.

a. Globulifère. Renfermant des noyaux du même schiste, qui se détachent facilement de leurs cavités.

Modifications dépendantes de l'aspect.

b. Éclatant. Glanzender alaunschiefer, W.
c. Terne. Gemeiner alaunschiefer, W.

SEPTIÈME ESPÈCE.

SCHISTE BITUMINIFÈRE.

Schiste inflammable. Brandschiefer, W.

B. *Ternaires.*

HUITIÈME ESPÈCE.

SCHISTE MARNO-BITUMINIFÈRE.

Bitumineuses Mergelschiefer, W.

Composans accidentels.

Cuivre pyriteux interposé dans les joints perpendiculaires aux grandes faces des feuillets.

TROISIÈME ORDRE.

CONGLOMERATS.

*Roches composées de fragmens de roches plus
anciennes, agglutinés par un ciment.*

PREMIÈRE ESPÈCE.

ANAGÉNITE (*).

Ur-conglomerat et urfels-conglomerat. Assemblage
de fragmens de granite, de gneiss, de mica schistoïde, de schiste, etc.

* Simples.

Variétés.

1. A fragmens de granite. A Landshut, à Wal-
denburg ; dans une grande partie des terrains des
houillères.

(*) C'est-à-dire *régénéré.*

2. A fragmens de gneiss. Dans le comté de Glatz ; à Wüstegiersdorf et à Dänhau.

3. A fragmens de mica schistoïde. En différens endroits.

4. A fragmens de schiste. Toute la chaîne de montagne autour d'Eckersdorf et de Rothwaltersdorf en est presque uniquement composée (*).

** Composées.
A. Binaires.

1. A fragmens de mica schistoïde et d'amphibole schistoïde. A Neurod et à Silberberg.

2. A fragmens de schiste et de phtanite. A Schonau Polnisch, Hundorf et Hasel.

3. A fragmens de quarz et de phtanite. Kiesel conglomérat, W. (**).

(*) Les composans des conglomérats dépendent en général de la nature des roches environnantes ; on s'est borné ici à quelques exemples.

(**) Les géologues ont donné le nom de *nagelfluh* à des conglomérats dont une partie est composée de blocs énormes, et l'autre de fragmens d'un volume plus ou moins considérable, tantôt de roches primitives, tantôt de chaux carbonatée strateuse ancienne. Lorsque les fragmens appartiennent aux roches primitives, le conglomérat rentre dans l'espèce précédente. Lorsque c'est le second cas qui a lieu, il rentre dans la brèche calcaire. M. Jameson rapporte tout le nagelfluh à ce dernier. Elements, t. III, p. 210.

Le nagelfluh de la Suisse, qui contient en partie des blocs énormes de roches anciennes liés par une masse prin-

SECONDE ESPÈCE.

PSAMMITE (*).

Assemblage de grains de quarz hyalin, de phtanite, de schiste, de parcelles de mica, de grains de feldspath, agglutinés mécaniquement par un ciment ordinairement composé de schiste.

VARIÉTÉS.

1. Commun. Grauwacke, W.

Modifications.

a. A Gros grain.

b. A grain fin.

2. Schistoïde. Grauwacken-schiefer, W. Composé de grains très fins, quelquefois indiscernables à l'œil (**).

---

cipale, et qui, dans les vallées de ce pays et dans le reste de la chaîne des Alpes, forme des couches puissantes et même des montagnes, se rencontre aussi dans la Souabe à Würtemberg, en Bavière, au pays de Coburg, et jusque dans la Franconie, et ici il est accompagné de calcaire strateux ancien, et paraît se rapporter aux montagnes de Sandstein. (Observation communiquée par M. de Monteiro.)

(*) C'est-à-dire *corps arénacé.*

(**) Il diffère du schiste, en ce que sa surface ne présente pas un luisant continu, comme celle de cette roche, mais est parsemée de points qui brillent par intervalle. Il contient quelquefois des empreintes de plantes.

Composans accidentels.

a. Chaux carbonatée sous la forme de veines tantôt parallèles et tantôt irrégulièrement distribuées. Psammite schistoïde calcarifère. A la Magdeleine, près de Moustiers.

b. Anthracite.

TROISIÈME ESPÈCE.

MÉTAXYTE (*).

Assemblage de grains de diverse nature, avec abondance de mica. Mürber Sandstein, W. Grès des houillères.

Modification.

a. Schistoïde. Il se présente souvent dans cet état.

QUATRIÈME ESPÈCE.

GRÈS.

Assemblage de fragmens ou de grains de quarz, réunis par un ciment argileux ou quarzeux.

Variétés.

1. Grès rudimentaire (**). Fragmens d'une grosseur variable.

(*) C'est-à-dire *qui alterne*, parce que cette roche forme des couches interposées successivement entre des couches de houilles.

(**) C'est-à-dire *grès commencé*.

Modifications.

a. Rouge. Rothe todte liegende.

b. Blanc. Weiss-liegende.

2. Grès bigarré. Grains quarzeux disposés par bandes diversement colorées. Bunter sand-stein.

3. Grès commun. Grains quarzeux ; structure uniforme ; couleur ordinairement grisâtre. Quader-stein.

CINQUIÈME ESPÈCE.

BRÈCHE.

Assemblage de fragmens roulés ou anguleux, quarzeux ou calcaires, réunis par un ciment qui forme ordinairement la partie dominante.

PREMIÈRE SOUS-ESPÈCE.

Brèche quarzeuse.

Fragment quarzeux ; ciment en tout ou en partie de la même nature.

Variétés.

1. Brèche quarzeuse hyaline. Fragmens de quarz-hyalin. Kiesel-conglomerat, W.

2. Brèche quarzeuse agatée. Fragmens de quarz agate. Poudding des Anglais (*).

(*) Les minéralogistes étrangers lui ont conservé le nom de *poudding.*

SECONDE SOUS-ESPÈCE.

Brèche calcaire.

Fragmens de chaux carbonatée: ciment de la même nature.

SECONDE CLASSE.
SUBSTANCES COMBUSTIBLES NON MÉTALLIQUES.

PREMIÈRE ESPÈCE.

GRAPHITE.

Graphit, W. Vulgairement *plombagine.*

Modifications.

a. Compacte.
b. Schistoïde.
c. Grano-lamellaire.

SECONDE ESPÈCE.

ANTHRACITE.

Variétés.

1. Schistoïde. Koblenblende, W.
2. Compacte. Muschlige Glanzkohle (*).

(*) Quoique les étrangers aient placé cette variété dans l'espèce suivante, qui est leur steinkohle, ils ne laissent pas d'en indiquer, jusqu'à un certain point, le rapprochement avec le koblenblende, en le regardant comme une sorte d'intermédiaire entre les deux espèces.

TROISIÈME ESPÈCE.

HOUILLE.

Steinkohle, W.

Variétés.

1. Laminaire. Blätterkohle.

2. Schistoïde. Schieferkohle, W. Il y a des passages de la précédente à celle-ci.

3. Grossière. Grobkohle, W.

4. Daloïde (*). Holzkohle, W. Vulgairement *charbon de bois.*

5. Compacte. Kannelkohle, W.

6. Résinite. Houille piciforme (Leonhard). Au mont Meissner.

7. Bacillaire. Stangenkohle, W.

8. Brune.

Sous-variétés.

1. Schistoïde. Gemeine Braunkohle, W. Cassure peu éclatante dans le sens des feuillets. Cassure

---

(*) C'est-à-dire, *semblable à un tison qui a été retiré du feu.* Cette variété, tantôt adhère à la précédente, et tantôt se rencontre en petites masses fibreuses qui traversent le grès (sandstein) appartenant aux formations trapéennes strateuses. Ainsi, on ne la trouve point en grandes masses; mais l'abondance des petites masses fibreuses qu'elle compose, supplée en quelque sorte à la continuité qui caractérise les roches proprement dites; d'où l'on voit que le terme de variété est pris ici dans un sens un peu lâche.

transversale assez éclatante, et paraissant offrir des indices d'un tissu ligneux.

2. Terreuse. Erdkohle ,W. Aspect terreux, apparence de tissu fibreux.

9. Alunifère. Alaunerde , W.

10. Limoneuse. Moorkohle. Crevassée; légèrement luisante; texture imparfaitement feuilletée.

11. Ligniforme. Bituminôses holz, W. Vulgairement *bois bitumineux* et *lignite*. Cassure dans le sens des feuillets, ayant un certain éclat; plus éclatante à quelques endroits dans le sens transversal. Indices de tissu organique.

QUATRIÈME ESPÈCE.

JAYET.

Pechkohle , W.

Modification unique.

a. Compacte.

CINQUIÈME ESPÈCE.

TOURBE.

Variétés.

1. Résinite. Pechtorf, W.
2. Fangeuse. Moortorf, W.
3. Papyracée. Papiertorf, W.
4. Des prairies. Wilesentorf, W.

TROISIÈME CLASSE.

SUBSTANCES MÉTALLIQUES.

PREMIER GENRE.

FER.

PREMIÈRE ESPÈCE.

FER OXIDULÉ.

Magneteisenstein, W.

Variétés.

1. Massif.

Modifications.

a. Laminaire.
b. Lamellaire.
c. Granulaire.

Composans accidentels.

Corindon harmophane.
2. Arénacé. Fer oxidulé titanifère.

SECONDE ESPÈCE.

FER OLIGISTE.

Variété.

1. Cyamoïde (*). Linsen-förmiger-thoneisenstein, W.
2. Concrétionné.

(*) C'est-à-dire *ayant la forme d'une fève.*

Modifications.

a. Fibreux. Fasriger rotheisenstein, W.

b. Compacte. Dichter rotheisenstein, W.

3. Bacillaire. Stanglicher thoneisenstein.

4. Argilifère. Rœthel, W. Vulgairement *crayon rouge.*

TROISIÈME ESPÈCE.

FER OXIDÉ.

Variétés.

1. Concrétionné fibreux. Brauner Glaskopf. Vulgairement *hématite brune.*

2. Géodique. Eisenniere, W.

3. Globuliforme. Bohnerz, W.

a. A gros grains.

b. A petits grains.

4. Argileux. Thoneisenstein, W.

Modifications.

a. Commun. Gemeiner thoneisenstein, W.

b. Jaspoïde. Jaspisartiger thoneisenstein, W.

5. Cirrographique (*). Umbra, Reuss. Vulgairement *terre d'ombre.*

6. Des lacs. Morasterz, W. D'un brun-jaunâtre qui passe au rougeâtre. Très tendre et souvent friable; texture d'apparence caverneuse.

7. Des marais. Sumpferz. Couleur mélangée de

____

(*) C'est-à-dire *qui peint en roux*

jaune brunâtre et de brun-rougeâtre, plus uniformément que dans celui des lacs. Moins tendre que ce dernier ; renfermant quelquefois du fer phosphaté dans ses cavités.

8. Des prairies. Wiesenerz. D'un brun-noirâtre, qui passe au jaune-brunâtre, surtout aux endroits de ses cavités. Plus pesant, et d'une consistance plus ferme que celui des marais.

APPENDICE.

Fer oxidé carbonaté. Spathiger eisenstein, W.

Modifications.

a. Harmophane.
b. Compacte.
c. Argilifère. (Minerai de fer des houillères).

QUATRIÈME ESPÈCE.

FER ARSENICAL.

Arsenik-kies, W.

Variété unique.

Massif.

CINQUIÈME ESPÈCE.

FER SULFURÉ.

Schwefelkies, W.

Variété unique.

Massif.

APPENDICE.

Fer sulfuré ferrifère. Magnetkies, W. Vulgairement *pyrite magnétique*.

SECOND GENRE.

CUIVRE.

ESPÈCE UNIQUE.

CUIVRE PYRITEUX.

Kupferkies, W.

Variété unique.

a. Massif.

TROISIÈME GENRE.

PLOMB.

ESPÈCE UNIQUE.

PLOMB SULFURÉ.

Bleyglanz.

Modifications.

a. Lamellaire.
b Granulaire.

QUATRIÈME GENRE.

ÉTAIN.

ESPÈCE UNIQUE.

ÉTAIN OXIDÉ.

Variétés.

1. Massif. Zinnstein , W.
2. Concrétionné. Tinwood , W.
3. Granuliforme. Seifenzinn. Seifenzinnstein des Allemands.

CINQUIÈME GENRE.

ZINC.

PREMIÈRE ESPÈCE.

ZINC OXIDÉ.

Galmei, W.

Variété unique.

Massif.

SECONDE ESPÈCE.

ZINC CARBONATÉ (*).

Variété unique.

Massif.

TROISIÈME ESPÈCE.

ZINC SULFURÉ.

Modifications.

a. Laminaire.

b. Compacte.

QUATRIÈME CLASSE.

ROCHES D'ORIGINE IGNÉE SUIVANT LES UNS, AQUEUSE SUIVANT LES AUTRES.

* Aspect pierreux.

PREMIÈRE ESPÈCE.

DOLÉRITE (**).

Feldspath et pyroxène.

(*) Dans les Traités de Minéralogie publiés par les étrangers, il fait partie du galmei.

(**) C'est-à-dire *qui en impose*, à cause de la ressemblance qu'ont les roches de cette espèce avec certaines variétés de grünstein ou de diorite.

Variétés.

1. Symplectique (*). Cristaux de feldspath et de pyroxène entrelacés les uns dans les autres. Se trouve à la cime du mont Meissner, et passe pour un grünstein.

2. Pseudo-porphyrique (**). Pâte de feldspath gris, enveloppant des cristaux de pyroxène. Cassure granulaire. Aspect semblable à celui d'un diorite à petit grain. Var. du graustein, W. (***).

SECONDE ESPÈCE.

XÉRASITE (****).

Grünstein de transition des Allemands. Aspect aride, sans aucun luisant; renfermant des noyaux ou des cristaux d'une matière étrangère. On l'a regardé comme composé d'amphibole prédominant et de feldspath imperceptiblement disséminé.

(*) C'est-à-dire *formé par entrelacement*.

(**) Ce nom s'applique aux masses composées d'une pâte dans laquelle sont engagés des cristaux ou des grains d'une autre nature que le feldspath.

(***) On a donné au graustein le nom de *roche de la Somma*, et l'on a cru que c'était une lave provenant de l'éruption de 1631 (M. Leopold de Buch.). Suivant Jameson (t. III, p. 160, édit. de 1808), le graustein constitue une partie des roches situées dans le voisinage du Vésuve.

(****) C'est-à-dire *aride*, *fané*, parce qu'il offre l'aspect d'une pierre altérée.

Modifications.

a. Amygdalaire.

1. A globules calcaires. (Variolite du drack.) *Amygdaloïde* de quelques minéralogistes. Il renferme du pyroxène.

2. A globules de mésotype.

3. A globules de strontiane sulfatée.

4. A globules de quarz hyalin.

5. A globules de quarz-agate.

6. A globules de talc-zographique.

7. A globules de prehnite radiée jaunâtre.

b. Géodique.

1. Cavités garnies de cristaux d'analcime.

2.   de cristaux de chabasie.

3.   de cristaux de quarz-hyalin.

c. Pseudo-porphyrique.

1. A cristaux de pyroxène.

2. A grains de péridot.

TROISIÈME ESPÈCE.

PHONOLITE.

Feldspath compacte sonore. Klingstein, W. Pâte compacte, plus fine que celle du basalte. Surface variable du subluisant au terne. La couleur n'atteint pas le noir décidé, et se rapproche souvent du gris-verdâtre. Cassure écailleuse. Le phonolite contient beaucoup moins de fer que le basalte, quoiqu'il agisse communément sur l'aiguille aimantée. Il existe un grand nombre de variétés intermédiaires entre cette espèce et le basalte.

Modifications.

a. Commun.

b. Porphyrique. Klingstein porphyr, W. La gangue de la mésotype, dite *natrolithe*, appartient à cette variété ; mais elle subit des altérations qui lui en font perdre plus ou moins l'aspect.

Composans accidentels.

Cristaux de pyroxène.

Parcelles de mica.

Grains de latialite.

Grains de fer titanifère.

Quarz-hyalin concrétionné (hyalite). A Bohuniz, près de Schemnitz.

QUATRIÈME ESPÈCE.

BASALTE.

Basalt, W. Aspect âpre. Couleur tirant au noir. Surface mate. Contenant beaucoup de fer ; agissant sur l'aiguille aimantée et quelquefois ayant une vertu polaire. On l'a regardé comme étant composé en grande partie d'amphibole (*) ; mais d'après les recherches

---

(*) Les analyses du basalte, de la wacke, de l'amphibole et du pyroxène, ont entre elles beaucoup d'analogie. Celle du phonolite s'en rapproche ; mais elle a donné une plus grande quantité de soude.

intéressantes de M. Cordier, le fond de cette roche serait le pyroxène.

Modifications.

A. Relatives aux formes.

1. Prismatoïde. A 3 , 4 , 5 , 6, etc. , pans.
2. Sphéroïdal.
3. Caverneux. Pierre meulière du Rhin.
4. Massif.
a. Schistoïde.

B. Relatives à la structure.

1. Porphyrique.
2. Amygdalaire.
a. A noyaux de mésotype.
b. A noyaux d'arragonite.

Composans accidentels.

Cristaux d'amphibole.
Cristaux de pyroxène.
Grains de péridot.
Grenat?
Diallage?
Fer carbonaté concrétionné mamelonné.
Fer oxidulé quadri-épointé.

APPENDICE.

Basalte altéré.
a. Aspect de la wacke.
b. Aspect argileux.

CINQUIÈME ESPÈCE.

TRÉMATODE (*).

Vulgairement *pierre de volvic*. Couleur d'un gris cendré.

Composans accidentels.

Feldspath vitreux.
Cristaux ou grains de fer oligiste.

SIXIÈME ESPÈCE.

WACKE.

Wacke, W. Couleur variable par des nuances de gris, de verdâtre, de jaunâtre, de noir-brunâtre. Surface mate ou subluisante. Cassure unie, ou imparfaitement conchoïde, ou terreuse à grain fin. Poussière blanchâtre; odeur argileuse par l'injection de l'haleine. Elle semble offrir un moyen terme entre l'argile et le basalte, et passe tantôt à l'une et tantôt à l'autre.

Modification

a. Amygdalaire.
A noyaux de mésotype.
A noyaux de talc zographique.
A noyaux de chaux carbonatée.

(*) C'est-à-dire *criblé de trous.* On croit qu'elle est originaire d'un phonolite porphyrique à cristaux de feldspath vitreux.

Composans accidentels.

Stilbite.
Amphibole.
Mica.
Fer sulfuré ferrifère.

SEPTIÈME ESPÈCE.

TRACHYTE (*).

Composé de feldspath blanchâtre ou gris-cendré, ayant un aspect raboteux. Porphyrique souvent à cristaux de feldspath vitreux. Leur cassure et quelquefois leur surface paraît comme striée (**).

Variétés.

1. Commun.

Composant accidentel.

Mica.

** Aspect plus ou moins vitreux.

HUITIÈME ESPÈCE.

PERLATHE.

Perlstein, W. D'un gris-bleuâtre plus ou moins foncé, ou d'un blanc-grisâtre; ayant un éclat nacré; très fragile; il donne souvent une odeur argileuse par l'expiration.

(*) C'est-à-dire *âpre, raboteux.*
(**) Il ne renferme presque jamais de quarz.

Modifications.

a. Commune.

b. Filamenteuse. Pogonite (*).

NEUVIÈME ESPÈCE.

FELDSPATH RÉSINITE.

Pechstein, W.

Modifications.

a. Commun.

b. Porphyrique. Pechstein porphyr, W.

DIXIÈME ESPÈCE.

OBSIDIENNE.

Variétés.

1. Résinite. Au pic de Ténériffe.

Modifications.

a. Commune.

b. Porphyrique (**). Dans le département du Puy-de-Dôme.

Composant accidentel.

Mica noir lamelliforme.

2. Hyaline. Aspect entièrement vitreux.

(*) De πώγων, *barba*.

(**) Cette modification n'a souvent qu'un léger degré de luisant.

Sous-variétés.

a. Massive. Obsidian , W.
Commune.
Porphyrique.

b. Globuliforme. Marékanite.

c. Filamenteuse. Némate (*). Filamens souvent
contournés et comme tressés.

Verdâtre. Provenant de l'obsidienne résinite. Au
pic de Ténériffe.

Blanchâtre. Provenant de l'obsidienne hyaline.
En Hongrie.

3. Scoriforme. Ponce. Bimstein , W. Vulgairement
pierre ponce. Filamens blanchâtres , ordinairement
droits et conjoints. On distingue à l'aide de la loupe ,
sur un grand nombre de morceaux de trachyte , des
naissances de semblables filamens.

ROCHES GÉNÉRALEMENT REGARDÉES COMME
AYANT UNE ORIGINE IGNÉE.

* Roches volcaniques.

PREMIÈRE ESPÈCE.

LAVE.

Lava, W.

Variété.

1. Massive.

Modifications.

1. Compacte.
Commune.

(*) De νῆμα, je file.

Funiforme.

Scoriforme.

   b. Cellulaire.

2. Pumiciforme.

3. Lapillaire. Pouzzolane.

4. Arénacée. Vulgairement *cendre volcanique.*

SECONDE ESPÈCE.

TUF VOLCANIQUE.

Composans accidentels.

Avec quarz-agate calcédoine concrétionné.

Avec quarz-hyalin.

Avec bitume.

Avec mica , amphigène, pyroxène (peperino).

MATIÈRES SUBLIMÉES.

Fer oligiste.

Ammoniaque sulfatée.

Ammoniaque muriatée.

Soufre.

** Roches pseudo-volcaniques.

THERMANTIDES (*).

Substances altérées par les feux non volcaniques.

Variétés.

1. Tripoléenne. Tripel, W.

2. Jaspoïde. Porcellan jaspis, W.

(*) C'est-à-dire *matières chauffées.*

FIN DU QUATRIÈME ET DERNIER VOLUME.

TABLE DES MATIÈRES

DU TOME QUATRIÈME.

SUITE DE LA CLASSE DES SUBSTANCES MÉTALLIQUES AUTOPSIDES.

FIN DE LA TABLE DU TOME QUATRIÈME.

TABLE

ALPHABÉTIQUE

DES MATIÈRES.

Les chiffres romains majuscules indiquent les tomes, et les chiffres arabes les pages. Ces derniers, lorsqu'ils sont seuls, se rapportent au tome le plus prochainement indiqué. Les chiffres romains minuscules, à la suite de cette abréviation, *disc.*, désignent les pages du discours préliminaire.

A

B

D

E

ou *aigues-marines*, 522 et suiv.
Emeraude, nom donné à la dioptase, III, 477.
Emeraude du Pérou, II, 511.
Emeraude orientale, II, 108.
Emeri, II, 92.
Encre, sa composition, IV, 145.
Encre sympathique de cobalt, IV, 219.
Enhydre, II, 259.
Epidote, II, 568. Ses caractères, 569. Ses variétés, 572 et suiv. Son histoire, 577.
Escarboucle des anciens, II, 330.
Espèce. Acception générale dans laquelle ce mot peut être pris en minéralogie, I, 21 et suiv. Insuffisance des résultats de l'analyse chimique, considérés isolément, pour faire reconnaître les corps qui doivent être réunis dans une même espèce, 23 et suiv. De quel secours est la considération des molécules intégrantes, relativement à cette réunion, 25. Véritable notion de l'espèce, 26. Dans quel cas l'espèce subsiste, quoique modifiée par un mélange de matières hétérogènes, 29 et suiv. Dans quel cas le corps mélangé doit cesser d'être regardé comme espèce, IV, 528. Une espèce proprement dite ne peut passer à une autre, IV, 529. Exposition détaillée du plan qui a été suivi pour la description de chaque espèce, I, 272 et suiv.
Essonite, II, 541.
Etain, IV, 147. Ses caractères dans l'état de pureté, *ibid.* Existence de l'étain natif encore douteuse, 148. Usages de ce métal, 149 et suiv.
Etain de bois, IV, 161.
Etain de glace, IV, 209.
Etain oxidé, IV, 152. Ses caractères, *ibid.* Ses variétés, 154 et suiv. Son histoire, 165.
Etain sulfuré, IV, 170.
Euclase, II, 528. Ses caractères, *ibid.* Ses variétés, 530. Son histoire, 531 et suiv.
Eudialyte, IV, 485.
Eukairite, III, 470.
Euphotide, IV, 535.

F

Fahlunite, IV, 486.
Fahlunite de Hisinger, III, 140.
Farine fossile, I, 362.
Feldspath, III, 79. Ses caractères, *ibid.* Ses variétés, 83 et suiv. Substances étrangères à son espèce, auxquelles on a donné son nom, 94. Son histoire, 102 et suiv. Usages du feldspath, comme objet d'ornement, 106; — dans la fabrication de la porcelaine, 110.
Feldspath apyre, IV, 486.
Feldspath décomposé, III, 96.
Feldspath leptynite, IV, 532.
Feldspath bleu, IV, 490.
Feldspath vert, III, 93.
Fer. Ses caractères à l'état de pureté, III, 531. L'industrie humaine ne se montre nulle part d'une manière plus admirable que dans l'art de le travailler, 537. Existence du fer natif dans la nature, 533. Différences entre le fer fondu, le fer forgé et l'acier, 538 et suiv.
Fer à l'état de magnétisme. Théorie des phénomènes qu'il présente, III, 567 et suiv. Comment on a reconnu que la plupart des morceaux de fer enfouis dans la terre, qui n'abondent pas trop en oxigène, sont des aimans naturels, 585 et suiv.
Fer arseniaté, IV, 135.
Fer arsenical, IV, 28. Ses caractères, *ibid.* Ses variétés, 31 et suiv. Son histoire, 33.
Fer arsenical argentifère, IV, 32.
Fer-blanc, IV, 159.
Fer calcaréo-siliceux, IV, 91.
Fer carburé, IV, 85. Ses caractères, *ibid.* Ses variétés, 86. Son histoire, 87. Manière de le distinguer du molybdène sulfuré, 86. Fabrication des crayons dont il fournit la matière, 90.
Fer chromaté, IV, 130. Ses caractères, *ibid.* Ses variétés, 133. Son histoire, *ibid.*
Fer coulé, III, 528.
Fer fondu, III, 528.

N

O

P

T

FIN DE LA TABLE ALPHABÉTIQUE DES MATIÈRES

LISTE DES SOUSCRIPTEURS.

MM.	exemplaires.
Aillaud, libraire, à Paris,	13
Almeida, rue Serpente, n° 3, à Paris,	1
Aucher (Eloy), libraire, à Blois,	1
Alluad, rue Bergère, n° 19, à Paris,	1
Anselin et *Pochard*, libraires, à Paris,	1
André, libraire, quai des Augustins, à Paris.	1
Bertrand (Arthus), libraire à Paris,	26
Mme *Blin* (Hélène Lebaron), libraire, à Caen,	4
Bahia (le vicomte de), rue de La Rochefoucauld, à Paris,	1
Bourdet (le chevalier),	1
Bué, chanoine honoraire de Notre-Dame,	1
Bohaire, libraire, à Lyon,	4
La Bibliothèque de la Ville, à Caen,	1
Berthollet, pair de France, rue d'Enfer,	1
Bournon (le comte de), place du Palais-Bourbon, n° 83,	1
Bendana (le marquis de), à Saint-Sébastien,	1
Bossange père, libraire, rue de Richelieu, n° 60,	6
Barbier, libraire, à Poitiers,	2
Mme *veuve Bouvier*, place du Palais-Royal,	1
Barailler, libraire, à Toulon,	1
Bleuet, libraire, rue Dauphine,	1
Barrois aîné, libraire, rue de Seine, à Paris,	1
Bocca, libraire, à Turin,	8
Bocca, jeune, libraire, à Milan,	2
Broun P.-J., à Lausanne,	1
Béchet jeune, libraire, à Paris,	13
Belon, libraire, au Mans,	1
Béchet aîné, libraire, à Paris,	1
Burolleau, libraire, à Nantes,	1
Bochaton, élève ingénieur des mines, rue d'Enfer, n° 34,	1
Brongniard, fils, rue Saint-Dominique, n° 71,	1
Bossange frères, libraires, à Paris,	1
Breguet, horloger, à Paris,	1
Carilian, libraire, à Paris,	3
Camoin frères, libraires, à Marseille,	13
Collardin, libraire, à Liége,	3
Compère, libraire, à Paris,	1
Catineau, libraire, à Poitiers,	2
Crochard, libraire, à Paris,	2